区块链技术开发系列

BLOCKCHAIN

"十四五"时期
国家重点出版物出版专项规划项目

U0740002

Rust 语言
区块链开发实战

薛志东 / 主编

区士颀 章许超 / 副主编

人民邮电出版社

北京

图书在版编目（CIP）数据

Rust 语言区块链开发实战 / 薛志东主编. -- 北京：
人民邮电出版社，2025. --（区块链技术开发系列）.
ISBN 978-7-115-66635-2

Ⅰ. TP312

中国国家版本馆 CIP 数据核字第 2025M9K392 号

内 容 提 要

本书从区块链、Rust 语言讲起，到基于 Rust 的网络编程，再到使用 Rust 实现一个区块链原型，最后讲解基于 Rust 和 Substrate 的区块链开发实例，内容循序渐进，结构清晰合理。本书分为基础技术和高级应用两部分。第 1～3 章为基础技术部分，主要介绍了区块链基础、Rust 语言的语法特征和高级特性，包括所有权、切片和泛型等，并给出了充足的案例。第 4～8 章为高级应用部分，在 Rust 工程化的基础上实现了一个区块链原型，并使用 Substrate 框架简化了区块链开发流程，以实现快速开发；还通过丰富的实例，进一步巩固读者对 Rust 和区块链相关知识的理解。本书着重介绍基本概念和基本原理，侧重应用实操，突出工程实践，力图做到基本概念准确、条理清晰、内容精练、重点突出、理论联系实际。

本书可作为软件工程、计算机科学与技术、工程管理、数据科学与大数据技术等专业的"区块链"相关课程教材，也可供相关领域的科技人员参考使用。

◆ 主　　编　薛志东
　　副 主 编　区士顾　章许超

　　责任编辑　王　宣
　　责任印制　胡　南

◆ 人民邮电出版社出版发行　　北京市丰台区成寿寺路 11 号
　　邮编　100164　　电子邮件　315@ptpress.com.cn
　　网址　https://www.ptpress.com.cn
　　三河市君旺印务有限公司印刷

◆ 开本：787×1092　1/16
　　印张：13　　　　　　　　　　2025 年 6 月第 1 版
　　字数：309 千字　　　　　　　2025 年 6 月河北第 1 次印刷

定价：59.80 元

读者服务热线：(010)81055256　印装质量热线：(010)81055316
反盗版热线：(010)81055315

2019 年 10 月 24 日，中共中央政治局就区块链技术发展现状和趋势进行第十八次集体学习，习近平总书记在主持学习时强调，区块链技术的集成应用在新的技术革新和产业变革中起着重要作用。我们要把区块链作为核心技术自主创新的重要突破口，明确主攻方向，加大投入力度，着力攻克一批关键核心技术，加快推动区块链技术和产业创新发展。

2020 年 4 月 30 日，教育部印发《高等学校区块链技术创新行动计划》，该文件提出，引导高校汇聚力量、统筹资源、强化协同，不断提升区块链技术创新能力，加快区块链技术突破和有效转化。2020 年年初，教育部高等学校计算机类专业教学指导委员会参与审核的"区块链工程（080917T）"获批成为新增本科专业，截至 2021 年 2 月，全国已有 15 所高校成功申报"区块链工程"本科专业。

2020 年 7 月，信息技术新工科产学研联盟组织编写并发布了《区块链工程专业建设方案（建议稿）》。该方案依据《普通高等学校本科专业类教学质量国家标准》（计算机类教学质量国家标准）编写而成，内容涵盖区块链工程专业的培养目标、培养规格、师资队伍、教学条件、质量保证体系及区块链工程专业类知识体系、专业类核心课程建议、人才培养多样化建议等。该方案为高等学校快速、高水平建设区块链工程专业提供了重要指导。

区块链技术和产业的发展，需要人才队伍的建设作支撑。区块链人才的培养，离不开高校区块链专业的建设，也离不开区块链教材的建设。为此，人民邮电出版社根据国内区块链行业的人才需求特征和现状，以促进高等学校专业建设适应经济社会发展需求为原则，组织出版了"区块链技术开发系列"丛书。本系列丛书入选了"十四五"时期国家重点出版物出版专项规划项目。

本系列丛书从整体上进行了系统的规划，案例以国内的自主创新成果为主。本系列丛书编委会和作者们在深刻理解、领悟国家战略与区块链产业人才需求及《区块链工程专业建设方案（建议稿）》的基础上，将区块链技术的起源、发展与应用、体系架构、合约机制、开发技术与方法、开发案例等内容，按照产业人才培养需求，采用通俗易懂的语言，系统地组织在该系列丛书之中。

其中，《区块链导论》《人工智能与区块链：原理、技术与创新》涵盖区块链技术的发展与特点、体系结构、区块链安全等内容，辅以典型应用案例。《Go 语言 Hyperledger 区块链开发实战》《Python 语言区块链开发实战》《Rust 语言区块链开发实战》《Solidity 智能合约开发技术与实战》这 4 本基于不同语言的区块链开发实战教材，通过不同的区块链工程应用案例，从不同侧面介绍了区块链开发实践。这 4 本教材可以有效提升区块链人才的开发水平，培养具有不同专业特长的高层次人才，有助于培育一批区块链领域领军人才和高水平创新团队。《区块链技术及应用》一书，通过典型工程案例，为读者展示了区块链技术与应用的分析方法和解决方案。

难能可贵的是，来自教育部高等学校计算机类专业教学指导委员会、信息技术新工科产学研联盟、国内一流高校以及国内外区块链企业的专家、学者、一线教师和工程师，积极加入本系列丛书的编委会和作者团队，为深刻把握区块链未来的发展方向、引领区块链技术健康有序发展做出了重要贡献，同时通过丰富的理论研究和工程实践经验，在丛书编写中建立了从理论到工程应用案例实践的知识桥梁。本系列丛书不仅可以作为高等学校区块链工程专业的系列教材，还适用于业界培养既具备正确的区块链安全意识、扎实的理论基础，又能从事区块链工程实践的优秀人才。

我们期待本系列丛书的出版能够助力我国区块链产业发展，促进构建区块链产业生态；加快区块链与人工智能、大数据、物联网等前沿信息技术的深度融合，推动区块链技术的集成创新和融合应用；能够提高企业运用和管理区块链技术的能力，使区块链技术在推进制造强国和网络强国建设、推动数字经济发展、助力经济社会发展等方面发挥更大作用。

陈钟
教育部高等学校计算机类专业教学指导委员会副主任委员
信息技术新工科产学研联盟副理事长
北京大学信息科学技术学院区块链研究中心主任
2021 年 9 月 20 日

● 写作初衷

随着区块链技术的快速发展，越来越多的行业和领域开始探讨如何将这一革命性技术应用到实际业务中。从最初的比特币到以太币，再到后来的Substrate 框架和 Polkadot 网络，区块链技术的发展已经不仅仅局限于技术层面，它所带来的分布式账本、去中心化以及所具有的安全性和透明性等，正深刻影响着金融、供应链、医疗、身份验证等领域的方方面面。而在这场技术变革中，Rust 语言的崛起及 Substrate 框架的出现，成为开发下一代区块链应用的重要推动力。

基于此背景，编者萌生了编写本书的想法，希望为广大读者提供一本全面、系统的专业图书，以帮助读者掌握基于 Rust 语言和 Substrate 框架开发区块链的技术。

需要特别说明的是，在我国比特币和以太币等"数字货币"是特定虚拟商品，不具有与法定货币等同的法律地位，不能作为法定货币在市场上流通使用。

● 本书内容

本书力求以由浅入深、循序渐进的方式展开，整体分为基础技术和高级应用两部分，内容涵盖了区块链的基础技术、代表性系统、Rust 语言基础及其进阶知识，以及基于 Substrate 框架的区块链开发实例。本书各章内容概述如下。

第 1 章 绪论：本章将介绍区块链的产生、发展阶段与分类，以及基础技术、代表性系统与框架、Rust 环境安装与配置等内容，旨在为读者提供区块链的基础背景知识。

第 2 章 Rust 语言基础：作为本书的核心编程语言，Rust 语言是开发高性能区块链应用的重要工具。本章主要介绍通用的编程概念，以及 Rust 语言的所有权、结构体与枚举等内容，以让读者具备 Rust 编程的基础知识。

第 3 章 Rust 语言进阶：本章为读者进一步介绍 Rust 语言的进阶知识，主要内容包括 Rust 组织管理、通用的集合类型、泛型与 Traits，以及 Rust 多线程并发编程等。

第 4 章 初识 Substrate 框架：Substrate 是一个开源的区块链开发框架，

本章将带领读者搭建并运行属于自己的第一个 Substrate 链。通过对本章内容进行学习，读者将能够学会如何配置开发环境、编译和启动 Substrate 节点模板、通过前端模板与区块链节点进行交互、为运行时导入一个 Pallet 等。

第 5 章　账户地址与共识机制：本章将主要介绍区块链中的密码学基础、账户/地址与密钥、SS58 地址规范及共识机制等内容，以为读者后续开发区块链提供技术支撑。

第 6 章　交易、存储与链下操作：本章将讲解区块链中的核心组成部分，包括交易、存储与链下操作等技术，并介绍 DApp 开发方法。

第 7 章　智能合约：智能合约是区块链应用的关键组成部分，本章将重点介绍基于 Rust/ink!的智能合约开发方法；并通过实现 ERC20 标准代币智能合约，让读者掌握如何编写和调试 Substrate 上的智能合约，且实现区块链上的代币功能。

第 8 章　Substrate 开发实例——Substrate Kitties：本章将通过开发一个加密猫 Substrate Kitties，帮助读者将所学理论与开发实践相结合，进而达到巩固所学、学以致用的目的。

● 本书特色

1. 知识体系布局科学，内容讲解由浅入深

本书根据区块链领域应用型人才培养要求，构建了既讲解区块链基础理论，又涉及 Rust 语言编程，还包含采用 Substrate 框架开发应用的知识体系，内容安排上从基础技术到高级应用，循序渐进、由浅入深，适合零基础读者学习，也能满足具有一定开发经验的开发者的进阶需求。

2. 理论实践紧密结合，促进锤炼实战能力

本书不仅讲解理论知识，而且通过详细的代码示例和开发实例来帮助读者掌握实践技能。此外，大部分章节均包含大量的实例和实战项目，特别是最后一章通过开发 Substrate Kitties 项目，可以帮助读者扎实锤炼将理论知识转化为实际成果的应用能力。

3. 配套教辅资源丰富，助力培养拔尖人才

编者为本书配套了 PPT 课件、教学大纲、教案、习题答案等资源，同时还提供了与本书示例和实例相关的源代码和实践指南，院校教师可以通过人邮教育社区（www.ryjiaoyu.com）下载使用。

● 编者团队

本书的编写得益于华中科技大学软件学院 iSyslab 团队师生的共同努力。具体来说，薛志东负责全书整体框架的设计与各章内容的规划，并主持编写和修改了全书各章内容；本书第 1 章主要由区士顾、章许超、王建勋编写，第 2 章和第 3 章主要由区士顾、刘晓蕾、王建勋编写，第 4~6 章主要由章许超、区士顾编写，第 7 章和第 8 章主要由区士顾、李勋伟编写；此外，研究生李晋峰、冯文斐、郭纪宏等参与了本书框架研讨和初稿的编写工作。

由于编者水平与精力有限，书中难免存在不足之处，恳请广大读者和专家批评指正。如有宝贵意见，请发送至编者邮箱：zdxue@isyslab.org。

编　者
2024 年冬于华中科技大学

目录
Contents

第 6 章

交易、存储与链下操作

第 7 章

智能合约

第8章

Substrate
开发实例——
Substrate
Kitties

第1章 绪论

区块链是一种去中心化的分布式计算范式，它通过分布式账本、加密算法和共识机制，确保了数据的透明性、不可篡改性和安全性。区块链的发展历程不仅见证了技术的迭代和优化，也在金融服务、物联网、智能制造、供应链、医疗服务等多个领域展现出了强大而广泛的应用潜力，已经从一个去中心化的数字货币系统演变为支持多种应用的底层技术。区块链正在改变诸多行业的应用场景和运行规则，并逐渐成为推动社会数字化转型的关键力量。区块链的开发需要使用 Rust 语言，掌握其基本语法和编程技巧，可为后续的研究和开发打下坚实的基础。

1.1 区块链的产生、发展阶段与分类

在当今数字化时代，区块链（blockchain）技术已经成为全球范围内备受瞩目的话题。从金融到供应链，从物联网到数字身份，区块链正在以惊人的速度渗透到各个行业，并在重塑着我们的社会和经济格局。

1.1.1 区块链的产生

区块链的产生可以追溯到密码学和分布式计算的多个先驱概念与研究成果。这些技术在 20 世纪 70 年代和 20 世纪 80 年代逐步得到发展，为区块链技术的最终形成奠定了基础。

1976 年，惠特菲尔德·迪菲（Whitfield Diffie）和马丁·赫尔曼（Martin Hellman）发表了 "New Directions in Cryptography"（"密码学新方向"）一文，提出了公钥密码学的概念。这种非对称加密技术允许安全通信和数字签名，确保了数据的机密性和完整性，且后来成为区块链技术的基础之一。1977 年，罗纳德·李·维斯特（Ronald L. Rivest）、阿迪·萨莫尔（Adi Shamir）和伦纳德·M. 阿德曼（Leonard·M. Adleman）在他们的基础上，提出一种非对称加密算法——RSA（Rivest-Shamir-Adleman）算法。1979 年，拉尔夫·默克尔（Ralph Merkle）提出默克尔树（Merkle Tree）数据结构和算法。1985 年，ECC（elliptic curve cryptography）算法的问世，解决了 RSA 算法落地困难的问题，极大地推动了非对称加密体系正式走入生成实践领域，并产生了巨大影响。

1982 年，莱斯利·兰伯特（Leslie Lamport）提出拜占庭将军问题，描述了在分布式系统中如何达成共识的问题——拜占庭容错（Byzantine fault tolerance，BFT）算法，为后来的区块链共识算法研究提供了重要参考。1999 年至 2001 年，Napster、Gnutella 和 BitTorrent

三个对等网络（peer-to-peer，P2P）文件共享系统展示了去中心化网络的潜力和优势，直接影响了比特币（bitcion）和其他区块链系统的设计。

业界通常把比特币的发明看成是区块链诞生的标志性事件。区块链就像很多技术一样，并不是凭空出现的，而是有一些渊源的。类似于区块链的协议实际上早在 20 世纪 80 年代就被设计出来了，并且在 20 世纪 90 年代已用于验证文档中的时间戳。

1983 年，戴维·查姆（David Chaum）和史蒂芬·布兰德斯（Stefan Brands）开发了 eCash 协议。随后，基于 eCash 协议，出现了多种电子现金系统。

1991 年，斯图尔特·哈伯（Stuart Haber）和 W. 斯科特·斯托内塔（W. Scott Stornetta）提出了一种基于密码学的时间戳方案，以确保文档的完整性和时间戳的不可篡改性。这项研究后来被视为区块链技术的重要前身之一。

该方案的核心思想是将文档散列值记录在一个时间戳服务器上，每个时间戳都包含前一个时间戳的散列值，从而形成一个链条。这种结构确保了任何对文档的篡改都会被检测到，因为任何一个文档的变化都会影响到后续所有文档的散列值，最终保证了电子文档的时间戳不可篡改。一年之后，他们升级了这套系统，通过使用默克尔树，可以在一个区块中放入一组文档，这使系统的效率大大提升。通过 Hash 链接在一起的区块、默克尔树构成了比特币诞生的基础，并最终成为区块链技术的重要组成部分。

1997 年，亚当·巴克（Adam Back）开发了 Hashcash 协议，主要是为了解决垃圾邮件泛滥的问题，其中用到的技术就是后来被比特币使用的工作量证明（proof of work，POW）算法。1998 年，华裔工程师戴伟（Wei Dai）和尼克·萨博（Nick Szabo）各自独立提出加密数字货币的概念，其中戴伟的 B-Money 被公认为比特币的精神先驱，而尼克·萨博的比特黄金（Bit Gold）设想基本就是比特币的雏形。

第一个真正的去中心化区块链于 2008 年被提出，一个化名为中本聪（Satoshi Nakamoto）的个人或团体发表了一篇题为 "Bitcoin: A Peer-to-Peer Electronic Cash System"（"比特币：一种点对点式的电子现金系统"）的论文，这篇论文也被称为 "比特币白皮书"。该论文详细描述了如何创建一套新型电子支付系统——比特币，且这种体系不依赖于中央机构或中介，而是采用去中心化的技术——区块链。

2009 年，比特币网络正式上线。经过十多年的发展，区块链技术正逐渐成为最有可能改变世界的技术之一。

1.1.2 区块链的发展阶段

自比特币网络上线以来，区块链的发展先后经历了四个阶段，如图 1-1 中所示的早期探索阶段、区块链 1.0 阶段、区块链 2.0 阶段、区块链 3.0 阶段。

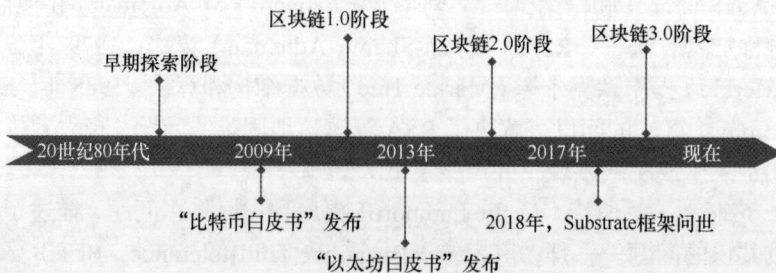

图 1-1 区块链的发展阶段

1．早期探索阶段

区块链技术的早期探索阶段包括了许多关键的研究和创新，这些研究和创新为现代区块链技术的形成奠定了基础。从公钥密码学和散列树到时间戳协议和工作量证明，这些基础性的概念和技术逐步构建了我们今天所知的区块链技术。

从 eCash 协议衍生出的电子货币系统到 B-Money 和 Bit Gold，科学家在各个领域中发明出各种概念和技术，不断探索区块链。

2．区块链 1.0 阶段：加密货币

自从 2009 年，比特币网络上线，中本聪挖出创世区块，比特币作为第一个去中心化的加密货币开始运转，这标志着区块链进入 1.0 时代。区块链 1.0 技术包括用于加密货币的区块链核心、钱包软件、采矿设备和采矿软件等组件，每一台计算机都能够在这些区块链核心中建立节点。

显然，区块链 1.0 时代可以被称为比特币时代，其主要聚焦于去中心化和加密货币。在区块链 1.0 阶段，区块链技术主要应用于加密数字货币领域，典型的代表即比特币系统以及从比特币代码衍生出来的多种加密货币。这些加密货币实现了数字货币的应用，包括支付流通等货币职能和去中心化的支付手段。比特币描述了一个宏伟的蓝图，未来的货币不再依赖于各国央行发行，而是全球统一的货币。

2010 年，比特币完成首笔实际商品交易（"比特币披萨日"），比特币逐渐进入公众视野。

2011 年，早期的竞争币（如莱特币）出现，比特币价格首次突破 1 美元，吸引更多人关注。

2012 年，比特币基金会成立，旨在推动比特币的发展和普及。

2013 年，比特币价格首次突破 1000 美元，标志着加密货币市场的早期繁荣。同时，更多的加密货币和区块链项目开始涌现。

随着比特币的蓬勃发展，人们对区块链技术的关注日益增多，例如人们开始在比特币系统的基础上开发除了加密货币之外的应用（如存证、股权、众筹等）。此时，传统的比特币系统已经无法满足需求，区块链进入 2.0 时代。

3．区块链 2.0 阶段：以太坊和智能合约

作为继区块链 1.0 之后的下一代区块链技术，区块链 2.0 是以以太坊（Ethereum，ETH）为代表的区块链 1.0 的升级版。区块链 2.0 主要体现在以太坊的崛起和智能合约的整合上。区块链 2.0 时代的标志性事件是 Vitalik Buterin 在 2013 年年末发布"以太坊白皮书"，提出智能合约和去中心化应用（decentralized application，DApp）的概念。以太坊为开发者以开源和无须许可的方式将智能合约部署到以太坊区块链提供了更宽的道路。这项技术引发了去中心化金融（decentralized finance，DeFi）、去中心化自治组织（decentralized autonomous organization，DAO）、首次代币发行（initial coin offering，ICO）和非同质化代币（non-fungible token，NFT）的创新。

2014 年，以太坊通过 ICO 获得资金，开始开发和测试网络。

2015 年，以太坊网络正式上线，提供智能合约平台，开发者可以在以太坊上创建去中

心化应用。

2016 年，The DAO 事件发生，导致以太坊分叉，分裂为以太坊和以太坊经典（Ethereum classic，ETC）。

2017 年，ICO 活动激增，大量项目在以太坊上发行代币，引发全球关注和监管讨论。以太坊成为智能合约和 DApp 的主要平台。

4．区块链3.0阶段：多元化和规模化应用

区块链 3.0 阶段标志着区块链技术的成熟与广泛应用。这一阶段主要关注于解决区块链 2.0 阶段中的可扩展性、性能和互操作性等问题，并推动区块链技术在不同领域的实际应用。随着区块链技术的不断发展，它被集成到供应链、网络安全、投票、医疗保健、Web 服务、物联网等领域已成趋势。这样可以使对应行业增强可追溯性，提高效率，提升安全性和交易处理速度。

为了满足上述需求，关键技术得到发展。链下扩展解决方案（Layer 2），如闪电网络（lightning network）和状态通道（state channels）用于提高交易吞吐量和减少交易成本。分片（sharding）技术，如以太坊 2.0 中的分片方案，可以通过将区块链网络划分为多个分片以提升交易处理速度。跨链互操作性，如 Polkadot 跨链协议，旨在实现不同区块链网络之间的互操作，促进数据和价值的流动。

2017 年，ICO 热潮达到顶峰，但也引发了全球范围内的监管介入。此外，中国央行数字货币 DCEP（digital currency electronic payment，数字货币电子支付）试运行。

2018 年，各国开始加强对 ICO 和加密货币的监管，并推动区块链技术在非金融领域的应用探索。国内三六零安全科技股份有限公司（360 公司）、蚂蚁金服（杭州）网络技术［现蚂蚁智能（杭州）科技］有限公司、百度（中国）有限公司等公司推动区块链技术落地。

2020 年，DeFi 在以太坊上迅速发展，总锁定价值（total value locked，TVL）显著增长。NFT 在艺术、游戏等领域掀起热潮。

2022 年至今，Layer 2 解决方案和跨链技术进一步发展，增强了区块链网络的可扩展性和互操作性。企业和政府对区块链技术的应用进一步加速。

1.1.3　区块链的分类

根据网络范围及参与节点特性，区块链可以被划分为公有链（public blockchain）、私有链（private blockchain）、联盟链（consortium blockchain）三类。表 1-1 列出了三类区块链的对比。每种类型都有其特定的特点和应用场景，开发者可以根据实际需求选择合适的类型进行应用。

表 1-1　三类区块链的对比

特征	公有链	私有链	联盟链
参与者	任何人自由进出	个体或公司内部	企业或联盟成员
共识机制	PoW/PoS/DPoS	分布式一致性算法	分布式一致性算法
激励机制	需要	不需要	可选
中心化程序	去中心化	（多）中心化	多中心化
数据一致性	概率（弱）一致性	确定（强）一致性	确定（强）一致性
网络规模	大	小	较大

特征	公有链	私有链	联盟链
交易处理速度	3～20 笔/s	1000～200000 笔/s	1000～10000 笔/s
典型应用	比特币、以太坊	Quorum、Corda	Hyperledger Fabric 等

注：PoS（proof of stake）代表权益证明；

　　DPoS（delegated proof of stake）代表代理权益证明。

1. 公有链

公有链是最典型的区块链类型。"公有"体现在这种区块链是完全开放的，任何人都可以参与其中，不受中央机构控制，而且所有的数据都是公开可见的。该区块链是一个无须许可、非限制性的分布式账本系统，这意味着任何连接到互联网的人都可以加入区块链网络并成为其中的一部分，且可以确保用户不受开发者的影响。程序开发者无权干涉公有链中的用户，并且在公有链中篡改、买卖数据几乎不可能，除非篡改者操控了全网 51%的核算力。

公有链系统对节点是开放的，并且公有链通常规模较大，所以达成共识难度较高，吞吐量较低，效率较低。由于节点数量不确定，节点的身份也未知，因此，为了保障系统的可靠、可信性，需要合适的共识算法来保证数据的一致性和设计激励机制去维护系统的持续运行。任何人都可以参与，并会因其在公有链中对达成共识的贡献而获得奖励。

公有链的基本用途是交换加密货币和挖矿。最典型的例子是比特币系统，该系统中创建钱包地址、转账交易、参与挖矿等功能都是免费开放的。莱特币、Solana、Avalanche 和以太坊也是公有链的例子。

公有链的缺点之一就是由于数据完全开放、透明，仅仅通过"地址匿名"的方式对交易双方进行隐私保护是完全不够的，因此对于涉及商业机密的业务场景来说是不可接受的。

此外，公有链中的各种 Po*共识（如比特币的 PoW 和以太坊的 PoS）均存在的缺点就是区块产生的效率较低。例如，比特币系统中交易处理速度为 3～20 笔/s。

2. 私有链

私有链是由单个组织或实体控制和管理的区块链网络。所谓"私有"就是不对外开放，参与者需要经过授权才能加入。如果把公有链看成是互联网，那么私有链便是区块链技术下的一个彻底关闭的局域网。

私有链通常用于组织内部或特定合作伙伴之间的数据共享和交换。最典型的例子就是Quorum、Corda 等。

由于私有链一般运用在一个组织内，因此隐私也得到了很好的保护。由于准入门槛的限制，参与者都是自己人，因此无须激励机制，同时可以有效地减小恶意节点作乱的风险，容易达成数据的强一致性；又由于网络规模更小，因此其比公有链效率更高，甚至可以与中心化数据库的性能相当，交易处理速度可以达到 1000～200000 笔/s。

3. 联盟链

联盟链是由多个组织或实体共同控制和管理的区块链网络，参与者需要经过授权才能加入。联盟链可看作一种私有链，只是私有程度不同，权限规划要求更复杂，可信度更高。

联盟链也可以理解为是公有链和私有链的混合形式。

由于联盟链中的参与方来自联盟内各个机构，类似于私有链，彼此知道在现实世界的身份，链上数据仅在联盟机构内部共享，因此隐私得到了更好的保护，并且无须激励机制，还提供节点审查、验证管理机制，节点数目远小于公有链，大于私有链，因此吞吐量较高，可以实现毫秒级确认，交易处理速度可以达到 1000 ~ 10000 笔/s。

与公有链相比，联盟链更安全、可扩展和高效。它还具有访问控制功能，就像私有链一样。然而，联盟链的透明度较低。如果成员节点遭到破坏，它仍然可能被黑客入侵，而区块链自身的规则可能会使网络无法使用。

联盟链通常用于跨组织之间的数据共享和协作，比如多个银行之间的支付结算、多种企业之间的供应链管理、政府部门之间的信息共享等。最典型的例子有 Hyperledger Fabric、Corda 平台和企业以太坊联盟等。表 1-2 列出了国内 5 家公司构建的联盟链指标情况。

表 1-2　国内 5 家公司构建的联盟链指标情况

指标	蚂蚁链	腾讯区块链	百度超级链	京东智臻链	壹账链 FIMAX
出块速度	秒级	秒级	秒级	秒级	毫秒级
共识算法	BFT 共识	优化 BFT、Raft 共识	DPos 授权共识、PBFT	优化 BFT 共识	—
TPS	10 万	单链 2 万+	单链 8 万 7	2 万	1 万
智能合约语言	Solidity	Go、Java、Node.js	智能合约虚拟机 XVM，支持 Go、Solidity、C/C++、Java	智能合约开发 IDE，支持 Go、Java	—
跨链交易处理速度	10 万笔/s	支持	支持	百万笔/s	支持
云服务支持	支持公有云	支持腾讯公有云	支持百度云	支持公有云、私有云、混合云	支持平安云

注：TPS（transactions per second）代表每秒事务数；
　　PBFT（practical Byzantine fault tolerance）代表实用拜占庭容错。

1.2　区块链的基础技术

作为一种块链式存储、不可篡改、安全可信的去中心化分布式账本，区块链结合了分布式存储、P2P 网络传输、共识机制、密码学等技术；每个区块（block）包含若干交易记录，并链接到前一个区块，从而形成区块链，且通过不断增长的链记录交易和信息，确保数据的安全和透明性。本节将分别介绍区块链中涉及的密码学、共识算法、智能合约和 P2P 网络等基础技术。

1.2.1　区块链的相关概念

1．什么是区块链

区块链可被理解为一种分布式数据库，维护着一个不断增长的有序记录列表，这些记录被称为区块。这些区块使用加密技术链接起来，每个区块都包含前一个区块的加密散列值、时间戳和交易数据。区块链是一种去中心化、分布式和公共的数字账本，用于记录多台计算机之间的交易，因此，如果没有更改所有后续区块和网络共识，记录就无法被追溯、更改。反之，一旦篡改某一区块数据，该区块及之后的所有区块数据都作废。

区块链在加密货币系统中发挥着关键作用，用于维护安全和去中心化的交易记录，但它的用途并不局限于加密货币。区块链可用于任何行业以使数据不可篡改。

2．区块链的基本概念

区块链的基本原理并不复杂，首先来看三个基本概念。

交易：一次对账本的操作，且会导致账本状态的一次改变，如添加一条转账记录。

区块：记录一段时间内发生的所有交易和状态结果等，是对当前账本状态的一次共识。

区块链：由区块按照发生顺序串联而成，是整个账本状态变化的日志记录。

如果把区块链比作一个状态机，则每次交易意味着一次状态改变；生成的区块，就是参与者对其中交易导致状态改变结果的共识。

区块链的目标是实现一个分布式的数字账本，这个账本只允许添加，不允许删除。账本底层的基本结构是一个线性的链表。链表由一个个"区块"串联组成，后继区块中记录前导区块的散列值，区块链数据结构如图 1-2 所示。某个区块（以及块里的交易）是否合法可以通过计算散列值的方式进行快速检验。网络中节点可以提议添加一个新的区块，但必须经过共识机制来对区块达成确认。

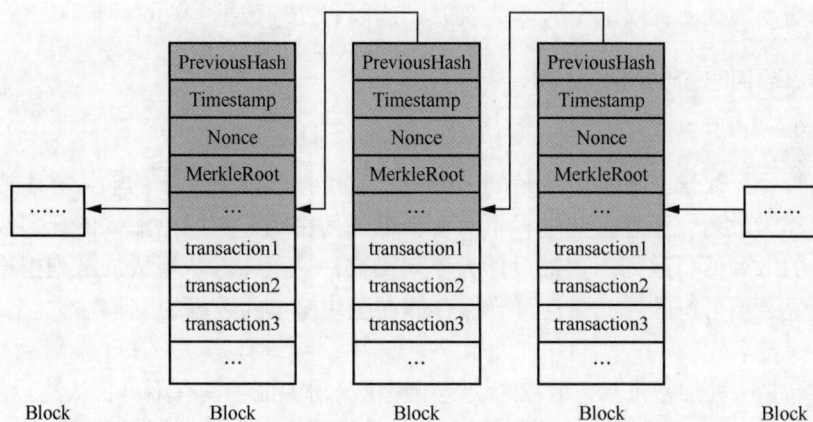

图 1-2　区块链数据结构

1.2.2　密码学基础

区块链用于记录计算机网络上的交易。加密技术是区块链技术的支撑，可确保存储在区块链中的数据的不变性、安全性和可信度。

1．密码学的定义

密码学是一门古老的学科。几个世纪以来，它经历了重大变革，从简单的信息隐藏方法转变为保护现代数字通信安全的复杂算法。密码学的核心是通过将信息转换为不可读的格式（称为加密），并在需要时将其恢复为可读格式（称为解密）来保护信息。

2．密码学的类型

（1）对称密钥加密

对称密钥加密方法是最早在网上被使用的。它在加密和解密过程中使用同一个密钥，也被称为密钥加密。由于该过程非常简单，因此可以非常快速地处理大量数据。但是，由于发送者与接收者之间使用同一个密钥，因此在安全性方面存在问题。

（2）非对称密钥加密

非对称密钥加密方法使用不同的密钥进行加密和解密。所涉及的密钥对是公钥（对自己来说是唯一的，且其他人都可以看到，例如电子邮件 ID）和私钥（只有自己知道）。公钥和私钥均可用于加密和解密。当公钥用于加密、私钥用于解密时，只有公钥的持有者使用自己知道的私钥才能解密，以验证数据接收者的合法性；当使用仅自己知道的私钥加密时，所有人都可以利用该用户发布的公钥进行解密，以验证数据发布者身份的合法性。

3．区块链中密码学的作用

密码学是一种保护信息以免未经授权而被访问的方法。区块链建立在实现双方之间安全通信的目标之上，因此，它通过加密来保护网络上两个节点之间发生的交易记录。区块链的安全主要依赖两个概念——密码学和散列。前者用于加密 P2P 网络中的消息，后者用于保护区块上的信息并将区块链接到区块链中。

密码学主要侧重于确保参与者隐私和交易记录的安全，并防止双重支付。具体来说，它确保只有交易数据所针对的个人才能获取、读取和处理数据。

4．区块链中的密码学相关技术

（1）散列

散列函数是区块链技术不可或缺的一部分。它可接收任意大小的输入并生成固定长度的字符串，称为散列。注意，此过程不需要借助任何密钥。对原始输入的任何改动都会大幅改变生成的散列值。散列函数被设计为单向函数，这意味着从生成的散列中推导出原始输入在计算上是不可行的。此属性可确保存储在区块链上的数据的完整性。

（2）数字签名

数字签名是一种加密机制，可在区块链中提供身份验证且具有不可否认性。它使用公钥和私钥对的组合来验证交易的真实性。数字签名是使用发送者的私钥生成的，可以使用对应的公钥进行验证。这样可确保消息或交易来自合法发送者，并且在传输过程中未被篡改。

（3）默克尔树

默克尔树（Merkle 树），也称为散列树，是一种用于有效验证区块链中存储的大量数据的完整性和一致性的数据结构。它使用散列函数为各个数据块生成散列值，然后将其组合起来形成分层结构。Merkle 树允许快速验证特定数据块，而无须遍历整个区块链，从而在有安全性保障的前提下提高工作效率。

密码学是区块链技术的基础。它提供了加密数据、记录交易和安全发送加密货币所需的方法等，并且所有这些都无须集中授权。它确保了所有区块都无限制地添加到链中。密码学中的散列允许将大量交易存储在网络上，同时保护其免受黑客攻击。密码学的引入使区块链中的交易变得安全、可靠且可扩展。

1.2.3 共识算法

1. 区块链中的共识算法

共识算法是一组规则或协议，使区块链网络中的节点能够就网络的共享状态达成一致。它用于确保网络中的所有节点就交易的有效性以及将其添加到区块链的顺序达成共识。共识算法负责确保任何单一节点或节点组都无法操纵网络，从而维护区块链的完整性。我们也可以称区块链中的共识算法为共识机制。

2. 区块链中的共识算法类型

共识算法有多种类型，每种类型的共识算法基于不同的原理运行。其中 PoW、PoS、DPoS、BFT 和 PBFT 可以说是最被广为认可的共识机制。

（1）PoW 算法

PoW 算法是一种被区块链网络广泛使用的共识算法，用于验证交易并将新区块添加到链中。PoW 算法于 1993 年首次被推出，并于 2008 年由比特币创始人中本聪重新推出，用于保护网络安全和防止双重支付。

PoW 算法的核心思想是让矿工相互竞争解决复杂的数学难题（称为散列值），第一个解决难题的节点将获得新铸造的加密货币作为奖励。

在基于 PoW 算法的加密货币区块链中，矿工或验证者（也称为参与者节点）必须证明他们所做和提交的工作使他们有权将新交易添加到区块链。他们必须通过找到特定区块的加密散列来解决复杂的数学问题。PoW 要求节点消耗自身算力来尝试不同的随机数（nonce），从而寻找符合算力难度要求的散列值，不断重复尝试不同随机数，直到找到符合要求的散列值为止，此过程称为"挖矿"。

最终，第一个找到达成共识解决方案的矿工就会获得加密货币奖励。然而，所有这些操作都需要多次迭代，这样会消耗大量的计算力。此外，在每一轮共识中，只有一个节点的工作量有效，意味着有大量的资源被浪费。这些就是 PoW 被认为是一种低效共识机制的原因。尽管如此，PoW 算法仍然很受欢迎，因为它维护了网络安全，并且对 DDoS 攻击等网络攻击具有相当强的抵抗力。

（2）PoS 算法

PoS 算法是一种替代 PoW 的共识算法。与需要矿工解决复杂数学问题不同，PoS 几乎不需要专门的硬件或软件资源来挖掘加密货币。PoS 依靠持有一定数量加密货币的验证者来验证交易和向链中添加新区块。

在基于 PoS 算法的加密货币区块链中，根据验证者持有的加密货币数量（即其权益），其会被选中向链中添加新区块。权益越大，被选中向链中添加区块的概率就越大。验证者被激励诚实行事，因为如果他们验证欺诈性交易或试图攻击网络，就有失去权益的风险。

由于该算法是基于权益的，因此它消耗的算力比 PoW 少。尽管有这个优势，但 PoS 算法也有一个严重的缺点。验证者的挖矿能力取决于他们拥有的代币数量，因此一开始拥有更多代币的矿工对共识机制的控制力更强。此外，少数矿工可以购买大量代币，这样又进一步降低了系统的去中心化标准。

（3）DPoS 算法

DPoS 算法是 PoS 算法的一种变体，被认为是 PoS 算法的更高效的版本，它依靠一小组验证者（称为委托人或见证人）来验证交易并将新区块添加到链中。该算法基于投票系统，代币持有者投票选出代表他们参与验证过程的代表。代表负责验证交易并将新区块添加到链中。代表有动力诚实行事，否则，他们可能会失去职位和奖励。除了验证交易之外，委托人（代表）还帮助维护区块链网络的完整性、可靠性和透明性。

与 PoW 或 PoS 相比，DPoS 是一种更具可扩展性的机制，因为它每秒可以处理更多交易并提供更快的确认时间。

（4）BFT 算法

BFT 算法是计算机科学中的一个概念。它指的是系统即使在某些组件出现故障或出现人为恶意行为时，也能正常运行并达成共识的机制。BFT 机制的目标是通过采用集体决策（包括正确节点和错误节点）来防止系统故障，旨在减少错误节点的影响。在区块链技术的背景下，BFT 是一种共识算法，它使分布式节点网络能够就交易的有效性达成一致，并在面临恶意攻击或系统故障的情况下保持区块链的完整性。

BFT 旨在防止"拜占庭将军"问题。该问题的场景：一群将军必须协调对一座城市发起攻击，但其中一些将军是叛徒，可能会向其他人发送虚假情报，如图 1-3 所示。在区块链网络中，"拜占庭将军"问题可能表现为网络上的节点有恶意行为或无法正常通信。

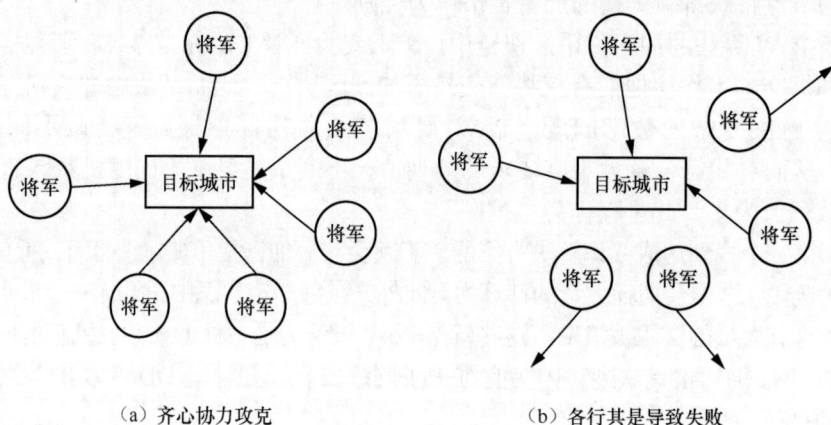

（a）齐心协力攻克   （b）各行其是导致失败

图 1-3　"拜占庭将军"问题示意

BFT 解决了这个问题，即要求一定比例的节点在将交易添加到区块链之前就交易的有效性达成一致。在传统的 BFT 算法中，这个百分比设置为节点总数的 2/3。如果 2/3 的节点同意交易的有效性，那么交易就会被添加到区块链中。如果少于 2/3 的节点同意，那么交易就会被拒绝。

（5）PBFT 算法

PBFT 算法是一种扩展拜占庭容错（BFT）算法的共识算法，可在分布式系统中提供高容错能力。PBFT 通常用于企业区块链网络和其他需要高共识的分布式系统中。

PBFT 的工作原理是将共识过程分解为一系列针对每笔交易重复的步骤。每个步骤涉及网络中的不同节点，每个节点负责验证交易的有效性，然后将其传递给下一个节点。

PBFT 算法要求一定数量的节点对交易的有效性达成共识，然后才能将其添加到区块链中。在 PBFT 中，该数量的计算公式为 $f = (n-1) / 3$，其中 f 表示系统可容忍的最大故障节点数，n 表示网络中的节点总数。

PBFT 的设计具有容错性，这意味着即使网络中某些节点出现故障或恶意行为，它仍可以继续正常运行。该算法通过允许节点相互通信并就交易的有效性达成共识来实现这一点。如果某个节点出现故障或恶意行为，其他节点可以检测到问题并将该节点排除在共识过程之外。

除以上几种共识算法之外，还有许多其他共识算法，读者可自行上网查阅。

1.2.4 智能合约

1．什么是智能合约

智能合约（smart contract）（或加密合约）是一种计算机程序，可以在特定条件下直接自动地管理相关方 P2P 网络之间的数字资产转移。就像传统合同是由法律强制执行的一样，智能合同是由代码强制执行的——它完全按照其创建者的编码执行。

智能合约不需要外部执行机制的介入，可以在分散的、匿名的各方之间进行可信的交易和协议达成。当智能合约部署在区块链上时，交易变得可追踪、透明和不可逆转。

智能合约本质上是存储在区块链上的程序，当满足预定条件时执行。它通常用于自动执行协议，以便所有参与者都能立即确定结果，而无须中间人的参与或额外的延迟。它还可以通过在满足某些条件时自动执行下一个操作来实现工作流的自动化。

2．智能合约的特点

智能合约具有以下特点。

（1）分布式：网络上的每个人都保证拥有所有智能合约条件的副本，且任何一方均无法更改它。所有连接到网络的节点都复制并分发智能合约。

（2）确定性：智能合约只有在满足所需条件时才能执行其预期功能。无论谁执行智能合约，最终的结果都是一样的。

（3）不可篡改：一旦部署，智能合约就不能被更改。

（4）自主性：不涉及第三方。由于没有中间人，因此，这意味着一旦条件满足，智能合约就会立即执行。此外，智能合约由网络上的所有节点维护和执行，消除了任何特定方的任何控制。

（5）可定制：智能合约在部署之前可以被修改或定制。

（6）透明：智能合约总是存储在一个公共的分布式区块链账本上，代码对每个人都是可见的，无论他们是不是智能合约的参与者。由于交易记录在各方之间传输不涉及第三方，因此无须质疑信息是否因为个人利益而被操纵。

（7）安全性：区块链交易记录是被加密的，这使得其极难被破解。此外，由于分布式账本上的每条记录与之前和之后的条目相连，因此必须更改整个链才能更改单个记录，这样便增加了不法分子的破解成本。

（8）自我验证：由于智能合约是自动化的，因此它是可自我验证的。

（9）自我执行：当所有阶段都满足条件和规则时，它会自动执行。

3．智能合约的运作流程

与其他合约一样，智能合约是双方之间具有约束力的合约。它使用代码并利用区块链技术的优势，以期获得更高的效率、开放性和保密性。智能合约的执行由区块链上用代码编写的相对简单的"if/when…then…"语句控制。

以下是智能合约运行所需的步骤。

（1）协议：希望开展业务、交换产品或服务的各方必须就协议的条款和条件达成一致。此外，他们还必须确定智能合约的运作方式，包括履行协议必须满足的标准。

（2）合约创建：交易参与者可以通过多种方式创建智能合约，包括自行构建或与智能合约提供商合作。智能合约的条款用编程语言编写。在此阶段，彻底验证合约的安全性至关重要。

（3）部署：智能合约最终确定后，必须将其发布到区块链上。智能合约以与常规加密交易相同的方式上传到区块链，代码中插入交易所需的数据字段。交易一旦得到验证，即视为在区块链上有效，无法被撤销或修改。

（4）监控条件：智能合约通过跟踪区块链或其他可靠来源来执行，以获得预定的条件或提示。这些触发条件可以是任何可通过数字方式验证的条件，例如已达到的日期、已付款等。

（5）执行：当触发参数满足条件时，智能合约将依据"if/when…then…"语句形式被激活。这时可能会执行一个或多个操作，例如将资金转给供应商或登记买方对资产的所有权。

（6）记录：智能合约执行结果会被及时发布在区块链上。区块链系统验证所采取的行动，将其完成操作记录为交易，并将达成的协议存储在区块链上。

1.2.5　P2P 网络

1．什么是 P2P 网络

P2P 网络是一种分布式应用程序架构，可在对等节点之间划分任务或工作负载。对等节点是在网络中具有同等特权、同等能力的形成 P2P 网络的参与者。例如，个人区域网络（personal area network，PAN）本质上也是一种分散式对等网络，通常位于两台网络设备之间。对等节点将其部分资源（如磁盘存储或网络带宽）直接提供给其他网络参与者，而无须用服务器或稳定主机进行集中协调。对等节点既是资源的供应者，又是资源的消费者。这与传统的客户端-服务器模型（Client-Server 模型）不同，在传统的客户端-服务器模型中资源的消费和供应是分开的。

虽然之前 P2P 网络已在许多应用领域中被应用过，但该架构最终是由互联网文件共享系统 Napster 推广的（该系统最初于 1999 年被发布）。现如今，P2P 可被用于许多协议中，例如互联网上的 BitTorrent 文件共享以及 Miracast 显示和蓝牙无线电传递等个人网络中就有 P2P 的支持。同时，也催生了许多领域的新结构和新理念，包括区块链。

2．区块链中的 P2P 网络

在区块链网络中，对等节点是指具有同等效能并执行相同功能的节点或计算机。区块链也是一个 P2P 网络，充当一个或多个数字资产的去中心化账本。更具体地说，它是一个去中心化的 P2P 系统，其中每台计算机保存账本的完整副本。

在区块链中，创建一个新区块之前，区块及其内的信息必须经由 P2P 网络进行验证。正因如此，对于区块链而言，在区块链上建立 P2P 网络有助于维护数据的完整副本，从而确保数据的准确性。

总之，区块链的运作方式就是基于 P2P 技术，从而管理员无须跟踪网络上的用户交易，网络中的对等节点会合作处理交易并管理货币。

3．P2P 网络的类型

根据路由查询结构的不同，P2P 网络主要可分为三种类型：非结构化 P2P 网络、结构化 P2P 网络、混合 P2P 网络。在 P2P 网络中，两个节点之间一旦建立连接，具体传输什么数据则是两个节点之间的事情了。

（1）非结构化 P2P 网络

在非结构化 P2P 网络结构（见图 1-4）中，节点（node）缺少特定的排列，导致节点间通信随机。它的特点是没有中央控制节点，具有弹性，无单点故障。因此，非结构化 P2P 网络特别适用于平台活动频率高的应用程序，例如社交平台，用户经常进入或退出网络。

但是，非结构化 P2P 网络也有缺点：它需要大量的 CPU 和内存资源才能有效运行；硬件必须支持最大网络事务，以确保所有节点可以在任何给定时间相互通信。

（2）结构化 P2P 网络

与非结构化 P2P 网络不同，结构化 P2P 网络提供节点之间有组织的交互。它的特点是由中央服务器负责管理节点之间的通信，具有更高的控制力和安全性，且具有高效的任务管理功能。结构化 P2P 网络通过组织良好的架构来实现，使用户能够更高效地查找和使用文件，而不是随机搜索。散列函数通常有助于在结构化 P2P 网络中查找数据。结构化 P2P 网络结构如图 1-5 所示。其中，central node 代表中心节点。

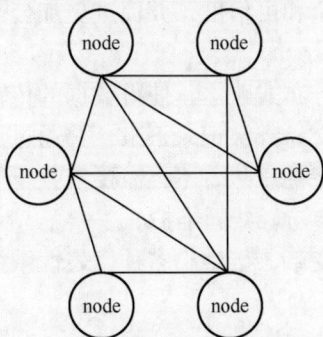

图 1-4　非结构化 P2P 网络结构　　　　　　图 1-5　结构化 P2P 网络结构

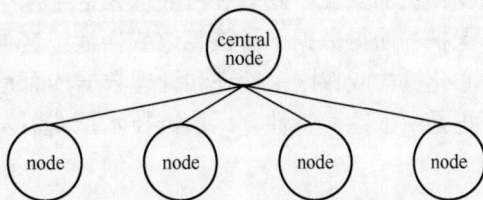

虽然结构化 P2P 网络通常更高效，但其有组织的架构也导致其具有一定程度的中心化问题。与非结构化 P2P 网络相比，这一问题可能导致更高的维护和设置成本。尽管如此，结构化 P2P 网络还提供了比非结构化 P2P 网络更强的稳定性。

（3）混合 P2P 网络

混合 P2P 网络是指将结构化 P2P 网络与非结构化 P2P 网络相结合所形成的网络。这种混合 P2P 网络引入了具有 P2P 功能的中央服务器，对特定的网络场景非常有利。与结构化 P2P 网络和非结构化 P2P 网络相比，混合 P2P 网络具有许多优势：超级节点、索引服务器等这些中心化部分可以通过优化资源分配、提高搜索性能和协调通信来为用户提供更高性能和可靠性；同时，利用 P2P 网络的核心原理，通过分散组件来实现某些功能，例如，数据存储和共享；它根据具体的要求，可以利用不同程度的集中化，在结构化 P2P 网络与非结构化 P2P 网络架构之间建立优势平衡来提升灵活性。混合 P2P 网络结构如图 1-6 所示。

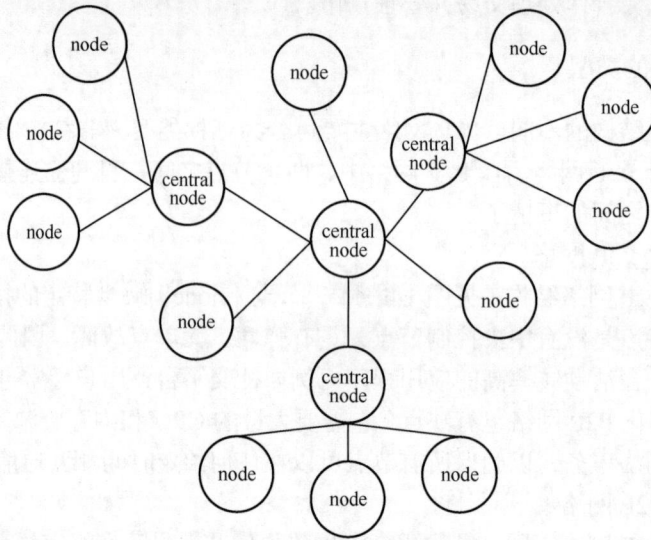

图 1-6　混合 P2P 网络结构

1.3　代表性系统与框架

区块链最初因其作为比特币背后的技术而引起人们的关注。现如今，它被认为是一种革命性的技术，有潜力改变传统的商业模式、增强数据安全和可信度，并促进更加公平和透明的交易达成。

区块链的核心思想是建立一个去中心化、不可篡改的分布式账本，使得数据的传输和存储变得更加安全、高效和可靠。在这个账本上，所有的交易都被记录下来，并通过加密技术保护，使得数据不易被篡改或伪造。这种去中心化的特性意味着不再需要依赖于单一的中心化机构或权限来验证和管理数据，而是由网络中的参与者共同维护。

正是由于这些特性，区块链技术正在引发各个行业的变革，衍生出多种代表性系统及框架。

1.3.1　比特币系统

区块链 1.0 时代以比特币系统的问世而被开启。比特币系统是区块链的第一个典型应用，也是为比特币这个加密数字货币设计的专用系统。

1．发行/挖矿

普通的货币是由中央银行等某个机构发行的。但是在比特币中，每一个区块的产生都伴随着新币的产生。谁赢得了这轮区块的记账权，谁就能获得最新产生的比特币。比特币的总量被限制为 2100 万个。区块奖励最初为 50 个币，即每挖出一个块，矿工就会获得 50 个币。系统规定，每 21 万个区块（约 4 年），出块奖励减少一半，直到少至比特币最小单位 1 聪（satoshi），2140 年之后将不再会有新币产生。这个过程就像在挖新的金币，所以被称为挖矿。账本维护者被称为"矿工"。

虽然挖矿行为会被这种奖励所激励，但挖矿的主要目的不是这个奖励或者产生新币。挖矿是一种去中心化的交易清算机制。通过这种机制，交易可以得到验证和清算。例如，每 10min 就会有一个新的区块被"挖掘"出来，这个新区块里包含着从上一个区块产生到当前这段时间内发生的交易，这样这些交易就被添加到区块链中了。把包含在区块内且被添加到区块链上的交易称为"已确认（confirmed）"交易，交易经过确认之后，新的拥有者才能够花费其在交易中收到的比特币。

矿工在挖矿过程中会得到两种类型的奖励：创建新区块的新币奖励，以及区块中所含交易的交易费。为了创建新区块，矿工争相完成一种基于加密散列算法的数学难题，进而胜出者会获得新币奖励。这些难题的解决方案称为"工作量证明"。每笔交易可能包含一笔交易费，矿工会获取交易费。交易费是每笔交易记录的输入与输出所花费金额的差额。

解决工作量证明算法难题在区块链上获得奖励的竞争机制，以及获胜者有权在区块链上记录交易的机制是比特币安全模型的基石。

2．比特币交易

简单来说，一笔交易就是告知全网，比特币的持有者已授权把它转账给其他人。新持有者可以通过产生另一笔交易，转账给另外的人，依此类推形成一条所有权的链。

首先，比特币系统中是没有严格意义上的"账户"概念的，而是提出未消费的交易输出（unspent transaction output，URXO）模型。在 UTXO 模型中，区块链上的每笔交易由输入（input）和输出（output）组成。每个输入基于之前交易的 UTXO，而每个输出则可能成为未来交易的输入。简单来说，UTXO 就是在某一交易后尚未被花费的输出。

在 UTXO 模型中，锁定脚本（locking script）和解锁脚本（unlocking script）扮演着核心的角色，它们共同确保了交易的安全性和有效性。锁定脚本也称为输出脚本，用于定义谁可以花费这笔 UTXO。它设定了使用这个 UTXO 所需满足的条件，这些条件涉及验证支付者的数字签名，以确保只有 UTXO 的合法所有者才能使用这些资金。解锁脚本也称为输入脚本，它包含在交易的输入部分，并提供了满足锁定脚本条件所需的数据。解锁脚本的目的是证明交易发起者有权使用 UTXO。

表 1-3 和表 1-4 分别展示了 UTXO 模型的交易。首先，矿工 A 挖到了 12.5 个比特币，此后进行了一笔交易，将自己拥有的 5 个比特币转账给了 B。

表 1-3 交易 1

交易#1	来源/去向	数额	编号
交易输入		12.5	
交易输出	A 的地址（公钥）	12.5	（1）

表 1-4 交易 2

交易#2	来源/去向	数额	编号
交易输入	#1（1）	12.5	
交易输出	B 的地址（公钥）	5	（1）
	A 的地址（公钥）	7.5	（2）

表 1-3 中的交易#1 是这一系列交易的起始交易。可以看到，该交易无交易输入，表示来源为 coinbase，即矿工挖出一个区块的奖励；且仅有一笔交易输出，对应着接受该区块奖励的矿工的地址。这笔交易就提供了一个 UTXO，即可以理解为 A 有了相应数额（12.5）的未消费交易输出储备。此后，可以基于该 UTXO 进行进一步的交易。

表 1-4 展示了第二笔交易。在该交易中，交易来源引用了交易#1 的 UTXO 作为交易输入，且有两笔对应该交易输入的交易输出，分别编号为（1）和（2）；其中编号为（1）的交易输出指向了 B，即意味着 B 现有了价值 5 个比特币的 UTXO 可以在后续交易过程中引用（相当于 A 向 B 转账了 5 个比特币）。编号为（2）的交易输出指向了 A，意味着作为交易输入的交易#1 还剩余的 7.5 个比特币（作为找零）又流入了 A 的地址，即 A 后续仍可以用价值 7.5 个比特币的 UTXO 作为交易输入。

1.3.2　以太坊

随着比特币的蓬勃发展，越来越多的人参与到比特币的交易、研究中。维塔利克·布特林（Vilalik Buerin）意识到比特币系统在设计上具有一些先天的局限性，比如带来巨大能源损失的挖矿机制，而这些局限性是难以通过后期的完善来打破的。因此，Vitalik 决定开发出一个全新的区块链平台，用于扩展比特币区块链在更多领域的应用，并将以太坊建成通用的平台，以期所有的开发者都能够利用该平台构建出各种各样的 DApp。最终，以太坊项目在 2014 年问世。

1．挖矿模型

以太坊中的加密货币称为以太币（Ether，ETH）。与比特币类似，以太坊也通过挖矿过程产生新的以太币，并处理网络中的交易和智能合约的执行。不过，以太坊的挖矿奖励机制与比特币略有不同：首先，每个成功挖出的区块，矿工可以获得两个以太币（此数值可能因网络升级调整），加上包含在区块中的交易费用和代码执行费用；其次，与比特币的总量上限（2100 万个）不同，以太坊没有限定以太币的总量上限。

以太坊最初使用的是与比特币相同的 PoW 共识机制，但已在升级中转向 PoS 机制，旨在提高网络效率和降低能源消耗。同时，为了减少比特币系统中一些人使用矿场通过堆叠专用矿机算力而获取挖矿效率的问题，以太坊使用 Ethash 挖矿算法代替了 SHA-256 挖矿算法。

2．以太坊账户与交易

与比特币的 UTXO 模型不同，以太坊采用传统的账户余额模型。每个账户由一对公私钥进行定义，账户状态由四个部分组成：nonce 是一个随机数，用于指定唯一交易或合约代码；balance 表示账户余额；root 表示账户状态树的树根散列值；codeHash 表示账户合约代码的散列值。

账户可以分为外部拥有账户（externally owned accounts，EOA）和合约账户（contract accounts，CA）。外部拥有账户即由私钥控制的普通用户账户，通常用于接收和发送以太币及发起交易。合约账户则是由智能合约控制的账户，执行部署在以太坊区块链上的合约代码。合约账户不能直接发起交易，只能响应来自外部拥有账户的调用。

以太坊的交易模型处理的是区块链上的资产转移和智能合约的执行，并且通过 Gas 机制确保资源的合理使用，并支持复杂的智能合约执行。

发送方创建交易时需要指定接收地址、转账金额、Gas 限制和 Gas 价格，Gas 会影响交易的优先级。矿工在验证交易时检查签名的有效性、账户余额是否足够、Gas 费用是否合理；对于合约调用，还需执行合约代码并更新状态。交易一旦被矿工打包进区块并添加到区块链中，就会被视为"已确认"。通常，需要多次确认（多个区块）才能确保交易的不可逆性。

3．以太坊智能合约

以太坊最大的创新之处在于引入了智能合约。智能合约的引入不仅拓展了区块链的应用场景，还使得以太坊成为一个强大的去中心化平台。关于智能合约的知识，读者可以参考本书第 7 章。

对比以太坊中脚本，智能合约编程语言是具备图灵完备性的。用户编写较为复杂的智能合约代码之后，代码会被编译为可以在 EVM（Ethereum Nirtual machine，以太坊虚拟机）上执行的 EVM 字节码。这些字节码会被上传到以太坊区块链，以使得每个节点都可以被访问。节点获得之后，利用本地的 EVM 执行。随着以太坊的不断发展，截至 2024 年 8 月 10 日，以太坊官网的统计数据（见图 1-7）显示，全球有 3622 个节点在运行，当前质押以太币总数达到 3406 万个，过去 24h 交易量达到 104.3 万笔，数以千计的 DApp 在运营中，其中 DeFi 锁定价值达到 934.8 亿美元。

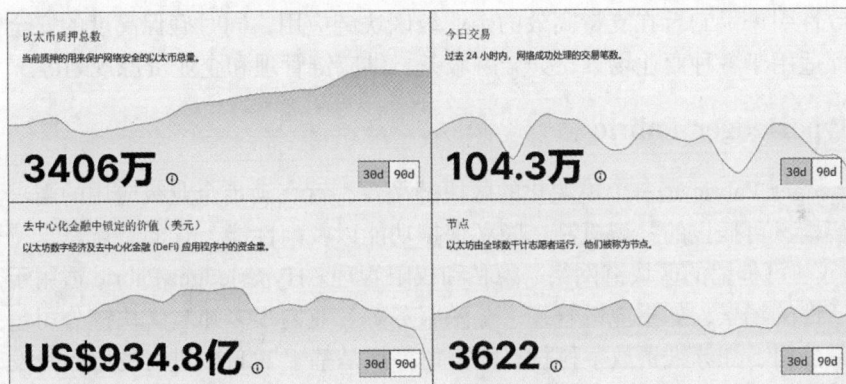

图 1-7 以太坊官网的统计数据

1.3.3 超级账本

超级账本（Hyperledger）是一个由 Linux 基金会牵头并创立的开源分布式账本平台，于 2015 年 12 月被正式宣布启动。它旨在建立一个开放的区块链平台，推动区块链技术在企业级应用中的发展。Hyperledger 由一系列子项目组成，Hyperledger 大家族如图 1-8 所示。目前，Hyperledger 大家庭主要包括 BESU、Burrow、Fabric、Indy、SawTooth、Iroha 6 个框架平台类的项目以及多个库、工具类的项目。与其他区块链平台不同，Hyperledger 的各个子项目都是锚定平台的，仅提供一个基于区块链的分布式账本平台，并不发币。

1．Hyperledger Besu

Hyperledger Besu 是一个以太坊客户端，专注于提供企业级的以太坊区块链解决方案。它的特点是支持以太坊的智能合约和去中心化应用，提供对企业级功能的支持，如隐私保护和权限管理。

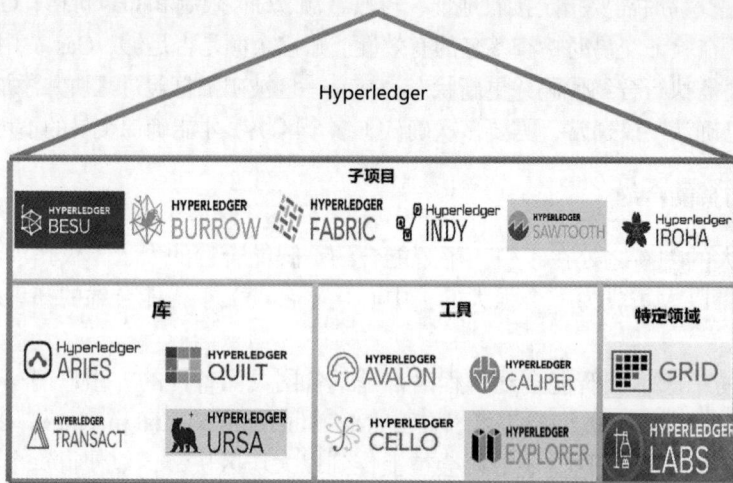

图 1-8　Hyperledger 大家族

2．Hyperledger Burrow

Hyperledger Burrow 是一个许可型区块链平台，提供了一个基于 EVM 的智能合约执行环境和一致性引擎。它旨在支持高效的企业级区块链应用，同时确保高度的安全性和可扩展性，因此适用于各种商业场景，如金融服务、供应链管理和企业资源规划等。

3．Hyperledger Fabric

Hyperledger Fabric 是一个模块化的区块链平台，旨在满足企业级应用的需求。它提供了灵活的架构、可插拔的共识机制、隐私保护功能以及高性能。它的特点是支持智能合约（称为链码）、可伸缩的区块链网络、隐私和权限管理。Hyperledger Fabric 适用于需要高度隐私和灵活性的场景，如供应链管理、金融服务等。业内很多知名区块链公司包括杭州趣链科技有限公司、江苏纸贵数字科技有限公司等都是基于 Fabric 进行的产品研发，研发的方向主要是集中在共识机制、密码算法等方面。

4．Hyperledger Indy

Hyperledger Indy 专注于去中心化身份管理（decentralized identity），为身份验证和数据保护提供支持。Indy 可以简单、方便地以模块的形式应用于任何分布式账本系统中。其设计理念之一便是项目中的很多组件可以为其他项目所引用。它支持去中心化的身份系统和凭证管理，因此适用于数字身份和隐私保护的应用场景。

5．Hyperledger Sawtooth

Hyperledger Sawtooth 是一个可扩展的功能完整的区块链底层框架，支持多种共识机制和灵活的智能合约模型，支持许可和非许可部署。它采用事务族（transaction families）和分层共识机制，并允许采用不同的事务处理规则和共识算法，并且开创性提出了时间流逝证明（proof of elapsed time，PoET）共识机制。Sawtooth 适用于多种应用场景，包括供应链和资产管理。

6．Hyperledger Iroha

Hyperledger Iroha 是一个简化的区块链平台，旨在提供简单易用的区块链解决方案，适用于不需要复杂智能合约的应用。此外，其支持简单的资产转移和智能合约，提供易于集成的 API，因此适用于身份管理、金融服务等场景。

1.3.4　长安链

长安链（ChainMaker）是国内首个自主可控的区块链软硬件一体技术体系，支持高性能、高可信和高安全的数字基础设施建设。它由国内多家单位和高校共同研发而成，包括北京微芯、清华大学和北京航空航天大学等。

1．软硬件可控

在软件方面，长安链采用了深度模块化和高度可装配的区块链底层技术架构。其核心技术包括自主研发的抗量子加密算法、可治理的流水线共识机制和混合式分片存储等（十余个）模块。这些模块的设计旨在支持高性能并行执行，以确保系统的交易处理能力达到每秒 10 万笔，居于全球领先水平。长安链的软件平台能够根据具体的业务场景自动选择并装配合适的组件，以满足如资产交易、数据共享和可信存证等不同需求。

在硬件方面，长安链全球首创了基于 RISC-V 开源指令集的 96 核区块链芯片架构。这种创新设计构建了物理上安全隔离的高效、可信的运行环境，并实现了智能合约的并行加速处理，从而显著提升了超大规模区块链网络的交易性能。

2．多业务场景支持

长安链支持各种应用场景，包括政务、医疗、食品安全、物资采购和 5G 信息通信等，通过其底层技术支持数据的共享、交换和流转。例如，在医疗健康领域，长安链通过"小通医链"链接各级医院和医疗器械服务商，实现全生态可信数据互联。在食品安全领域，长安链则依托其技术打造了"食品安全链"，专注于食品行业的全产业链追溯管理。

3．去中心化数字身份合约标准

去中心化数字身份（DID）为每个实体（如个人、组织或物品）提供了唯一的全球身份标识符，使用户能够控制和管理自己的数字身份，并以最小化的方式展示。在此过程中，数据所有权被归还给用户，区块链技术确保了身份的不可篡改性，密码学方法则保障了身份的安全性，从而更好地保护用户隐私。

长安链开源社区提出了 DID 合约标准 CM-CS-231201-DID，并定义了 DID 合约的结构和功能，以便在不同的区块链平台和应用中实现一致的身份管理。部分关键功能接口如下。

（1）registerDID(didData)：允许用户在区块链上注册新的去中心化身份，生成唯一的 DID 标识符。

（2）updateDID(didId，updatedData)：支持对已有身份信息进行更新，以确保信息的准确性。

（3）getDID(didId)：根据 DID 标识符检索相关身份数据。

（4）verifyDID(didId，proofData)：通过提供的证明数据来验证身份的真实性。

1.3.5 Substrate 和 Polkadot 网络

Substrate 是一个开源的区块链开发框架，用于构建定制化的区块链网络。它提供了一整套构建区块链所需的工具和功能，允许开发者根据具体需求快速创建和部署区块链。从第 4 章开始，本书会为读者详细介绍 Substrate 区块链开发框架。

Polkadot 则是利用 Substrate 开发的一个区块链互操作性平台（"中继链"），旨在通过连接多个独立的区块链（称为"平行链"）来实现跨链通信和共享安全性。它由 Web3 Foundation 和 Parity Technologies 共同开发，旨在解决区块链网络之间的互操作性问题。

1．网络类型

基于 Substrate 的区块链可以用于不同类型的网络架构。例如，Substrate 被用于构建以下网络类型。

私有网络：这个网络中的访问被局限在一组受限节点中。

独立链：实现自己的安全协议并不连接或与任何其他链通信的独立链。比特币和以太坊是非基于 Substrate 的独立链的例子。

中继链：为连接到它的其他链提供去中心化的安全保障，以及通信服务。Kusama 和 Polkadot 是中继链的例子。

平行链：构建用于连接到中继链，并具有与使用相同中继链的其他平行链通信的功能。由于平行链依赖于中继链为生成的块提供最终确定性服务，因此平行链必须实现与中继链相同的共识协议。

2．Polkadot 参与方

如图 1-9 所示，有四个基本角色在维持 Polkadot 网络，分别为收集者（collator）、渔夫（fisherman）、提名者（nominator）、验证者（validator）。

验证者是 Polkadot 网络的核心参与者，负责验证中继链上的区块。验证者参与 NPoS（nominated proof of stake，提名权益证明）共识机制以确保网络的安全性和一致性，并提供经济担保以确保网络的安全性和防止恶意行为。

提名者是 Polkadot 网络中的代币持有者，将自己的代币委托给验证者，以支持他们的验证工作。提名者负责选择和支持他们信任的验证者，通过提名的方式参与网络的安全保障。

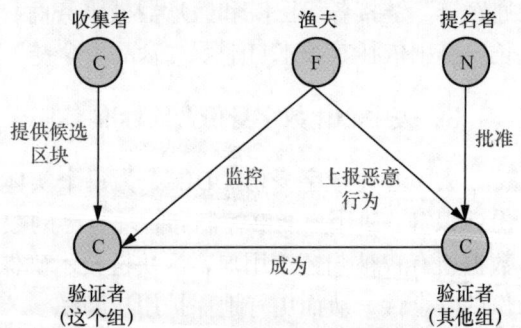

图 1-9　Polkadot 网络中的四个基本角色

收集者是平行链的区块生产者，负责创建和提交平行链的区块到中继链。收集者的职责包括构建平行链的区块，将这些区块提交给中继链的验证者进行验证，以确保平行链的区块符合 Polkadot 网络的共识和安全要求。

渔夫是 Polkadot 网络中的一种特殊角色，主要负责监控和报告网络中的不诚实行为。其核心任务是维护网络的公正性和透明性，以确保平行链和中继链中的区块符合协议规则，并协助检测潜在的欺诈行为。

3．跨链互操作性

Polkadot 作为一个中继链，允许多个平行链连接到它。这些平行链可以独立运行，但共享 Polkadot 的安全性和跨链通信功能。通过中继链，平行链可以安全地进行跨链通信。其通过 XCMP（cross-chain message passing）协议实现平行链之间的消息传递。它允许不同的平行链之间直接交换消息和数据，而无须使用 UMP（向上消息传递）和 DMP（向下消息传递）与中继链交互。平行链之间使用 XCMP 传输消息示意如图 1-10 所示。

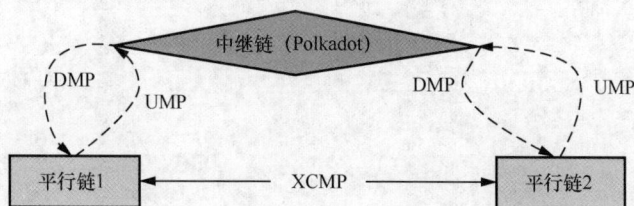

图 1-10　平行链之间使用 XCMP 传输消息示意

除了 XCMP，Polkadot 还支持通过转接桥以实现与其他区块链网络的互操作。例如，通过桥接技术，Polkadot 可以与 Ethereum、Bitcoin 等主流区块链进行互操作，允许在不同网络之间转移资产和数据。

通过将 Substrate 与 Polkadot 相结合，开发者可以创建具有高度定制化的区块链，同时利用 Polkadot 的互操作性和安全性。这种设计架构为构建复杂的区块链应用和生态系统提供了强大的支持。

1.4　Rust 环境安装与配置

1.3 节简要介绍了几种典型的区块链系统以及功能强大的区块链开发框架 Substrate。Substrate 框架主要是采用 Rust 编程语言编写的，因此在学习和使用 Substrate 的过程中，将会涉及大量 Rust 相关的工具和库。为了能够更好地使用 Substrate 构建自有区块链系统，学习 Rust 编程语言是必不可少的。为此，本节将作为前期准备章节，先详细介绍 Rust 编程语言的安装方法及其基础用法。

1.4.1　在 Windows 上安装 Rust

现今最常用的操作系统非 Windows 莫属，下面对在 Windows 上安装 Rust 的步骤做简要说明。

1．安装所需环境

在 Windows 上安装 Rust 需要有 C++环境，此处介绍一种常见的安装方式。

获取 MSVC 构建工具，需要安装 Visual Studio 2022。当被问及需要安装什么工作负载（Workload）的时候，请确保勾选了以下选项。

（1）使用 C++的桌面开发（Desktop Development with C++）。

（2）Windows 10（或 11）SDK。

（3）英语语言包或你所需要的其他语言包。

2．下载 Rust 安装程序

准备好 C++环境后开始下载 Rust 安装程序。首先打开浏览器，访问 Rust 官网，然后单击"Get Started"按钮，选择适合自己计算机的 rustup-init.exe 安装程序（一般选择 64 位版本；32 位的计算机系统则选择 32 位版本），如图 1-11 所示，单击"下载"按钮。

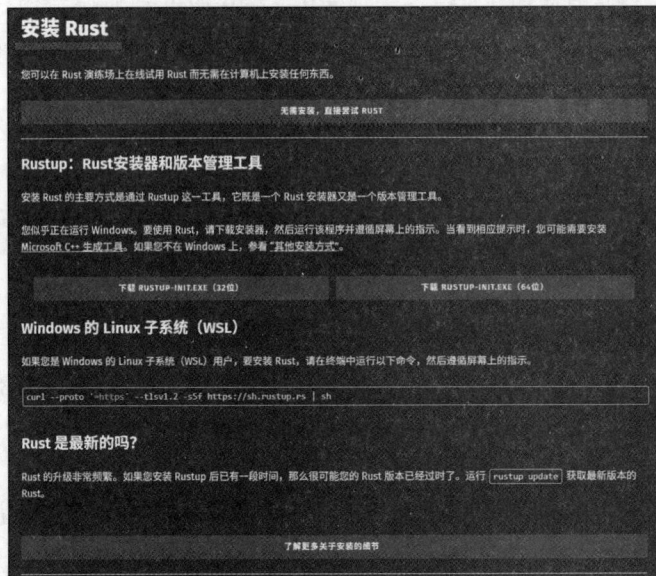

图 1-11　Rust 官网下载安装程序界面

双击下载好的 rustup-init.exe 文件，出现命令提示符窗口，按提示选择选项进行安装。安装程序将下载并安装 Rustup、Cargo 和 Rustc。

（1）配置环境变量

安装程序通常会自动配置环境变量。此时，最好重启终端。

（2）验证安装

通过在命令提示符窗口中执行以下指令可以验证安装是否成功。

```
> rustc --version
> cargo --version
```

执行此命令后，应该能够看到最新稳定版本的版本号，以及对应的提交散列值和提交日期。如果看到类似图 1-12 所示的验证界面，则表示 Rust 已成功安装。

注意：使用 C++工具安装 Visual Studio 是运行 Rust 程序的必要条件。

图 1-12　Rust 安装成功时的验证界面

（3）更新 Rust

打开命令提示符窗口，执行以下指令：

```
> rustup update
```

查看系统已安装的所有内容，如果有新版本，将会更新。

（4）卸载 Rust

打开命令提示符窗口，执行以下指令：

```
> rustup self uninstall
```

则可卸载 Rust。

1.4.2　在 Linux 或 macOS 上安装 Rust

在 Linux 或 macOS 上安装 Rust 与在 Windows 上安装 Rust 大同小异，读者可以相互对照以作为参考。此处对 Rust 安装流程只做简要描述。

1．安装所需依赖及环境

打开命令提示符窗口，更新包列表并安装依赖：

```
$ sudo apt update
$ sudo apt upgrade
$ sudo apt install curl
```

Rust 对运行环境的依赖与 Go 语言很像，几乎无须安装依赖即可直接运行。但是，Rust 会依赖 libc 和链接器 linker。所以，如果遇到提示链接器无法执行的情况，需要手动安装一个 C 语言编译器。

macOS 下，执行以下命令：

```
$ xcode-select --install
```

Linux 用户一般应按照相应发行版的文件来安装 GCC 或 Clang，此处以 Ubuntu 操作系统为例，执行以下命令：

```
$ sudo apt install build-essential
```

2．下载并安装 Rust

使用 curl 下载并运行 Rust 安装脚本：

```
$ curl        sh.rustup.rs -sSf | sh
```

上面的命令会下载脚本并开始安装 Rust 工具，按提示选择选项进行安装，它将安装最新版本的 Rust。

（1）配置环境变量

安装脚本通常会自动配置环境变量。此时，最好重启终端。

（2）验证安装

打开命令提示符窗口，执行以下指令以确认安装是否成功：

```
$ rustc --version
$ cargo --version
```

（3）更新 Rust

打开命令提示符窗口，执行以下指令：

```
$ rustup update
```

（4）卸载 Rust

打开命令提示符窗口，执行以下指令：

```
$ rustup self uninstall
```

1.4.3　安装 Visual Studio Code

Visual Studio Code（VS Code）是微软公司于 2015 年推出的一款轻量、免费、开源且功能强大的源代码编辑器，基于 Electron 开发，支持操作系统 Windows、Linux 和 macOS。VS Code 支持几乎所有主流开发语言的语法高亮、智能代码补全、自定义快捷键、括号匹配和颜色区分等特性，支持插件扩展，并针对网页开发和云端应用开发做了优化。

1．安装 VS Code

前往 VS Code 官网，单击右上方的"Download"按钮，选择适合自己系统的下载链接以进行下载并安装。

2．安装 Rust 插件

在 VS Code 的左侧扩展目录里，搜索 Rust，能看到两个 Rust 插件。如无意外，它们应该分别排名第一和第二。

（1）官方的 Rust（开发者是 The Rust Programming Language），已经不再维护了，不必安装。这个插件有以下几个问题。

首先，在代码跳转方面支持性较差，它只能在自己的代码库中跳转。一旦需要跳转到别的第三方库，就无法继续跳转。这一点给查看标准库和第三方库的源码带来了极大的困扰。

其次，不支持类型自动标注。对于 Rust 语言而言，类型说明是非常重要的，特别是在不知道给变量一个什么类型时，这种 IDE 的自动提示就变得弥足珍贵。但该插件的代码提示不太好用，有些方法既不会被提示，也不会被支持跳转。

（2）社区驱动的 rust-analyzer。上面说的所有问题，在这个插件上都得到了解决。安装好 rust-analyzer 后，需重启 VS Code 生效。

1.4.4　第一个 Rust 项目

在本小节中，将会使用 Rust 语言编写一个简单的 Rust 程序，以了解如何编写、保存和编译 Rust 程序。为了方便，以下示例都在 Ubuntu 操作系统上演示。

1．创建目录并编写代码

首先创建一个存放 Rust 代码的目录 Rust_projects，然后打开 VS Code 并编写以下代码。

```
fn main(){
    println!("Hello, world!");
}
```

接着，将文件保存到 Rust_projects 目录下并命名为 hello_world.rs。Rust 源文件总是以 .rs 扩展名结尾。如果文件名包含多个单词，那么按照命名习惯，应当使用下画线来分隔单词。

2．编译

继续输入如下命令：

```
$ rustc hello_world.rs
```

执行该指令后，Rust_projects 目录下会生成一个与 hello_world.rs 同名的可执行文件。

3．运行

再输入如下命令：

```
$ ./hello_world
```

执行该指令后，会输出字符串"Hello, world!"。恭喜你！你已经正式编写了一个 Rust 程序。

1.4.5 认识 Cargo

Cargo 是 Rust 的构建系统和包管理器。大多数 Rust 开发者使用 Cargo 来管理自己的 Rust 项目，因为它可以自动、高效地处理很多任务，比如构建代码、下载依赖库并编译这些库。

最简单的 Rust 程序不需要任何依赖[代码所需要的库被称为依赖（dependencies）]。如果使用 Cargo 来构建"Hello, world!"项目，则只会用到 Cargo 构建代码的那部分功能。而在编写更复杂的 Rust 程序时往往要添加依赖项，此时如果使用 Cargo 启动项目，则添加依赖项的工作会变得简单、容易得多。

本小节将以 1.4.4 小节的"Hello, world!"项目为例，尝试使用 Cargo 创建、编译并运行项目等。

1．使用 Cargo 创建项目

打开命令提示符窗口，在 Rust_projects 目录（或其他存放 Rust 代码的目录）下，执行以下命令，以创建一个新的 Rust 项目。

```
$ cargo new hello_world_cargo
$ cd hello_world_cargo
```

上面的命令使用 cargo new 创建了一个名叫 hello_world_cargo 的项目，该项目的结构和配置文件都是由 Cargo 生成的，意味着它完全被 Cargo 管理。执行该命令后，Rust_projects 目录下会生成一个名叫 hello_world_cargo 的项目文件夹。然后查看 hello_world_cargo 目录，此时该项目的结构如图 1-13 所示。

Cargo.toml 是项目的配置文件，src 是源码文件夹，main.rs 是自动生成的默认源文件，里面已经写好了默认代码（与 1.4.4 小节的示例代码相同）。

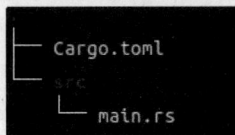

图 1-13　Cargo 生成的项目结构

2．编译并运行项目

（1）自动编译并运行项目

输入如下命令：

```
$ cargo run
```

该指令会先对项目进行编译，然后直接执行。命令提示符窗口将会输出字符串"Hello, world!"。

（2）手动编译并运行项目

打开命令提示符窗口，在 hello_world_cargo 目录下输入如下命令：

```
$ cargo build
```

该指令会对项目进行编译，编译成功后会在 ./target/debug/ 目录下生成一个与 hello_world_cargo 同名的可执行文件。

然后执行以下命令，运行可执行文件。

```
$ ./target/debug/hello_world_cargo
```

执行该指令后，命令提示符窗口将会输出字符串 "Hello, world!"。

至此已介绍了最基本的 Rust 编译和运行项目的方式。由于篇幅有限，有关其他未介绍的相关知识，读者可自行前往 Rust 官网学习了解。

1.5 本章小结

本章系统讲述了区块链技术的起源与发展，介绍了其基本原理、核心技术和代表性系统，阐明了区块链在不同阶段的演进及其多元化的应用场景，包括加密货币、智能合约以及去中心化应用等。同时，本章还对 Rust 语言在区块链开发中的应用进行了概述，包括 Rust 编程语言的安装方法及其基础用法。通过对这些内容的学习，读者能够初步掌握区块链的核心概念与开发工具，为后续章节的深入学习和实践奠定坚实基础。本章内容全面而系统，为理解区块链技术提供了理论框架，也为开发实践提供了技术支撑。

1.6 习题

1. 区块链技术的起源可以追溯到哪些先驱概念和研究成果？
2. 什么是比特币的创世区块？它标志着哪一重要事件的发生？
3. 区块链的发展经历了哪四个阶段？每个阶段的关键特征是什么？
4. 请从参与者的角度比较公有链、私有链和联盟链的主要区别。
5. 解释 PoW 与 PoS 这两种共识算法的主要区别及各自的优点和缺点。
6. 在区块链系统中，P2P 网络的作用是什么？请说明 P2P 网络可以如何帮助我们维护数据的完整性。
7. 简述长安链（ChainMaker）的核心优势和技术亮点，并举例说明它所支持的应用场景。
8. 在您的计算机上安装 Rust 语言所需的编程环境及其相关的工具链，并完成以下任务：
（1）安装 VS Code 编辑器及 rust-analyzer 插件；
（2）使用 "rustc --version" 命令验证 Rust 编译器是否正确安装；
（3）创建一个名为 "hello_world.rs" 的简单 Rust 程序文件，编写并运行一段打印 "Hello, world!" 到控制台的代码。
9. 用 Cargo 创建一个新的 Rust 项目，并将其命名为 "my_first_rust_project"。在这个项目中实现一个函数——接收两个整数参数，并返回它们的和。然后通过 Cargo 构建并运行这个项目，确保函数能够按预期效果开展工作。

第2章 Rust 语言基础

Rust 作为一种内存安全性极高的系统编程语言，以其高效的并发性能和强大的代码安全性而闻名。本章主要介绍 Rust 语言的基础知识，探索 Rust 的设计目标、核心概念及其在各种应用场景中的优势和使用方法。通过学习 Rust 的变量、数据类型、所有权系统、控制流结构、结构体、枚举等内容，读者将能够掌握 Rust 语言的基本语法和编程技巧，为后续深入研究和开发打下坚实的基础。

2.1 Rust 语言简介

Rust 适合构建高性能、安全且复杂的系统，例如区块链和加密货币交易所等。同时，由于 Rust 本身的设计目标是防止内存泄漏和保障线程安全，因此可以很好地处理与区块链相关的安全性问题。

2.1.1 Rust 的主要设计目标

Rust 的主要设计目标如下。

（1）高性能：Rust 致力于实现零成本抽象（zero cost abstractions），而且由于没有运行时（runtime）和垃圾回收机制（garbage collection mechanism，GCM），因此能够胜任对性能要求特别高的服务。它不仅可以在嵌入式设备上运行，还可以轻松与 C 语言无缝交互，以解决密码学库缺失问题。

（2）可靠性：Rust 有非常强大的类型系统，变量所有权机制可杜绝编译期内存安全隐患，提高软件可靠性。

（3）开发效率：Rust 拥有出色的文档、友好的编译器和清晰的错误提示信息，还集成了一流的工具——包管理器和构建工具、智能自动补全和支持类型检验的多编辑器，以及自动格式化代码等功能。

2.1.2 Rust 适用的应用开发场景

Rust 不仅具有优异特性，而且适合多种场景的应用开发。Google 公司的操作系统 Fuschia 中的 Rust 代码量大约占 30%；Amazon 公司用 Rust 开发基于 Linux 的可直接在裸机、虚机上运行容器的操作系统；System76 公司用 Rust 开发下一代安全操作系统 Redox；蚂蚁金服公司用 Rust 开发库操作系统 Occlum；微软公司在 WinRt 项目中添加了对 Rust 语言的支持，可以使用 Rust 语言和微软公司的框架编写 Windows 的客户端程序。Rust 适用的应用开发场景包括以下几个。

（1）传统命令行程序。Rust 编译器可以直接生成目标可执行程序，不需要任何解释程序。

（2）Web 应用。Rust 可以被编译成 WebAssembly，WebAssembly 是一个虚拟指令集体系架构（virtual ISA）；作为一种 JavaScript 的高效替代品，它在以确保安全和接近原生应用的运行速度下运行于 Web 平台上。

（3）网络服务器。Rust 用极低的资源消耗做到安全、高效，且具备很强的大规模并发处理功能，十分适合开发普通或极端的网络服务器程序。

（4）嵌入式设备。Rust 同时具有高效的开发语法和执行效率，支持底层平台的开发。

2.2 通用的编程概念

本节内容涵盖变量的使用及其可变性、数据类型、函数定义与调用以及控制流结构。通过详细地讲解 Rust 中数据类型、变量的声明与使用、编写和调用函数以及利用 if 表达式和各种循环结构控制程序的执行流程，读者可以快速认识 Rust 语言的基础知识。

2.2.1 变量

1．变量与可变性

Rust 使用 let 关键字声明变量，并且默认变量是不可改变的（immutable）。一旦变量被赋值后就不能被再次赋值，否则，编译时会报错。

若需要声明可变变量，须在变量前面加上 mut 关键字修饰。

2．变量与常量的区别

常量在绑定值之后也是不可变的，但是它与不可变的变量有如下区别。

（1）常量永远都是不可变的，所以无法使用 mut 关键字使其可变。

（2）Rust 使用 const 关键字声明常量，常量名用大写字母表示，每个单词之间用下画线分开。

（3）常量可以在任意作用域下进行声明，包括全局作用域。程序运行期间，常量在其声明的作用域内一直有效。

（4）为了确保常量的值在编译时就已经确定，常量只可以被绑定到常量表达式，而无法被绑定到函数的调用结果或运行时才能计算出的值。

3．变量遮蔽

Rust 允许在相同的作用域中使用同一个名字重新声明新的变量，新的变量就会暂时遮蔽（shadowing）之前声明的同名变量。在后续的代码中这个变量名代表的就是新的变量，但是之前的声明不会被修改或销毁。当作用域结束时，之前被遮蔽的变量又会恢复可见。使用 let 声明的同名新变量，其类型可以与之前不同。

2.2.2 数据类型

Rust 是静态编译语言，在编译前必须确定变量类型。编译器根据变量的值通常可以推断出变量的类型，但如果变量的类型比较多，就必须添加类型的标注，否则编译会报错。

在 Rust 语言里每一个值都有一个特定数据类型，Rust 会根据数据的类型去处理数据。下面介绍两种数据类型子集——标量类型、复合类型。

1．标量类型

Rust 有四个主要的标量类型，分别为整数类型、浮点数类型、布尔类型以及字符类型。

（1）整数类型

Rust 的整数类型（没有小数部分）分为有符号整数类型和无符号整数类型。Rust 语言中有符号的整数类型以 i 开始，后面的数字表示所占的位数；无符号的整数类型以 u 开始，后面的数字表示所占的位数。如 i16 是一个有符号的整数类型，占 16 位的空间，值可正可负；u32 是一个无符号的整数类型，占 32 位的空间，值是非负的。

Rust 语言的整数类型表示符和占用的存储位数如表 2-1 所示。

表 2-1　Rust 语言的整数类型表示符和占用的存储位数

有符号的整数类型	无符号的整数类型	占用的存储位数
i8	u8	8bit
i16	u16	16bit
i32	u32	32bit
i64	u64	64bit
i128	u128	128bit
isize	usize	arch

每一个有符号的整数类型变量值的范围为 $-2^{(n-1)} \sim 2^{(n-1)}-1$，其中 n 是变量所占的位数，所以 i16 值的范围为 $-2^{15} \sim 2^{15}-1$，也就是 $-32768 \sim 32767$。无符号的整数类型变量值的范围为 $0 \sim 2^{n}-1$，所以 u16 值的范围为 $0 \sim 2^{16}-1$，也就是 $0 \sim 65535$。

另外，isize 和 usize 类型依赖运行程序的计算机架构。其中，64 位架构上，它们是 64 位的；32 位架构上，它们是 32 位的。

Rust 允许数值字面值使用类型后缀，例如 43u16，其中 43 表示数值，u16 表示类型。若不指定数据类型，Rust 默认的整数值面值的类型为 i32。Rust 允许使用 "_" 作为分隔符以方便读数，如 9_999，它的值与你指定的 9999 相同。在 Rust 中，我们可以使用表 2-2 中的任何一种形式编写整数类型的数值字面值，如表 2-2 所示。

表 2-2　整数类型的数值字面值

整数类型的数值字面值	例子
Decimal（十进制）	56_789
Hex（十六进制）	0xff
Octal（八进制）	0o77
Binary（二进制）	0b1010_1100
Byte（单字节字符）（仅限于 u8）	b'E'

（2）浮点数类型

浮点数类型为含有小数部分的数据类型。Rust 的浮点数类型有两种，分别是单精度 f32（占 32 位）和双精度 f64（占 64 位）。浮点数类型数值字面值的默认类型为 f64。

（3）布尔类型

Rust 的布尔类型值为 true 或 false，占 1 字节（8 位）。布尔类型关键字为 bool。

（4）字符类型

Rust 的字符类型关键字为 char，用以描述语言中最基础的字符。字符用一对单引号引起来，占 4 字节，代表一个 Unicode 标量值（Unicode Scalar Value）。在 Rust 中，拼音字母、中文/日文/韩文等字符、emoji（绘文字）以及零长度的空白字符都是有效的 char 值。

2. 复合类型

Rust 的复合类型是由多个标量类型组成的复杂类型。原生的复合类型有数组（array）和元组（tuple）两种，在此基础上又有切片和字符串。

（1）数组类型

Rust 的数组是由多个同一类型的值组成的复合类型。与 C/C++的数组类似，一旦声明后就不能改变其长度。Rust 中数组的值位于中括号内，中间用英文半角逗号分隔，示例代码如下。

```
let x = [7, 9, 11, 13, 15];
```

显式地指定元素类型和长度。指定长度为 5、元素类型为 i32 的数组的示例代码如下。

```
let x:[i32;5] = [7, 9, 11, 13, 15];
```

引用数组的元素。采用"数组名[下标]"的方式，且下标由 0 开始，示例代码如下。

```
fn main() {
    let x:[i32;5] = [7, 9, 11, 13, 15];
    println!("第四个元素为{ }",x[3]);
}
```

以上程序中 x[3]的输出值为 13。

（2）元组类型

Rust 的元组可以由多个不同类型的值组成，其长度也不能改变。我们可使用包含在圆括号中的逗号分隔的值列表来创建一个元组。元组中的每一个位置都有一个类型，而且这些不同值的类型也不必是相同的，示例代码如下。

```
let t:(i32,u16,f64) = (-94,45,5.5);
```

元组的访问与数组不同，它不是采用下标的方式，而是使用".索引"来直接访问元素，且索引由 0 开始。例如，索引元组 t 的第 2 个元素为 t.1，示例代码如下。

```
fn main() {
    let t:(i32,u16,f64) = (-94,45,5.5);
    println!("第二个元素为{ }",t.1);
}
```

上述代码中 t.1 的输出值为 45。

2.2.3 函数

Rust 中使用 fn 关键字定义函数，其一般形式为

```
fn 函数名(参数列表)->返回值类型{
    函数体
}
```

Rust 使用 snake case 命名规范对函数和变量名进行命名，所有的字母都是小写，单词之间用下画线隔开，示例代码如下。

```
fn main() {
    print_function();
}
fn print_function()
{

    println!("这是一个 Rust 程序");

}
```

在上例中，函数名为 print_function，函数为无参函数，无返回值，函数体用一对花括号括起来。在 main 函数中调用函数的方式为 print_function()。

有参且有返回值的自定义函数，示例代码如下。

```
fn main() {
    let sum = add(5,7);
    println!("sum={}",sum);
}
fn add(x:i32,y:i32)->i32
{
    return x+y;
}
```

在上例中，自定义函数名为 add，函数为有参函数。在函数签名中，必须声明每个参数的类型。当一个函数有多个参数时，使用逗号隔开。

在 main()函数中，调用函数 let sum=add(5,7);时，实参（argument）的值 5、7 分别传递给形参（parameter）x、y。程序中 sum 的输出值为 12。

2.2.4 控制流

Rust 语言中最常见的用来控制执行流的结构是 if 表达式和循环。

1．if 表达式

Rust 中的 if 后面是一个表达式（expression）。if 表达式允许根据逻辑条件（必须为 bool 类型）执行不同的代码分支。此外，它也可以与 else 和 else if 配合使用。与 C 语言不同的是，逻辑条件不需要用小括号括起来，但是条件后面必须跟一个代码块。

下面看一个简单的例子。

```
fn main() {
    let x = 5;
    let y = 7;
    if x>y {
        println!("两数中最大值为{}",x);}
    else {
        println!("两数中最大值为{}",y);}
}
```

以上程序中的第 4 行就是一个 if 表达式。根据第 2 行、第 3 行声明变量 x、y 的值，然后判断逻辑条件 x>y，如果为"真"就执行 if 分支代码（第 5 行语句），如果为"假"就执行 else 分支代码（第 7 行语句）。程序输出值为 7。

下面来看另一个简单例子。

```
fn main() {
    let x = -8;
    if x>0 {
        println!("{} 是正数",x);}
```

```
    else if x<0{
        println!("{} 是负数",x);}
    else {
        println!("{} 既不是正数,也不是负数",x);}
}
```

以上程序是使用 else if 语句来处理多重条件的,以判断 x 的值是大于 0、小于 0 还是等于 0。但是程序中如果 else if 被使用得过多,就会比较混乱,最好使用 match 来重构代码。程序运行结果为 "–8 是负数"。

2. 在 let 语句中使用 if

因为 if 是一个表达式,所以可以将它放在 let 语句中。

下面看一个简单例子,代码如下。

```
fn main() {
    let  x = 5;
    let  y = 7;
    let max = if x>y {x} else{y};
    println!("最大值为{}",max);
}
```

以上程序中的第 4 行 let 声明变量 max,其值为 if 表达式 if x>y {x} else {y},当布尔条件 x>y 为 "真" 时执行 if 块中的表达式{x},并将得到的值 5 赋给 max;当布尔条件 x>y 为 "假" 时执行表达式{y},并将得到的值 7 赋给 max。程序中 max 的输出值为 7。

3. 循环结构

Rust 提供了 loop、while 和 for 三种循环方式。

（1）loop 循环

Rust 提供了一个 loop 关键字来表达一个无限循环。

下面看一个简单的例子。

```
fn main() {
    let mut i = 1;
    let mut sum = 0;
    let result = loop{
        sum = sum+i;
        i = i+1;
        if i == 6{
            break sum;}};
    println!("result is {}",result);
}
```

以上程序实现求 1+2+3+4+5 和的功能,第 2 行、第 3 行声明了可变变量 i、sum;在 loop 中 i 进行加 1 操作,并在第 7 行中判断 i 是否等于 6,如果等于 6 就执行 break 结束循环;break 后面的 sum 表达式就是 loop 循环的结果,在第 4 行中赋值给 result 变量。第 5 行、第 6 行语句循环执行,求得 1+2+3+4+5 的和。程序中 result 的输出值为 15。

（2）while 循环

while 循环每次执行循环体之前都判断一次条件。

下面看一个简单的例子。

```
fn main() {
    let mut i = 1;
```

```
    let mut sum = 0;
    while i <= 100 {
        sum = sum+i;
        i = i+1;}
    println!("求和为{}",sum);
}
```

以上程序实现 1+2+3+···+100 的求和功能，第 5 行、第 6 行为程序的循环体，每次执行循环体之前都要判断 i<=100 是否为"真"，当 i<=100 为"假"时，循环结束，输出 sum 的值。程序中 sum 的输出值为 5050。

（3）for 循环

for 循环是最常用的循环结构，常用来遍历集合（比如数组）。for 循环是有条件的循环，即循环特定的次数。其一般形式为

```
for var in 表达式{
    语句
}
```

上面的表达式可以转换为迭代器，迭代器可以迭代数据结构的元素。在每次迭代中，从迭代器获取值。当没有值可取时，循环结束。

下面看一个简单的例子。

```
fn main() {
    for x in 30..41
    { println!("{}",x); }
}
```

在以上程序中 30..41 是一个表达式，说明了开始和结束的位置，迭代器将迭代这些值。因为上限 41 是不包含在内的，所以我们的循环将输出 30~40。程序运行结果将顺次输出 30~40 的所有值。

下面来看另一个简单的例子。

```
fn main() {
    let x = [31,33,35,37,39];
    for array_element in x.iter(){
        println!("{}",array_element);}
}
```

以上程序的第 2 行定义数组 x，第 3 行 for 循环对 iter() 迭代器循环调用 next，访问数组 x 的每个元素。每一次迭代后结果返回到 array_element，一旦到达数组的最后一个元素，循环就结束了。程序的运行结果将顺次输出 31、33、35、37、39。

4．break 与 continue

在 Rust 中可以使用 break 关键字提前结束循环，接着执行循环下面的语句；此外，也可以使用 continue 关键字结束当前循环，以开始下一次循环。

2.3 所有权

所有权是 Rust 语言为高效使用内存而设计的语法机制，可让 Rust 在编译阶段更有效地分析内存资源的有用性。它是 Rust 中最独特的特性，使得 Rust 无须垃圾回收机制就可以保证内存安全。计算机程序必须在运行时管理它们所使用的内存资源。一些语言中具有

垃圾回收机制，在程序运行时不断地寻找不再使用的内存；Rust 则通过所有权系统管理内存，编译器在编译时会根据一系列的规则进行检查。

所有权规则：每个值都有一个变量，这个变量是该值的所有者；每个值只能有一个所有者；当所有者超出作用域（scope）时，该值将被删除。这三条规则是所有权概念的基础。

栈（stack）和堆（heap）是在运行时管理内存的方法。栈是按数据的接收顺序来存储，按相反的顺序来删除的。堆是一种在程序运行时由程序自己申请使用内存的机制，类似树状的存储结构，进行数据读写时需要多进行一些计算。

在 Rust 里，任何固定大小变量，比如基本数据类型、指针类型都会被存储在栈上。但如果需要存储的数据是动态的或者是"不确定大小（unsized）"的（比如用户输入的一串字符串），就无法在定义时明确数据长度，也就无法在编译阶段令程序分配固定长度的内存空间供数据存储使用。此时，就需要使用堆存储数据。所有权是用来管理堆上数据的，例如，跟踪哪部分代码正在使用堆上的哪些数据、最大限度地减少堆上的重复数据的数量，以及清理堆上不再使用的数据以确保不会耗尽空间。

栈与堆的区别：栈上的数据需要在编译时明确知道所需空间的大小；堆上的数据则不需要。堆上的数据需要通过指针来访问，因此被访问速度慢；栈上的数据在栈顶，且数据大小是已知的，并且还能更好地利用局部性定理，因此访问栈上的数据会更快。

2.3.1 变量与数据交互的方式

变量与数据交互的方式主要有移动（move）和复制（clone）两种。

1．移动

多个变量可以在 Rust 中以不同的方式与相同的数据交互，示例代码如下。

```
let a = 5;
let b = a;
```

上面程序段的第一条语句将值 5 绑定到变量 a，第二条语句将 a 的值复制并赋值给变量 b，因此栈中将有两个值 5。此情况中的数据是基本数据类型的数据，不需要存储到堆中。仅在栈中的数据的"移动"方式是直接复制，这样不会耗费更长的时间或更多的存储空间。

基本数据类型如下。

- 所有整数类型，例如 i32、u32、i64 等。
- 布尔类型 bool，值为 true 或 false。
- 所有浮点数类型，例如 f32 和 f64。
- 字符类型 char。
- 仅包含以上类型数据的元组（tuple）。

如果发生交互的数据在堆中就属于另外一种情况，示例代码如下。

```
let s1 = String::from("ababab");
let s2 = s1;
```

Rust 字符串类型（String）数据是被分配到堆上的数据。String::from("ababab")使用 String 中的 from 函数基于字符串"ababab"字面值来创建 String。需要注意的是，s1 和 s2 是指向堆上存储的字符串数据的指针，这些指针存储在栈上，但字符串数据本身存储在堆上。移动数据在栈与堆上的存储关系如图 2-1 所示。

栈
s1

name	value
ptr	
len	6
capacity	6

s2

name	value
ptr	
len	6
capacity	6

堆

index	value
0	a
1	b
2	a
3	b
4	a
5	b

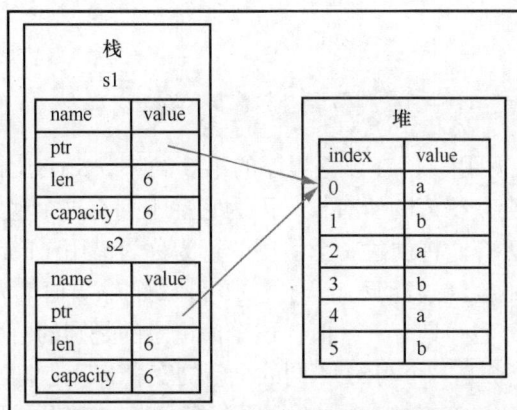

图 2-1　移动数据在栈与堆上的存储关系

s1 和 s2 是 String 类型的实例，String 类型不是基本数据类型，而是实际字符串的基本信息，其中包含指向堆内存的指针、字符串的长度和容量等信息。这些信息存储在栈上，而实际的字符串数据存储在堆上。当进行赋值时，栈上的 String 结构（包括指针、长度和容量）被复制，但堆上的字符串数据"ababab"并没有被复制。这样可以避免不必要的内存开销，以提高性能。

如上所述，根据 Rust 的所有权机制，在把 s1 赋值给 s2 之后，s1 就无法再使用了，具体来说，赋值操作会将 s1 的所有权转移给 s2，而不是进行浅复制或深复制，因此，s1 变得无效，任何尝试使用 s1 的操作都会导致编译错误。由于 s1 的所有权发生了转移，因此下列示例代码无法正确运行。

```
let s1=String::from("ababab");
let s2=s1;
println!("s1->->{}",s1);
```

为了确保内存安全，在 let s2 = s1 之后，Rust 认为 s1 不再有效，Rust 不需要在 s1 离开作用域后清理任何内容。这样就保证了堆上的内存始终只有一个所有者，以避免二次释放带来的内存问题和安全漏洞。

2．复制

通过调用 clone 方法，可以创建 String 的一个深复制，包括堆上的数据，代码如下。

```
fn main() {
    let s1 = String::from("ababab");
    let s2 = s1.clone();
    println!("s1->->{},s2->->{}",s1,s2);
}
```

以上程序的第 3 行调用 clone 函数，将堆中的"ababab"复制，所以 s1 和 s2 都各自拥有自己堆上的字符串数据。这样，s1 和 s2 都可以独立使用，而不会互相影响。释放的时候也会被当作两个资源单独释放。程序中 s1 和 s2 的输出值都为 ababab。

2.3.2　引用与借用

引用（reference）是变量的间接访问方式，它可以被看作一种指针。
下面看一个简单的例子。

```
fn main() {
    let s1 = String::from("ababab");
    let s2 = &s1;
    println!("s1->->{},s2->->{}",s1,s2);
}
```

&运算符可以实现"引用"。在以上程序的第 3 行中，&s1 让我们创建一个指向值 s1
的引用。但是，引用不会获得值的所有权，因为它并不拥有这个值，所以当引用停止时，
它所指向的值也不会被丢弃。将创建一个引用的行为称为借用（borrowing），一个借用变
量在它离开作用域时并不会释放资源。程序中 s1 和 s2 的输出值都为 ababab。

引用本身也是一个类型并具有一个值，这个值记录的是别的值所在的位置，s2 里存的
是 s1 的引用，也就是说 s2 是一个与 s1 不同的全新的变量，只是里面存的指针值指向了 s1，
但没有长度和容量。s2 并没有直接获得 s1 的所有权，当 s2 离开作用域被释放后，s1 仍然
存在并不会被丢弃，且可以继续使用。引用数据在栈与堆上的存储关系如图 2-2 所示。

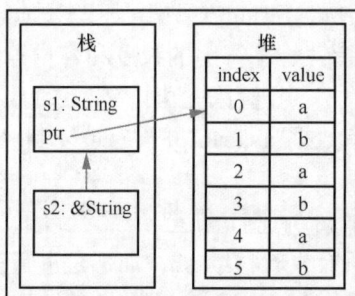

图 2-2　引用数据在栈与堆上的存储关系

因为引用不具有所有权，只享有使用权，如果尝试利用租借来的权利来修改数据会被
阻止，示例代码如下。

```
fn main() {
    let s1 = String::from("prog");
    let s2 = &s1;
    println!("s2->->{}",s2);
    s2.push_str("ram");        //错误，禁止修改借用的值
    println!("s2->->{}",s2);
}
```

在以上程序中 s2 尝试修改 s1 的值被阻止，借用的所有权不能修改所有者的值，编译
器会报错，如图 2-3 所示。

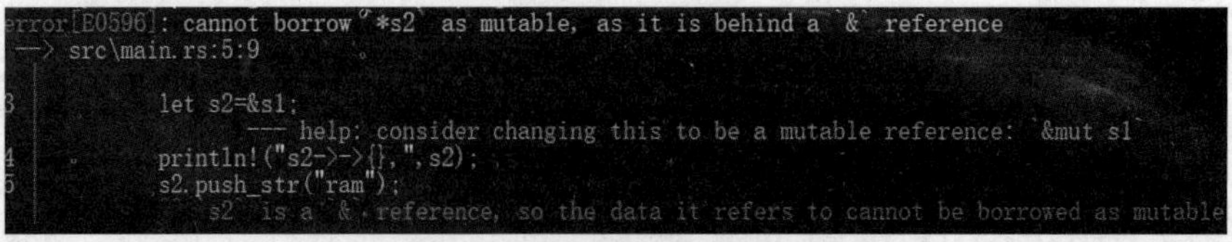

图 2-3　修改所有者的值时编译器报错

当然，也存在一种可变的借用方式，示例代码如下。

```
fn main() {
    let mut s1 = String::from("prog");
    let s2 = &mut s1;
    println!("s2->->{}",s2);
```

```
        s2.push_str("ram");
        println!("s2->->{}",s2);
}
```

在以上程序第 2 行将 s1 改为 mut（可变）；在第 3 行中用&mut 修饰可变的引用类型，从而让 s2 是一个 s1 的可变引用；在第 5 行中通过 s2.push_str("ram");可以修改 s1 的值，因为 s2 是 s1 的可变引用。程序中 s1 的输出值为 prog，s2 的输出值为 program。

可变引用与不可变引用相比除了权限不同以外，在同一作用域内可变引用不允许多重引用，而不可变引用可以。示例代码如下。

```
fn main() {
    let mut s1 = String::from("computer");
    let s2 = &mut s1;
    let s3 = &mut s1;
    println!("s2 is {},s3 is {}",s2,s3);
}
```

可变引用被多重引用时编译器报错，如图 2-4 所示。

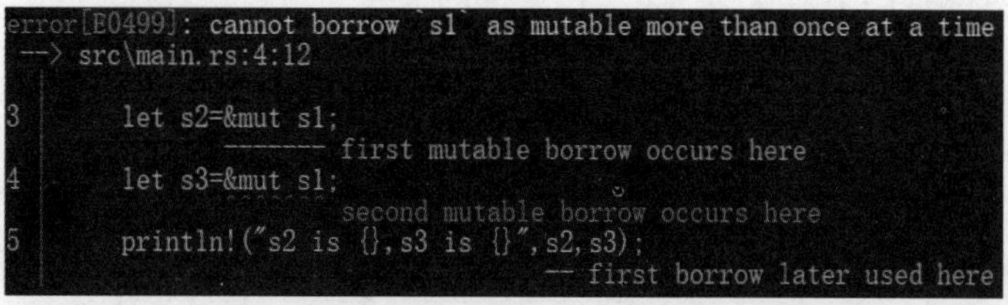

图 2-4   可变引用被多重引用时编译器报错

这个报错表明这段代码是无效的，因为不能多次将 s1 作为可变变量借用。在以上程序第 3 行中把 s1 借用到 s2 中，并且持续到第 5 行 println!()中使用它，但是在第 4 行的 s3 中创建另一个可变引用，该处引用与 s2 相同的数据。当数据被多个使用者读或写时，容易发生数据被访问产生碰撞的情况，所以在一个值被可变引用时不允许再次被引用。Rust 对可变引用的这种设计主要出于对并发状态下发生数据被访问产生碰撞情况的考虑，在编译阶段就避免了这种事情的发生。

此外，可以使用花括号来创建一个新的作用域，以允许拥有多个可变引用，但不能同时拥有。

2.3.3   切片

切片（slice）也可称为切片引用，是一个没有所有权、对数据值的部分引用，即允许引用集合中一段连续的元素序列，而不用引用整个集合。切片是对向量或者数组中部分元素序列的引用。其签名形式为&[T]和&mut[T]，分别叫作 T 类型的不可变切片和 T 类型的可变切片。通俗地说，切片就是表示数组或者向量的一个范围。

1．字符串切片

最简单、最常用的数据切片类型是字符串切片（string slice），字符串切片是 String 中一部分值的引用。下面看一个简单的例子。

```
fn main() {
    let s = String::from("Blockchain");
    let s1 = &s[0..5];
```

```
        let s2 = &s[5..10];
        println!("{}={}+{}",s,s1,s2);
    }
```

以上程序第 3 行创建了一个从索引 0 到索引 5（不包含 5）的字符串切片 s1，即引用了字符串中的"Block"；第 4 行创建了一个从索引 5 到索引 10（不包含 10）的字符串切片 s2，即引用了字符串中的"chain"。切片数据结构（见图 2-5）存储了数据的开始位置和长度。

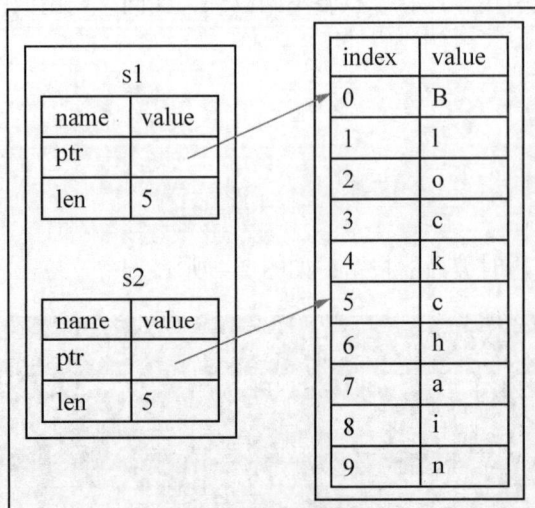

图 2-5　切片数据结构

2．非字符串切片

除了字符串切片以外，其他一些线性数据结构也支持切片操作，例如数组，示例代码如下。

```
fn main() {
    let array = [5,6,7,8,9];
    let s1 = &array[0..3];
    for i in s1.iter(){
    println!("{}",i);}
}
```

以上程序第 2 行定义了数组 array；第 3 行使用一个由[0..3]指定的范围创建了一个切片；第 4 行 for 循环中 iter()迭代器循环调用下一个，以访问 s1 中的每个元素，并且将每一次迭代后的结果返回到 i。程序运行结果将顺次输出 5、6、7。

2.4　Rust 结构体

Rust 中的结构体是一个自定义数据类型，它可以将若干个不同类型的数据捆绑在一起形成整体。结构体需要给各个成员命名，以便能清楚地表明其值的意义。结构体的每个成员叫作"字段"。

2.4.1　结构体类型的定义

结构体类型定义的一般形式为

```
struct 结构体 {
    字段名: 类型名,
}
```

需要使用 struct 关键字,并为整个结构体提供一个名字。结构体的名字需要描述它所组合的数据的意义。例如,一个学生信息的结构体类型定义,代码如下。

```
struct Student {
    name:String,
    number:u32,
    age:u32,
    sex:String,
}
```

2.4.2　结构体类型变量的定义

定义了结构体类型后,为每个字段指定具体值来创建结构体的变量。在花括号中使用 key:value 的形式提供字段,其中 key 是字段的名字,value 是需要存储在字段中的数据值。实例中字段的顺序不需要与它们在结构体中声明的顺序一致,代码如下。

```
let student1 = Student {
    name:String::from("Zhang Yun"),
    number:2101,
    sex:String::from("female"),
    age:18,
}
```

2.4.3　结构体类型变量的引用

接下来实现一个简单的例子:把一个学生信息(姓名、学号、年龄、性别)放在结构体变量中,然后输出这个学生的信息,代码如下。

```
#[derive(Debug)]
struct Student{
    name:String,
    number:u32,
    age:u32,
    sex:String,
}
fn main() {
    let student1=Student{
        name :String::from("Zhang Yun"),
        number:2101,
        age:18,
        sex:String::from("female"),
    };
    println!("student1 is {:? }",student1);
}
```

在以上程序中定义了一个结构体类型,并称其为 Student。在花括号中定义了字段 name、number、age、sex,接着在 main 中创建了一个具体的 Student 类型的实例 student1,并给每个字段赋值,最后将 student1 输出。

2.4.4　结构体方法

结构体方法与函数类似,它们都使用 fn 关键字和名称声明,可以拥有参数和返回值,同时包含在某处调用该方法时会执行的代码。不过结构体方法与函数是有所不同的，因为它们在结构体的上下文中被定义（或者是枚举或 trait 对象的上下文），并且它们第一个参数总是 self，其代表调用该方法的结构体实例。

接下来实现一个定义于 Score 结构体上的 average 方法，代码如下。

```
#[derive(Debug)]
struct Score{
        maths: f64,
        physics: f64,
        chemistry: f64,
}
impl Score{
        fn average(&self)-> f64 {
        (self.maths+self.physics+self.chemistry)/3.0
}}
fn main() {
        let s1=Score{maths: 90.0,
        physics: 88.5,
        chemistry: 87.0,};
        println!("average score is {}",s1.average());}
```

以上程序首先定义了一个名为 Score 的结构体类型，即在花括号中定义了字段 maths、physics 和 chemistry，类型都是 f64。impl Score 中为 Score 结构体实现方法，其中 fn average(&self) -> f64 定义了一个方法 average，它接受一个不可变引用&self，表示当前结构体的实例。接着在 main 中创建一个具体的 Score 实例 s1，并给它的字段赋值，使用方法语法（method syntax）在 Score 实例上调用 average 方法需要加上一个点号，后跟方法名、圆括号以及任何参数。程序中 s1.average() 的输出值为 88.5。

在 average 函数的签名中，&self 实际上是 self: &Self 的缩写。在一个 impl 块中，Self 类型是 impl 块的类型别名。Rust 要求方法的第一个参数必须是名为 self 的 Self 类型的参数。注意，self 前面仍需使用&来表示这个方法借用了 Self 实例。方法可以选择获得 self 的所有权，或者像以上程序一样不可变地借用 self，或者可变地借用 self，就跟其他参数一样。

这里选择&self 的理由是并不想获取所有权，只希望能够读取结构体中的数据，而不是写入。如果想要在方法中改变调用方法的实例，需要将第一个参数改为&mut self。仅使用 self 作为第一个参数来使方法获取实例的所有权是很少见的，这种技术通常用在当方法将 self 转换成别的实例的时候，这时要防止调用者在转换之后使用原始的实例。

使用方法替代函数，除了可使用方法语法和不需要在每个函数签名中重复 self 的类型之外，其主要好处在于组织性——将某个类型实例能做的所有事情都一起放入 impl 块中，而不是让将来的用户在库中到处寻找 Score 的功能。

2.5 Rust 枚举

枚举（enumeration）允许通过列举可能的值来定义一个数据类型。

2.5.1 枚举类型的定义

Rust 语言提供了 enum 关键字用于定义枚举，枚举定义的一般形式为

```
enum enum_name{
    variant1,
    variant2,
    variant3,
    ...
}
```

例如，游戏角色的可能行走方向有东、西、南、北。定义枚举类型 Move，枚举出所有可能的值 East、West、North、South，代码如下。

```
enum Move{
    East,
    West,
    North,
    South,
}
```

Move 枚举类型包括了 East、West、North、South 四个枚举成员值。

我们可以直接将数据附加到枚举的每个成员上。例如，每一个方向上的数据都有 x、y 坐标值，可以像元组结构体那样定义枚举值，但又不需要命名数据，代码如下。

```
enum Move2{
    East(f64,f64),
    West(f64,f64),
    North(f64,f64),
    South(f64,f64),
}
```

此外，还可以对枚举值附带的数据进行命名，像普通的结构体那样定义枚举值，代码如下。

```
enum Move3{
    East{x:f64,y:f64},
    West{x:f64,y:f64},
    North{x:f64,y:f64},
    South{x:f64,y:f64},
}
```

2.5.2　使用枚举

枚举定义好了之后，就要开始用它了。枚举的使用方式很简单，就是枚举名::枚举值。语法格式如下。

```
enum_name::variant
```

例如，在上面的东、西、南、北四个方向中，选择了东，赋值的语法代码如下。

```
let direction1=Move::East;
```

如果需要明确指定类型，代码如下。

```
fn main() {
    let direction1:Move=Move::East;
    let direction2:Move=Move::West;
    let direction3:Move=Move::North;
    let direction4:Move=Move::South;
    println!("direction1 is {:?},direction2 is {:?}\n
    direction3 is {:?},direction4 is {:?}",direction1,direction2,direction3,direction4);
}
#[derive(Debug)]
enum Move{
    East,
```

```
        West,
        North,
        South,
    }
```

以上程序定义了一个枚举类型 Move，它有四个枚举值，分别是 East、West、North 和 South。程序的第 2~5 行声明不可变变量 direction1、direction2、direction3、direction4 来绑定枚举值。以上程序运行结果如图 2-6 所示。

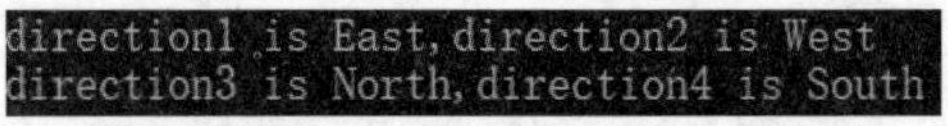

```
direction1 is East,direction2 is West
direction3 is North,direction4 is South
```

图 2-6　自定义枚举案例代码运行结果

自定义使用枚举的函数，代码如下。

```
fn main() {
    let direction1:Move2=Move2::East(1.5,2.0);
    let direction2:Move3=Move3::West{x:3.0,y:4.5};
    deal_whith_move2(&direction1);
    deal_whith_move3(&direction2);
}
#[derive(Debug)]
enum Move2{
    East(f64,f64),
    West(f64,f64),
    North(f64,f64),
    South(f64,f64),
}
fn deal_whith_move2(deal:&Move2){
    println!("{:?}",deal);
}
#[derive(Debug)]
enum Move3{
    East{x:f64,y:f64},
    West{x:f64,y:f64},
    North{x:f64,y:f64},
    South{x:f64,y:f64},
}
fn deal_whith_move3(deal:&Move3){
    println!("{:?}",deal);}
```

以上程序定义了 Move2、Move3 两个枚举类型，把枚举的所有值通过第 14 行和第 24 行定义的函数进行处理。以 deal_whith_move2 函数为例，函数参数为 deal，其类型为&Move2 枚举类型，不可变借用，不获取所有权。在 main 函数中调用 deal_whith_move2 函数。以上程序运行结果如图 2-7 所示。

```
East(1.5, 2.0)
West { x: 3.0, y: 4.5 }
```

图 2-7　使用枚举的函数案例代码运行结果

使用 impl 在枚举类型上下文中定义方法，代码如下。

```
fn main() {
    let p=Sex::Female;
    p.person();}
```

```
#[derive(Debug)]
enum Sex{
      Female,
      Male,}
impl Sex{
      fn person(&self){
            println!("{:?}",self);}
}
```

以上程序第 8 行使用 impl 关键字在 Sex 枚举类型上下文中定义方法,方法名为 person,其第一个参数为不可变借用 self;第 2 行实例化枚举 Sex,将枚举值绑定到变量 p;第 3 行调用方法 person。程序运行结果为"Female"。

2.5.3　Option 枚举

Rust 语言没有空值功能,但是它拥有一个可以编码"有或者没有"概念的枚举 Option<T>,其一般形式为

```
enum Option<T>{
Some(T),
None,}
```

Option 有两个枚举值 Some(T)和 None。Some(T)表示"有",T 是一个泛型类型参数,意味着 Option 枚举的 Some 成员可以包含任意类型的数据。None 表示"没有",因为 Rust 语言不支持 null 关键字,所以使用 None 表示没有的意思。

Option 枚举经常用在函数中作为返回值,因为它可以表示有返回且有值,也可以用于表示有返回但没有值。例如,如果函数有返回值,那么可以返回 Some(data),如果函数没有返回值则可以返回 None,代码如下。

```
fn main() {
    let result=odd(7);
    println!("{:?}",result);
    println!("{:?}",odd(10));
}
fn odd(n:i32)->Option<i32>{
    if n%2!=0 { Some(n) }
    else {None}
}
```

以上程序第 6 行定义了一个函数 odd,使用 Option 枚举作为它的返回值类型。如果传递给 odd 函数的参数是奇数则返回传递的参数,如果是偶数则返回 None。程序中 result 的输出值为 Some(7),odd(10)的输出值为 None。

2.5.4　match 语句

1. match 语句的一般形式

Rust 通过 match 语句来实现多分支结构,其用法与 C 语言的 switch 类似。其一般形式为

```
match variable_expression {
    constant_expr1 => {
        // 语句 1
    },
    constant_expr2 => {
        // 语句 2
```

```
    },
    _ => {
        // 默认
        // 其他语句
    }
};
```

对 match 语句的具体分析如下。

（1）match 关键字后面的表达式不需要括在括号中。也就是说，variable_expression 不需要用一对括号括起来。

（2）match 语句在被执行的时候，会计算 variable_expression 表达式的值，然后把计算后的结果依次与 constant_exprN 匹配。如果匹配成功，则执行对应的 => {}里面的语句。

（3）如果 variable_expression 表达式的值没有与任何一个 constant_exprN 匹配，那么它会被默认匹配_。因此，当没有其他匹配时，会默认执行_ => {}中的语句。

（4）match 语句有返回值，它把匹配后执行的最后一条语句的结果作为返回值。

（5）_ => {}语句是可选的，也就是说 match 语句可以没有它。

（6）如果每个分支只有一条语句，那么 constant_exprN => {}中的{}可以省略。

假设场景：输入学生百分制成绩，输出对应的评定等级，代码如下。

```
use std::io;
fn main() {
    println!("Please input your score.");
    let mut num=String::new();
    io::stdin().read_line(&mut num).unwrap();
    let a:u32=num.trim().parse().unwrap();
    let a=a/10;
    match a {
        9|10 => println!("优"),
        7|8 => println!("良"),
        6 => println!("及格"),
        _ => println!("不及格"),
    };
}
```

以上程序中，第 1 行使用 use std::io;从标准库中引入了输入/输出功能。第 4 行创建一个可变变量 num，并将 String::new()的结果绑定到 num 上，这个函数会返回一个 String 的新实例。::语法表明 new 是 String 类型的一个关联函数。关联函数（associated function）是实现一种特定类型的函数，new 函数是创建空的类型实例的惯用函数名。第 5 行调用处理用户输入的 io 库中的函数 stdin，.read_line(&mut num)部分调用了 read_line 方法从标准输入句中获取用户输入。将&mut num 作为参数传递给 read_line，read_line 的工作是接收用户在标准输入中输入的任何内容，并将其追加到一个字符串中（不覆盖其内容），因此将传入字符串作为参数。这个字符串参数需要是可变的，以便该方法可以改变字符串的内容。此时程序会将输入的内容作为字符串读入并存储下来，但实际目标是一个数值类型，而不是 String，所以在第 6 行中使用 parse 函数将其转换为 u32。parse 函数接收字符串，将其转换为数字，然后返回 Result 类型。Result 类型需要被解包才能得到我们需要的数值，所以还需要在 parse 后面附加调用 unwrap 函数将数字从 Result 中 "解包" 出来。

从程序第 8 行开始，调用 match 语句，将 a 的值依次与 match 后花括号中的 constant_

exprN（9|10、7|8、6）匹配，如果匹配成功，则执行对应的=>后面的语句。如果 a 的值没有与任何一个 constant_exprN 匹配，那么它会被默认匹配_。

2．使用 match 处理枚举类

下面来看一个简单的示例。

```
enum Color{
    Red,
    Yellow,
    Blue,
    Black}
fn print_color(clothe:Color){
    match clothe{
        Color::Red=>println!("The clothes are red"),
        Color::Yellow=>println!("The clothes are yellow"),
        Color::Blue=>println!("The clothes are blue"),
        Color::Black=>println!("The clothes are black"), }
}
fn main() {
    print_color(Color::Red);
    print_color(Color::Yellow);
    print_color(Color::Blue);
    print_color(Color::Black);}
```

以上程序中定义了一个枚举类型 Color，同时定义了一个函数 print_color()，它接收 Color 枚举类型的变量，并使用 match 语句来判断枚举变量的值。以上程序运行结果如图 2-8 所示。

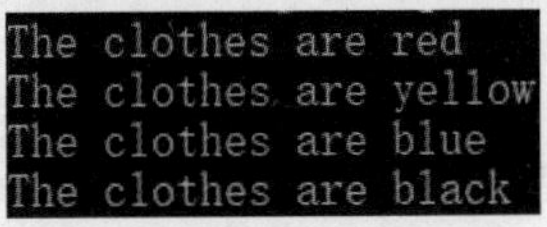

图 2-8　match 处理枚举案例代码运行结果

3．match 语句和 Option 类型

match 语句不仅可以用于比较和判断枚举变量的值，也可以适用于 Option 枚举，代码如下。

```
fn main() {
    match is_odd(8){
        Some(data) => {
            if data==true {println!("odd");}
        },
        None => {println!("not odd");}
    }
}
fn is_odd(number:i32)->Option<bool>{
    if number%2!=0 {Some(true)}
    else {None}
}
```

以上程序将 match 语句和 Option 类型相结合，目的是判断某个值是否为奇数。在第 9 行定义了一个函数 is_odd，使用 Option 枚举作为它的返回值类型。在 match 中调用 is_odd

函数，将实参 8 传递给形参，返回 None 至调用处，并与 match 的分支相比较，与程序第 6 行分支匹配，执行=>右侧的语句。程序的运行结果为 "not odd"。

4．if let 语法

if let 语法可以认为是只区分两种情况的 match 语句，其一般形式为

```
if let 匹配值=源变量{
    语句块
}
```

下面看一个简单的示例。

```
fn main() {
    let n = 0;
    match n {
        0 => println!("zero"),
        _ => println!("not zero"),
    }
}
```

以上程序的目的是判断 n 是否是数字 0，如果是就输出 "zero"。程序的运行结果为 "zero"。

用 if let 语法描述这段程序时，代码如下。

```
fn main() {
    let n = 0;
    if let 0 = n {
        println!("zero");
    } else {
        println!("not zero");
    }
}
```

以上程序中，第 3 行 if let 0＝n 检查 n 是否匹配模式 0。如果 n 是 0，则执行第 4 行的代码块，输出 "zero"，否则，执行 else 分支，输出 "not zero"。

2.6 本章小结

本章详细介绍了 Rust 语言的基础语法和核心概念，包括变量和数据类型、所有权和借用、控制流结构、结构体和枚举的定义与使用。通过具体的代码示例，学习了在 Rust 中如何高效且安全地进行内存管理，了解了 Rust 的引用和切片如何在保持性能的同时提供灵活的数据操作方式。此外，还探讨了 Rust 的控制流语句及其在处理复杂条件判断时的应用。通过这些内容的学习，读者已经具备了使用 Rust 语言进行基本编程的能力，为进一步深入理解和应用 Rust 奠定了基础。

2.7 习题

1. Rust 语言的主要设计目标有哪些？
2. 什么是所有权系统？为什么它是 Rust 的重要特性之一？
3. 在 Rust 中如何声明变量？在默认情况下变量是否可以改变？

4. 解释一下 Rust 中的 Option 枚举类型及其用途。

5. Rust 支持哪些数据类型？举例说明标量类型和复合类型的区别。

6. Rust 中定义和使用枚举类型的方式是什么？

7. 通过一个简单的程序示例，说明如何在 Rust 中处理用户输入。

8. 使用 Cargo 创建一个新的 Rust 项目，并将其命名为 "student_score"。编写一段程序，让用户输入一个 0~100 的整数，程序会根据这个整数输出对应的评定等级（优、良、及格、不及格）。

9. 创建一个名为 "basic_calculator" 的 Rust 项目，实现加法、减法、乘法和除法这四个基本运算。用户可以选择运算符并输入两个数字，程序计算结果并显示出来。注意处理除数为零的情况。

第3章 Rust 语言进阶

本章将进一步探讨 Rust 语言的高级特性与应用。这一章涵盖了 Rust 中模块化管理、通用集合类型、泛型与特质、多线程并发编程以及用于区块链开发的 Rust 包等内容。通过学习这些进阶特性，读者将能够编写更加结构化、高效和安全的 Rust 代码，并理解如何在实际应用中利用 Rust 的强大功能来解决复杂的问题。无论是组织代码、处理并发任务，还是进行区块链开发，这一章都将提供全面的知识与实践指导。

3.1 Rust 组织管理

随着项目规模的增大，需要通过将代码分解为多个模块和多个文件来组织代码。Rust 提供许多可以组织管理代码的功能，可以指定哪些内容被公开、哪些内容作为私有部分，以及如何在程序的不同作用域中引用这些内容。这些功能介绍如下。

（1）crate：一个模块的树状结构，它形成了库或二进制项目。Rust 编译器从 crate root 开始编译，这个根模块是一个源文件，通常是 main.rs 或 lib.rs。

（2）包（package）：Cargo 的一个功能，它允许构建、测试和分享 crate。包是提供一系列功能的一个或者多个 crate。包中所包含的内容由几条规则来确立：一个包中至多只能包含一个库 crate(library crate)；包中可以包含任意多个二进制 crate(binary crate)；包中至少包含一个 crate，无论是库的还是二进制的；一个包会包含一个 Cargo.toml 文件，阐述如何去构建这些 crate。伴随着包的增长，开发人员可以将包中的部分代码提取出来，做成独立的 crate，这些 crate 则作为外部依赖项。

（3）模块（module）和 use：允许控制作用域和路径的私有性。模块可以将一个 crate 中的代码进行分组，以提高可读性与重用性。模块还可以控制项的私有性，即项是可以被外部代码使用的（public），还是作为一个内部实现的内容，不能被外部代码使用（private）。use 关键字用于在当前作用域中引入其他模块或路径，以期更方便地使用这些项。

（4）路径（path）：命名和引用结构体、函数或模块等项的一种方式。路径用于在 Rust 程序中定位和引用项目（如模块、函数、结构体等）。

3.1.1 Rust 中模块的定义

Rust 提供了 mod 关键字用于定义一个模块，定义模块的语法格式如下。

```
mod module_name {
    fn function_name1() {        // 具体的函数逻辑    }
```

```
    fn function_name2() {        // 具体的函数逻辑    }
}
```

module_name 必须是一个合法的标识符。

假设场景：咖啡馆中的前台（front）是招待顾客的地方，可以为顾客安排座位，服务员接受顾客的下单和付款。还有另外一些地方被称为后台（back），后台一般是厨房，以及经理做行政工作的地方。

我们可以将函数放置到嵌套的模块中，使 crate 结构与实际的咖啡馆结构相同。通过执行 cargo new --lib cafe 命令来创建一个新的名为 cafe 的库，然后定义一些模块和函数，代码如下。

```
mod front {
    mod hosting {  //接待
        fn add_to_waitlist() {} // 添加到等待名单的函数
        fn seat_at_table() {}    // 安排座位的函数
    }
    mod serving {  //服务
        fn take_order() {}      // 接受订单的函数
        fn server_order() {}    // 服务订单的函数
        fn take_payment() {}    // 接受付款的函数
    }
}
```

定义模块是以 mod 关键字开始，然后指定模块的名字 front，并且用花括号包围模块的主体。在模块内，还可以定义其他的模块 hosting 和 serving。模块还可以保存一些定义的其他项，比如结构体、枚举、常量、特性或者函数。

通过使用模块，可以将相关的定义分组到一起，并指出它们为什么相关。程序员通过使用这段代码，可以基于分组来对代码进行导航，而不需要阅读所有的定义，以便更加容易地找到想要的定义。程序员向这段代码中添加一个新的功能时，也会知道代码应该放置在何处，以保持程序的组织性。

当调用一个函数时，需要知道它的路径。路径有两种形式：绝对路径（absolute path）从 crate 根开始，以 crate 名或者字面值 crate 开头；相对路径（relative path）从当前模块开始，以 self、super 或当前模块的标识符开头。绝对路径和相对路径都会跟一个或多个由双冒号（::）分割的标识符。

在 crate 根下定义一个新函数 drink_in_cafe，并在其中展示调用 add_to_waitlist 函数的两种方法，代码如下。

```
mod front {
    mod hosting {
        fn add_to_waitlist() {}
    }
}
pub fn drink_in_cafe()
{ // 绝对路径
crate::front::hosting::add_to_waitlist();
  // 相对路径
 front::hosting::add_to_waitlist();}
```

第一种方式，在 drink_in_cafe 中调用 add_to_waitlist 函数，使用的是绝对路径。add_to_waitlist 函数与 drink_in_cafe 被定义在同一 crate 中，这意味着可以使用以 crate 关键字为起始的绝对路径。在 crate 后面，持续地嵌入模块，直到找到 add_to_waitlist。

第二种方式，在 drink_in_cafe 中调用 add_to_waitlist，使用的是相对路径。这个路径以 front 为起始，因为这个模块在模块树中，与 drink_in_cafe 定义在同一层级。

3.1.2　公开的模块和公开的函数

Rust 语言默认所有的模块和模块内的函数都是私有的，只能在模块内部使用。如果一个模块或者模块内的函数需要导出到外部使用，则需要添加 pub 关键字。

定义一个公开的模块和模块内公开的函数，代码如下。

```
// 公开的模块
pub mod a_public_module {
    pub fn a_public_function() {    // 公开的方法    }
    fn a_private_function() {       // 私有的方法    }
}
// 私有的模块
mod a_private_module {
    // 私有的方法
    fn a_private_function() {    }
}
```

模块可以是公开可被访问的，也可以是私有的。如果一个模块不添加 pub 关键字，那么它就是私有的，私有的模块不能被外部其他模块或程序所调用。Rust 语言中的模块默认是私有的。如果一个模块添加了 pub 关键字，那么它就是公开的、对外可被访问的。不过需要注意的是，私有模块的所有函数都是私有的，而公开的模块则既可以有公开的函数也可以有私有的函数。同样地，模块中的函数默认都是私有的，如果一个函数没有添加 pub 关键字，那么它就是私有的。

下面看一个简单的示例。

```
#[cfg(test)]
mod front {
  pub mod hosting{
      pub fn add_to_waitlist(){}
  }
  fn drink_in_cafe() {
      crate::front::hosting::add_to_waitlist();
      front::hosting::add_to_waitlist();
  }
}
```

以上程序中，绝对路径从 crate 根开始，然后 crate 根中定义了 front 模块。尽管 front 模块不是公有的，但因为 drink_in_cafe 函数与 front 定义于同一模块中（是兄弟模块），所以可以从 drink_in_cafe 中引用 front。第 3 行中用 pub 标记了 hosting 模块，因为可以访问 hosting 的父模块 front，所以可以访问 hosting。同样地，第 4 行 add_to_waitlist 函数被标记为 pub，因为可以访问其父模块 hosting，所以这个函数的调用是允许的。

3.1.3　创建公有的结构体和枚举

除了前面介绍的方法，还可以使用 pub 来设计公有的结构体和枚举。需要注意的是，如果在一个结构体定义的前面使用了 pub，这个结构体会变成公有的，但是这个结构体的字段仍然是私有的。我们可根据情况决定每个字段是否公有。

接下来看一段简单的示例，代码如下。

```rust
mod back {
        pub struct Coffee_set_menu {
                pub cake: String,
                seasonal_fruit: String,}
        impl Coffee_set_menu {
                pub fn summer(cake: &str) -> Coffee_set_menu {
                        Coffee_set_menu {
                        cake: String::from(cake),
                        seasonal_fruit: String::from("strawberry"),}
                }
        }
}
pub fn drink_in_cafe() {
        let mut meal = back::Coffee_set_menu::summer("cream");
        meal.cake = String::from("Cheese");
        println!("I'd like {} cake please", meal.cake);}
```

以上程序定义了一个公有结构体 back:Coffee_set_menu，其中有一个公有字段 cake 和私有字段 seasonal_fruit。这个例子模拟的情况是，在咖啡馆中顾客可以点咖啡套餐，也可以选择随咖啡附赠的蛋糕类型，但是厨师会根据季节和库存情况来决定搭配的水果。因为水果变化很快，所以顾客不能选择水果，甚至无法看到他们将会得到什么水果。

因为 back::Coffee_set_menu 结构体的 cake 字段是公有的，所以可以在 drink_in_cafe 中使用点号来随意读写 cake 字段。注意，不能在 drink_in_cafe 中使用 seasonal_fruit 字段，因为 seasonal_fruit 是私有的。此外，因为 back::Coffee_set_menu 具有私有字段，所以这个结构体需要提供一个公共的关联函数 summer 来构造 Coffee_set_menu 的实例。如果 Coffee_set_menu 没有这样的函数，将无法在 drink_in_cafe 中创建 Coffee_set_menu 实例，因为不能在 drink_in_cafe 中设置私有字段 seasonal_fruit 的值。

与之相反，如果将枚举设置为公有，则它的所有成员都将变为公有，只需要在 enum 关键字前面加上 pub，示例代码如下。

```rust
mod back{
    pub enum Nuts {
        Cashews,
        Pistachio_nuts,
        Sunflower_seeds,}
}
pub fn drink_in_cafe() {
    let order1 = back::Nuts::Cashews;
    let order2 = back::Nuts::Pistachio_nuts;
    let order3 = back::Nuts::Sunflower_seeds; }
```

上述代码创建了名为 Nuts 的公有枚举，因为枚举成员默认是公有的，所以可以在 drink_in_cafe 中使用 Cashews、Pistachio_nuts 和 Sunflower_seeds 成员。

3.1.4　use 关键字

到目前为止，无论是选择绝对路径还是选择相对路径，编写的用于调用函数的路径都很冗长且重复。Rust 允许使用 use 关键字将路径一次性引入作用域，然后调用该路径中的项。

使用 use 和绝对路径将模块引入作用域，示例代码如下。

```
mod front {
    pub mod hosting {
        pub fn add_to_waitlist() {}
    }
}
use crate::front::hosting;
pub fn drink_in_cafe()
{   hosting::add_to_waitlist();
    hosting::add_to_waitlist();
}
```

在作用域中增加 use 和路径类似于在文件系统中创建软链接。这种方式通过在 crate 根下增加 use crate::front::hosting，使得 hosting 在作用域中成为有效名称，如同 hosting 模块被定义于 crate 根一样。通过 use 引入作用域的路径也会检查私有性。

在将 crate::front::hosting 模块引入 drink_in_cafe 函数的作用域后，只需要指定 hosting::drink_in_cafe 就可以在 drink_in_cafe 中调用 add_to_waitlist 函数。

此外，也可以使用 use 和相对路径将模块引入作用域，示例代码如下。

```
mod front {
    pub mod hosting {
        pub fn add_to_waitlist() {}
    }
}
use front::hosting;
pub fn drink_in_cafe()
{   hosting::add_to_waitlist();
    hosting::add_to_waitlist();
}
```

这种方式通过 use 关键字将模块相对路径引入作用域，使得代码更加简洁和易读，并且通过 use 引入的路径同样会遵循可见性规则，以确保只能访问公有项。

3.2 通用的集合类型

Rust 标准库中包含一系列被称为集合（collections）的数据结构，如 Vector、字符串（string）、散列表（hashMap）等。

3.2.1 Vector

之前介绍的数组是相同数据类型值的集合，但数组的长度是在编译时就确定的，一旦定义数组的长度就不可改变。

Vector 元素布局方式与数组的一样，但是长度可以在运行时随意变更，它是一个长度可变的数组。它与数组一样，也会在内存上开辟一段连续的存储空间用于存储元素。

从某些方面说，Vector 既有数组的特征，又有自己独有的特征。

（1）Vector 的长度是可变的，可以在运行时增长或者缩短。

（2）Vector 也是相同类型元素的集合。

（3）Vector 中的每个元素都被分配有唯一的索引号，索引从 0 开始自增到 $n-1$，其中 n 是 Vector 的大小。例如集合有 10 个元素，那么第一个元素的下标是 0，最后一个元素的下标是 9。

（4）元素添加到 Vector 时会添加到 Vector 的末尾。这个操作类似于栈（stack），因此可以用来实现栈的功能。

（5）Vector 的内存在堆（heap）上存储，因此长度动态可变。

结构体 Vec 中用于操作 Vector 和 Vector 中的元素的方法有很多，下面介绍几种常见的方法。

1. 使用 Vec::new() 静态方法创建 Vector

一般通过调用 Vec 结构的 new() 静态方法来创建 Vector。当有了 Vector 的一个实例后，再通过 push() 方法给 Vector 添加元素，代码如下。

```
fn main() {
    let mut a=Vec::new();
    a.push(10);
    a.push(20);
    a.push(30);
    a.push(40);
    a.push(50);
    println!("size of vector is:{}",a.len());
    println!("{:?}",a);
}
```

以上程序中，第 2 行创建了 Vector，第 3 ~ 7 行按顺序给 Vector 添加元素，Vector 元素的下标由 0 到 4，第 8 行用 len() 方法获取 Vector 的元素个数，第 9 行输出 Vector 中各元素的值。以上程序运行结果如图 3-1 所示。

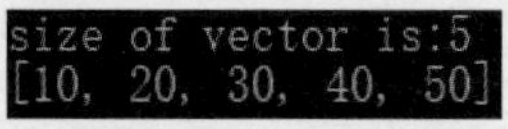

```
size of vector is:5
[10, 20, 30, 40, 50]
```

图 3-1　使用 new() 创建 Vector 案例代码运行结果

2. 使用 vec! 宏创建 Vector

Rust 标准库提供了 vec! 用于简化 Vector 的创建。使用 vec! 宏创建 Vector 时，Vector 的数据类型由第一个元素自动推断出来，示例代码如下。

```
fn main() {
    let a=vec![10,20,30,40,50];
    println!("{:?}",a);
}
```

以上程序运行结果为 "[10,20,30,40,50]"。

使用 push() 追加元素到 Vector 中，使用 remove() 删除 Vector 中的某个元素，示例代码如下。

```
fn main() {
    let mut a=vec![10,20,30,40,50];
    a.push(60);
    a.push(70);
    a.remove(1);
    a.remove(3);
    println!("{:?}",a);
}
```

以上程序中，第 1 行创建了 Vector a，并添加初始 Vector 元素，第 3 行、第 4 行使用

push()方法将指定的值添加到 Vector 的末尾，第 5 行、第 6 行使用 remove()方法移除并返回 Vector 中指定的下标索引处的元素，并将其后面的所有元素向左移动一位。以上程序运行结果为 "[10,30,40,60,70]"。

3．判断 Vector 是否包含某个元素

contains()用于判断向量是否包含某个值，如果值在向量中存在则返回 true，否则返回 false，示例代码如下。

```
fn main() {
    let a=vec![10,20,30,40,50];
    if a.contains(&40){
        println!("found 40")
    }
}
```

以上程序运行结果为 "found 40"。

Vector 既然是可变的数组，那么它的元素当然可以使用下标语法来访问，示例代码如下。

```
main() {
    let mut a=vec![10,20,30];
    a.push(40);
    println!("{:?},{:?}",a[1],a[3]);
}
```

以上程序中，使用 a[1]来访问第二个元素 20，使用 a[3]来访问第四个元素。程序运行结果为 "20,40"。

4．遍历 Vector 中的元素

如果想要依次访问 Vector 中的每一个元素，可以遍历其所有的元素而无须通过索引一次一个地进行访问，示例代码如下。

```
fn main() {
    let a=vec![10,20,30];
    for i in &a{
        println!("{}",i);}
}
```

以上程序使用 for 循环来获取 Vector 中的每一个元素的值。程序运行结果为 "10,20,30"。

3.2.2　字符串

Rust 语言提供了以下两种字符串。

（1）字符串字面量（&str）：它是 Rust 核心内置的数据类型，通常表示对字符串切片的引用。字符串字面量是不可变的，并且在编译时就确定了内容。

（2）字符串对象（String）：它不是 Rust 核心的一部分，只是 Rust 标准库中的一个公开结构体。String 类型用于表示可变的、可增长的字符串。String 存储在堆上，可以在运行时动态地调整大小。

1．字符串字面量

字符串字面量（&str）是指在编译时就知道其值的字符串类型，它是 Rust 语言核心的一部分。字符串字面量是字符的集合，被硬编码赋值给一个变量。字符串字面量的核心代

码可以在模块 std::str 中找到。Rust 中的字符串字面量被称为字符串切片，因为它的底层实现是切片。

下面看一个简单的示例。

```
fn main() {
        let cake:&str="巧克力蛋糕";
        println!("您点的是{}",cake);
}
```

以上程序中，第 2 行定义了字符串字面量 cake，模式是静态的，这就意味着字符串字面量从创建时开始会一直保存到程序结束。程序运行结果为"您点的是巧克力蛋糕"。

2．字符串对象

字符串对象（String）是 Rust 标准库提供的内置类型。与字符串字面量不同的是：字符串对象并不是 Rust 核心内置的数据类型，字符串对象是一个长度可变的集合，是可变的且使用 UTF-8 作为底层数据编码格式。字符串对象在堆（heap）中被分配存储空间，可以在运行时提供字符串值以及相应的操作方法。

要创建一个字符串对象，有以下两种方法。

一种是创建一个新的空字符串，使用 String::new()静态方法，示例代码如下。

```
let s = String::new();
```

另一种是根据指定的字符串字面量来创建字符串对象，使用 String::from()方法，示例代码如下。

```
let hello = String::from("Hello");
let hello = String::from("你好");
```

3．字符串对象常用的方法

字符串对象常用的方法及其说明如表 3-1 所示。

表 3-1　字符串对象常用的方法及其说明

方法	原型	说明
new()	pub const fn new() -> String	创建一个新的字符串对象
to_string()	fn to_string(&self) -> String	将字符串字面量转换为字符串对象
replace()	pub fn replace<'a, P>(&'a self, from: P, to: &str) -> String	搜索指定模式并替换
as_str()	pub fn as_str(&self) -> &str	将字符串对象转换为字符串字面量
push()	pub fn push(&mut self, ch: char)	在字符串末尾追加字符
push_str()	pub fn push_str(&mut self, string: &str)	在字符串末尾追加字符串
len()	pub fn len(&self) -> usize	返回字符串的字节长度
trim()	pub fn trim(&self) -> &str	去除字符串首尾的空白符
split_whitespace()	pub fn split_whitespace(&self) -> SplitWhitespace	根据空白符分割字符串并返回分割后的迭代器
split()	pub fn split<'a, P>(&'a self, pat: P) -> Split<'a, P>	根据指定模式分割字符串并返回分割后的迭代器。模式 P 可以是字符串字面量、字符或一个返回分隔符的闭包
chars()	pub fn chars(&self) -> Chars	返回字符串所有字符组成的迭代器

（1）使用 to_string()将字符串字面量转换为字符串对象

字符串字面量是没有任何操作方法的，它仅仅只保存了字符串本身。如果要对字符串进行一些操作，就必须将字符串转换为字符串对象。这个转换过程可以通过调用 to_string()方法实现，示例代码如下。

```
fn main() {
        let cake:&str="巧克力蛋糕";
        let s=cake.to_string();
        println!("您点的是{}",s);
}
```

以上程序第 3 行也可以描述为 let s="巧克力蛋糕".to_string();。程序运行结果为"您点的是巧克力蛋糕"。

（2）使用 push()在字符串后面追加字符

如果要在一个字符串后面追加字符则首先需要将该字符串声明为可变的，也就是使用 mut 关键字，然后调用 push()方法，示例代码如下。

```
fn main() {
        let cake:&str="巧克力蛋糕";
        let mut s=cake.to_string();
        s.push('c');
        println!("您点的是{}",s);
}
```

注意 push()是在原字符串上追加，而不是返回一个新的字符串。以上程序运行结果为"您点的是巧克力蛋糕 c"。

（3）使用 push_str()在字符串后面追加字符串

如果要在一个字符串后面追加字符串则首先需要将该字符串声明为可变的，也就是使用 mut 关键字，然后调用 push_str()方法，示例代码如下。

```
fn main() {
        let cake:&str="巧克力蛋糕";
        let mut s=cake.to_string();
        s.push_str("和草莓蛋糕");
        println!("您点的是{}",s);
}
```

以上程序运行结果为"您点的是巧克力蛋糕和草莓蛋糕"。

4．字符串拼接符 "+"

将一个字符串追加到另一个字符串的末尾，并创建一个新的字符串，这种操作被称为拼接。下面使用字符串拼接符 "+" 将两个字符串变量拼接成一个新的字符串。

```
fn main() {
    let s1="蛋糕".to_string();
    let s2="和咖啡".to_string();
    let s3=s1+&s2;
    println!("套餐包括{}",s3);
}
```

以上程序第 4 行 let s3 = s1 + &s2; 使用 "+" 拼接符将 s1 和 s2 拼接成一个新的字符串。注意，这里 s1 的所有权被转移到 s3 中，因此在拼接后 s1 将不再有效，而 s2 作为引用(&s2)

传递给"+"拼接符。以上程序运行结果为"套餐包括蛋糕和咖啡"。

3.2.3 散列表

最后介绍的常用集合类型是散列表。HashMap<K, V>类型存储了一个键类型 K 对应一个值类型 V 的映射。它通过一个散列函数来实现映射，决定如何将键和值放入内存中。散列表可以用于需要任何类型作为键来寻找数据的情况，而不是像 Vector 那样通过索引。

1．创建散列表

Rust 语言标准库 std::collections 的结构体 HashMap 提供了 new()静态方法用于创建散列表的一个实例。

使用 HashMap::new()创建散列表，示例代码如下。

```
let mut instance_name = HashMap::new();
```

new()方法会创建一个空的散列表。但这个空的散列表是不能立即使用的，因为它还没指定数据类型。只有给散列表添加了元素之后才能正常使用。

下面使用 new 创建一个空的 HashMap，并使用 insert 增加元素。

```
use std::collections::HashMap;
let mut numbers = HashMap::new();
numbers.insert(String::from("Apples"), 20);
numbers.insert(String::from("Peaches"), 30);
```

上述代码中，新建了一个散列表并插入两组键值对，分别是苹果 20 个，桃子 30 个。需要注意的是，需要使用 use 将 HashMap 从标准库中引入当前的作用域，因为 HashMap 并没有包含在 Rust 的预导入（prelude）中。散列表将它的数据存储在堆上，因此可以动态地增加或删除元素。上面例子中 HashMap 的键类型是 String，而值类型是 i32。散列表中所有的键必须是相同类型的，值也必须都是相同类型的。

另一个构建散列表的方法是使用一个元组的 Vector 的 collect()方法，其中每个元组包含一个键值对。collect()方法可以将数据收集进 HashMap。例如，如果水果名字和初始数量分别在两个 Vector 中，可以使用 zip()方法来创建一个元组的 Vector，并使用 collect()方法将其转换成一个 HashMap，示例代码如下。

```
use std::collections::HashMap;
let fruits = vec![String::from("Apples"), String::from("Peaches")];
let initial_number = vec![20, 30];
let number: HashMap<_, _> = fruits.iter().zip(initial_number.iter()).collect();
```

对于键和值的类型参数来说，可以使用下画线占位，Rust 能够根据 Vector 中数据的类型推断出 HashMap 所包含的类型。

2．散列表和所有权

若类型实现了 Copy trait，其值会被复制进 HashMap，例如 i32 类型；若类型没实现 Copy trait，则所有权将被转移给 HashMap，HashMap 会成为这些值的所有者，例如 String 类型。下面看一个简单的例子。

```
fn main() {
    use std::collections::HashMap;
    let meal_cake=String::from("Cheese");
    let meal_drink=String::from("Orange juice");
```

```
        let mut map=HashMap::new();
        map.insert(meal_cake,meal_drink);
        println!("{}cake,{}drink",meal_cake,meal_drink);
}
```

编译结果如图 3-2 所示。

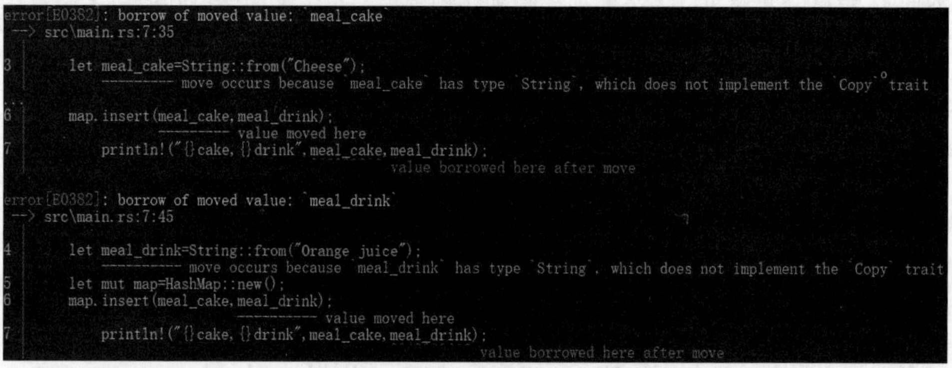

图 3-2　编译结果

编译报错原因：meal_cake、meal_drink 是 String 类型，因此它们受到所有权的限制，当 insert 调用将 meal_cake 和 meal_drink 移动到散列表中后，将不能使用这两个绑定。故程序第 7 行不能再输出 meal_cake、meal_drink。

3. 访问散列表中的值

我们可以通过 get()方法并提供对应的键来从散列表中获取值，例如访问散列表中存储的苹果数量，示例代码如下。

```
fn main() {
        use std::collections::HashMap;
        let mut numbers=HashMap::new();
        numbers.insert(String::from("Apples"),20);
        numbers.insert(String::from("Peaches"),30);
        let fruit_name=String::from("Apples");
        let fruit_number=numbers.get(&fruit_name);
        println!("{:?}",fruit_number);
}
```

以上程序中，fruit_number 是与苹果数量相关的值，应为 Some(20)。因为 get 返回 Option<V>，所以结果被装进 Some。如果某个键在散列表中没有对应的值，get 会返回 None。

以上程序运行结果为 "Some(20)"。

此外，还可以通过循环的方式依次遍历 K、V 对，示例代码如下。

```
fn main() {
        use std::collections::HashMap;
        let mut numbers=HashMap::new();
        numbers.insert(String::from("Apples"),20);
        numbers.insert(String::from("Peaches"),30);
        numbers.insert(String::from("Mangoes"),40);
        for (name,number)in &numbers{
                println!("{}:{}",name,number);}
}
```

以上程序第 7 行 for (name, number) in &numbers 使用 for 循环遍历 HashMap 中的每个

键值对。这里&numbers 是对 HashMap 的不可变引用，遍历时不会修改 HashMap。以上程序运行结果如图 3-3 所示。

```
Apples:20
Peaches:30
Mangoes:40
```

图 3-3　循环遍历散列表运行结果

4．更新 HashMap 中的值

检查某个特定的键是否有值，如果没有就插入一个值。为此，散列表有一个特有的 API，叫作 entry，它获取想要检查的键作为参数。例如，想要检查苹果、桃子的键是否关联了一个值，如果没有，就插入值，示例代码如下。

```
fn main() {
    use std::collections::HashMap;
    let mut numbers= HashMap::new();
    numbers.insert(String::from("Apples"), 20);
    numbers.entry(String::from("Peaches")).or_insert(50);
    numbers.entry(String::from("Apples")).or_insert(40);
    println!("{:?}", numbers);
}
```

以上程序中使用了 entry 的 or_insert()方法在键对应的值存在时就返回这个值的可变引用，如果不存在则将参数作为新值插入并返回新值的可变引用。程序第 5 行 entry 调用会插入 Peaches 的键值 50，第 6 行 entry 调用不会改变散列表，因为 Apples 已经有了值 20。

以上程序运行结果为"{"Peaches":50,"Apples":20}"。

5．散列函数

通过散列函数把 Key 计算后映射为散列值，然后使用该散列值来进行存储、查询、比较等操作。若要追求安全，尽可能减少冲突，同时防止拒绝服务（Denial of Service，DoS）攻击，就要使用密码学安全的散列函数，HashMap 就是使用了这样的散列函数。反之，若要追求性能，就需要使用没有那么安全的算法。

3.3　泛型与 Traits

泛型与 Traits 是 Rust 语言中用于编写灵活和复用代码的重要特性。泛型允许定义函数、结构体、枚举和方法时使用占位符类型，从而使这些定义可适用于多种数据类型，提升代码的通用性。Traits 则类似于其他语言中的接口，定义了一组必须实现的方法，以确保不同类型可共享行为和功能。本节将介绍如何使用泛型编写更加通用的代码，以及如何利用 Traits 实现多态性和接口约束，从而写出更简洁、可维护性更高的 Rust 程序。

3.3.1　泛型

使用泛型可以为函数、结构体、枚举和方法等创建定义，这样它们就可以用于多种具体数据类型的表示。

Rust 使用<T>语法来实现泛型指定数据类型，其中 T 可以是任意数据类型。例如，下面的两个类型。

```
number: i32
number: String
```

使用泛型可以直接声明为 number:T，然后在使用过程中指定 T 的类型为 i32 或 String 即可。

1．泛型函数

泛型可以用在函数中，一般称使用了泛型的函数为泛型函数。泛型函数主要是指函数的参数为泛型的。

泛型函数的语法格式如下。

```
fn function_name<T[:trait_name]>(param1:T, [other_params]) {
    // 函数实现代码
}
```

例如，定义一个可输出任意类型的泛型函数 print()，代码如下。

```
use std::fmt::Display;
fn main(){
    print(5 as u8);
    print(10 as u16);
    print("Hello");
}
fn print<T:Display>(t:T){
    println!("Inside print generic function:");
    println!("{}",t);
}
```

以上程序中，定义了泛型函数 print_pro()，该函数会输出传递给它的参数。传递的参数可以是实现了 Display 特质的任意类型。以上程序运行结果如图 3-4 所示。

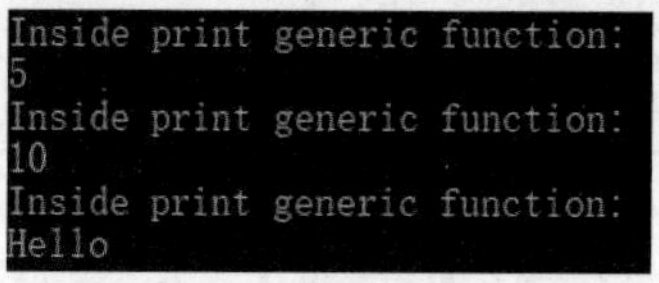

```
Inside print generic function:
5
Inside print generic function:
10
Inside print generic function:
Hello
```

图 3-4　泛型函数的运行结果

2．泛型结构体

结构体也可以声明为泛型的，泛型结构体主要是指结构体的成员类型可以是泛型的。泛型结构体的语法格式如下。

```
struct struct_name<T> { field:T,}
```

下面看一个简单的示例。

```
fn main() {
    let s1:Student<i32> = Student{value:100};
    println!("value is :{} ",s1.value);
    let s2:Student<String> = Student{value:"Li Hua".to_string()};
    println!("value is :{} ",s2.value);
}
struct Student<T> {
    value:T,
}
```

以上程序中，定义了一个泛型结构体 Student，它只有一个成员 value，类型是一个泛型。在程序第 2 行泛型 T 表示 i32，第 4 行泛型 T 表示 String。以上程序运行结果如图 3-5 所示。

```
value is :100
value is :Li Hua
```

图 3-5　泛型结构体的运行结果

3.3.2　Traits

Rust 提供了 Traits（特征）这个概念，用于跨多个结构体实现一组标准行为（方法）。

1. 定义 Traits

Rust 语言提供了 trait 关键字用于定义特征。它的语法格式如下。

```
trait some_trait {
    // 抽象方法  fn method1(&self);
    // 具体方法  fn method2(&self){ //方法的具体代码}
}
```

从语法格式来看，特征可以包含具体方法（带实现的方法）或抽象方法（没有具体实现的方法）。如果想让某个方法的定义被实现了特征的结构体所共享，那么推荐使用具体方法。如果想让某个方法的定义由实现了特征的结构体自己定义，那么推荐使用抽象方法。

2. impl for 语句

Rust 中的特征相当于其他语言的接口（interface）。Rust 提供了 impl for 语句为结构体（struct）实现某个特征。

impl for 语句的语法格式如下。

```
impl some_trait for structure_name {
    // 实现 method1()的具体代码
    fn method1(&self ){}
}
```

下面看一个简单的程序。

```
fn main(){
        let m1 = Menu {
            name:"Chocolate cake",
            price:24.0,};
        m1.print();
}
struct Menu {
        name:&'static str,
        price:f32}
trait Printable {
        fn print(&self);}
impl Printable for Menu {
        fn print(&self){
            println!("name:{} and price:{} of the cake in menu",self.name,self.price) }
}
```

以上程序中第 7~9 行声明了结构体 Menu，第 2~4 行创建了结构体 Menu 的实例，第 10 行、第 11 行声明 trait，第 12~14 行实现 trait。以上程序运行结果为 "name:Chocolate cake and price:24 of the cake in menu"。

3.4 Rust 多线程并发编程

安全且高效地处理并发编程是 Rust 的另一个主要目标。并发编程的一个主要思想就是程序不同的部分可以同时独立运行互不干扰。

1．多线程

现代的操作系统是一个多任务操作系统，系统可以管理多个程序的运行，一个程序往往有一个或多个进程，而一个进程又有一个或多个线程。让一个进程可以运行多个线程的机制叫作多线程编程。

一个进程有一个主线程，主线程之外创建出来的线程被称为子线程。多线程编程，其实就是在主线程之外创建子线程，让子线程和主线程同时运行，完成各自的任务。Rust 语言支持多线程并发编程。

2．创建线程

Rust 语言标准库中的 std::thread 模块用于支持多线程编程。std::thread 提供很多方法用于创建线程、管理线程和结束线程。创建一个新线程，可以使用 std::thread::spawn()方法。spawn()函数的原型如下。

```
pub fn spawn<F, T>(f: F) -> JoinHandle<T>{…}
```

参数 f 是一个闭包（closure），它表示线程要执行的代码。

下面看一个简单的示例。

```
use std::thread;
use std::time::Duration;
fn main() {
    thread::spawn(|| {
        for c in 'a'..'j' {
            println!("The letter {} from the spawned thread!", c);
            thread::sleep(Duration::from_millis(1));}
    });
    for c in 'a'..'e' {
        println!("The letter {} from the main thread!", c);
        thread::sleep(Duration::from_millis(1));}
}
```

以上程序中，第 1 行导入线程模块，第 2 行导入时间模块，第 4~8 行创建一个新线程，用于输出小写字母 a 到 j，程序的主线程是第 9~12 行。第 7 行、第 11 行调用 thread::sleep()函数强制线程休眠一段时间，这就允许不同的线程交替执行。

虽然某个线程休眠时会自动让出 CPU，但并不保证其他线程会执行，这取决于操作系统如何调度线程。而且主线程一旦执行完成程序就会自动退出，不会继续等待子线程。这就是子线程的输出结果为什么不全的原因。以上程序运行结果如图 3-6 所示。

```
The letter a from the main thread!
The letter a from the spawned thread!
The letter b from the main thread!
The letter c from the main thread!
The letter b from the spawned thread!
The letter c from the spawned thread!
The letter d from the main thread!
The letter d from the spawned thread!
The letter e from the spawned thread!
```

图 3-6　线程的运行结果

3．使用 join () 等待所有线程结束

join()方法的原型如下。

```
spawn<F, T>(f: F) -> JoinHandle<T>{…}
```

下面看一个简单的示例。

```
use std::thread;
use std::time::Duration;
fn main() {
    let handle=thread::spawn(|| {
        for c in 'a'..'j' {
            println!("The letter {} from the spawned thread!", c);
            thread::sleep(Duration::from_millis(1));}
    });
    for c in 'a'..'e' {
        println!("The letter {} from the main thread!", c);
        thread::sleep(Duration::from_millis(1));}
    handle.join().unwrap();
}
```

以上程序中，主线程和子线程交替执行，因为调用 join()方法把衍生线程加入主线程等待队列，这样主线程会等待子线程执行完毕才能退出。以上程序运行结果如图 3-7 所示。

```
The letter a from the main thread!
The letter a from the spawned thread!
The letter b from the spawned thread!
The letter b from the main thread!
The letter c from the main thread!
The letter c from the spawned thread!
The letter d from the spawned thread!
The letter d from the main thread!
The letter e from the spawned thread!
The letter f from the spawned thread!
The letter g from the spawned thread!
The letter h from the spawned thread!
The letter i from the spawned thread!
```

图 3-7　join()代码的运行结果

3.5 用于区块链开发的 Rust 包

Rust 是新一代潜力巨大的开发语言。本节介绍了 9 个主流的用于以太坊、比特币、Tendermint、Eosio、Polkadot 等区块链开发的 Rust 包，以实现区块链应用的快速开发。

1．Rust-bitcoin：比特币区块链的 Rust 开发库

Rust-bitcoin 用于开发比特币区块链相关应用，支持序列化/反序列化、解析并执行比特

币相关数据结构及网络消息等功能，具体支持的特性如下。

（1）比特币协议消息的序列化/反序列化。

（2）比特币区块和交易的序列化/反序列化。

（3）比特币脚本的序列化/反序列化。

（4）私钥和地址的创建、序列化/反序列化和验证，内置 BIP32 的完整支持。

（5）PSBT 的创建、操作、合并与最终化。

（6）支持 Blockstream 侧链的 Pay-to-contract 交易。

2．Rust-bitcoincore-rpc：比特币节点的 JSON-RPC API 客户端库

Rust-bitcoin 不包含对比特币节点的 JSON-RPC API 的封装，而 Rust-bitcoincore-rpc 填补了这个空白。它提供了与比特币节点进行交互的接口，支持通过 JSON-RPC 进行区块链信息查询、交易发送等操作。示例代码如下。

```
let rpc = Client::new(url, Auth::UserPass(user, pass)).unwrap();
let _blockchain_info = rpc.get_blockchain_info()?;
let best_block_hash = rpc.get_best_block_hash()?;
println!("best block hash: {}", best_block_hash);
let bestblockcount = rpc.get_block_count()?;
println!("best block height: {}", bestblockcount);
let best_block_hash_by_height = rpc.get_block_hash(bestblockcount)?;
println!("best block hash by height: {}", best_block_hash_by_height);
assert_eq!(best_block_hash_by_height, best_block_hash);
let bitcoin_block: bitcoin::Block = rpc.get_by_id(&best_block_hash)?;
println!("best block hash by `get`: {}", bitcoin_block.header.prev_blockhash);
let bitcoin_tx: bitcoin::Transaction = rpc.get_by_id(&bitcoin_block.txdata[0].txid())?;
println!("tx by `get`: {}", bitcoin_tx.txid());
```

3．Rust-web3：以太坊区块链的 Rust 开发库

Rust-web3 是以太坊 web3.js 库的 Rust 版本，实现了与以太坊区块链交互的核心功能，具体特性如下。

（1）合约调用与 ABI 编码：支持智能合约的调用和自动生成的 ABI 编码。

（2）批量请求：允许在一次请求中批量发送多个以太坊 RPC 请求，以提高效率。

（3）多种传输协议：支持 HTTP、IPC 和 WebSocket 等传输协议，灵活适配不同的网络环境。

（4）支持众多标准或非标准数据类型，例如，U256、H256、Address(H160)，以及 Parity 的 Transaction、TransactionReceipt、RichBlock、Work、SyncStats 等类型。

（5）支持大部分标准以太坊 RPC API，例如，Eth API:eth_*、Eth Filters:eth_*、Eth Pubsub:eth_*、Network API:net_*、Web3 API:web3_*、Personal API:personal_*等。

（6）支持 Parity 扩展 RPC API，例如，只读 API:parity_*、账户 API:parity_*（部分支持）、集合 API:parity_*、签名器 API:signer_*、自定义 API。

4．ethereum-tx-sign：以太坊离线签名的 Rust 库

ethereum-tx-sign 支持在 Rust 代码中脱机签名以太坊交易。它允许开发者在不连接到以太坊网络的情况下创建和签署交易，从而增强了安全性和隐私性。该库支持交易的创建、

签名和编码，并提供了示例代码来演示如何进行签名操作。示例代码如下。

```
// 1 mainnet, 3 ropsten
const ETH_CHAIN_ID: u32 = 3;
let tx = ethereum_tx_sign::RawTransaction {
    nonce: web3::types::U256::from(0),
    to: Some(web3::types::H160::zero()),
    value: web3::types::U256::zero(),
    gas_price: web3::types::U256::from(10000),
    gas: web3::types::U256::from(21240),
    data: hex::decode(
"7f7465737437432000000000000000000000000000000000000000000000000000600057"
    ).unwrap(),
};
let mut data: [u8; 32] = Default::default();
data.copy_from_slice(&hex::decode(
    "2a3526dd05ad2ebba87673f711ef8c336115254ef8fcd38c4d8166db9a8120e4"
).unwrap());
let private_key = web3::types::H256(data);
let raw_rlp_bytes = tx.sign(&private_key, &ETH_CHAIN_ID);
let result = "f885808227108252f894000000000000000000000000000000000000080a\
    47f746573737432000000000000000000000000000000000000000000000000000\
    00006000572aa0b4e0309bc4953b1ca0c7eb7c0d15cc812eb4417cbd759aa09\
    3d38cb72851a14ca036e4ee3f3dbb25d6f7b8bd4dac0b4b5c717708d20ae6ff\
    08b6f71cbf0b9ad2f4";
assert_eq!(result, hex::encode(raw_rlp_bytes));
```

5．SputnikVM：以 Rust 实现的以太坊虚拟机

SputnikVM 是完全采用 Rust 实现的以太坊虚拟机（EVM）。它旨在提供一个高性能、可插拔的执行环境，用于运行以太坊智能合约。作为一个独立的 EVM 实现，SputnikVM 可以作为单独的进程运行，也可以集成到现有应用程序中。它支持不同的以太坊区块链，如以太坊经典（ETC）、以太坊（ETH）以及各种私有链，并专注于性能优化。主要特性如下。

（1）独立：可以作为单独进程载入或集成进现有 App。

（2）通用：支持不同的以太坊区块链，例如 ETC、ETH 或私有链。

（3）无状态：只包含一个连接到独立的状态存储的执行环境。

（4）快速：实现的关注重点就是性能。

6．tendermint-rs：与 Tendermint 区块链交互的 Rust 库

Tendermint 是一个高性能的支持拜占庭容错的区块链共识引擎。tendermint-rs 是一个用于与 Tendermint 区块链交互的 Rust 库，提供了访问 Tendermint 节点的 API。该库允许开发者实现 Tendermint 共识引擎的各种功能，如查询区块链状态、提交交易、处理事件等。该库要求 Rust 1.39+。

7．monero-rs：Monero 区块链的 Rust 开发库

monero-rs 用于访问 Monero 区块链，支持 Monero 相关数据的序列化/反序列化以及数据结构或网络消息的解析。主要特性如下。

（1）支持 Monero 区块及交易的序列化/反序列化。

（2）支持地址和子地址的创建、序列化/反序列化和验证。

（3）支持私钥和一次性密钥的创建、序列化/反序列化和验证。

（4）大部分结构都支持 Serde 集成，用于简化序列化和反序列化操作。

8．eosio-Rust: Eosio 区块链的 Rust 开发库

eosio-Rust 是 Eosio SDK 的 Rust 实现，它提供了一组 API，用于在 Eosio 区块链上开发智能合约和全栈应用。该库旨在为 Rust 开发者提供一个功能丰富的工具集，使他们能够利用 Rust 的安全性等性能优势进行区块链开发。主要特性如下。

（1）支持用 Rust 编写、编译和部署 Eosio 智能合约。

（2）提供 API 以便与 Eosio 区块链进行交互，包括事务处理、区块查询等。

（3）与 Eosio 生态系统中的工具和服务兼容，支持各种标准功能和扩展功能。

9．Substrate: 强大的开发框架

Substrate 是一个用于构建区块链的开源的、模块化的和可扩展的区块链开发框架。它由 Parity 以及个人开发者和许多公司组成的社区共同维护。Substrate 可以用作开发公链、联盟链和私有链的基础，它可以在短时间内构建完整、可配置的区块链系统。另外，可将构建的区块链部署到 Polkadot 网络中，通过与 Polkadot 网络集成，获得共享安全等其他优势。

3.6 本章小结

本章深入探讨了 Rust 的高级特性和应用。首先，学习了 Rust 的模块化管理，通过包、crate 和模块有效地组织和管理代码，并控制代码的可见性。接着，探讨了 Rust 中常用的集合类型，如 Vector、字符串和散列表，了解了它们的创建、操作和使用场景。此外，还介绍了泛型和特征的概念，通过使用这些特性可以编写更加通用和灵活的代码。随后，进入多线程并发编程，学习了如何在 Rust 中创建和管理线程，以实现高效的并发任务处理。最后，介绍了用于区块链开发的 Rust 包，展示了 Rust 在区块链开发中的强大能力和应用场景。通过这一章的学习，读者已经掌握了 Rust 语言的高级特性，为开发复杂的应用程序打下了坚实的基础。

3.7 习题

1. Rust 语言中模块化管理的主要组件有哪些？
2. 请举例说明在 Rust 中如何定义一个模块。
3. 什么是特质？它在 Rust 编程中有何作用？
4. Rust 中是如何进行多线程并发编程的？请简述创建线程的方法。
5. 列举几个用于区块链开发的流行的 Rust 库，并简要说明它们的功能。
6. 在 Rust 中字符串有哪两种主要形式？它们之间有何区别？

7. 首先，创建一个新的 Rust 库项目"cafe"。然后，根据提供的场景定义两个嵌套模块 front::hosting 和 front::serving，并在每个模块内分别定义至少一个函数。最后，在主函数中调用这些函数，并演示模块间的交互。

8. 实现一个多线程计数器。具体而言，编写一个简单的 Rust 程序并创建两个线程，每个线程负责对一个共享计数器进行递增操作。确保主线程等待所有子线程完成后输出最终的计数值。注意处理好线程的安全问题。

9. 基于 Rust-bitcoin 库构建比特币交易查询工具。具体而言，利用 rust-bitcoincore-rpc 库开发一个小工具，并使其连接到本地运行的比特币节点，获取最新的区块信息及最佳区块散列值，最后打印出来。

第 **4** 章 初识 Substrate 框架

Substrate 是一个基于 Rust 的库和工具的软件开发工具包（SDK），是一个开源、模块化以及可扩展的区块链构建框架，使用户能够简易地通过组合自定义组件或预构建组件来创建专门的区块链。用户使用 Substrate 可以通过使用少量的代码获得一个具有诸如共识、网络、Wasm Runtime 等功能的区块链系统。Substrate 也为下一代异构多链网络 Polkadot 提供了支持。经过本章的学习，可以对 Substrate 的整体结构以及开发框架有一个清晰的认识，帮助读者快速地启动一条基于 Substrate Node Template（节点模板）的区块链，并在此基础上逐渐开发自己的需求。

4.1 Substrate 入门

本节主要介绍 Substrate 的组成架构以及开发框架，旨在帮助读者对 Substrate 框架有一个大体认识。

4.1.1 Substrate 的组成架构

Substrate 跟其他区块链系统一样，依赖于一个去中心化的计算机网络，网络中的计算机被称为节点。同时 Substrate 框架通过其模块化的框架设计，实现了易扩展的区块链架构。

节点是任何区块链的核心组件，Substrate 节点包括默认提供的核心服务和库等。图 4-1 给出了 Substrate 节点架构示意图。

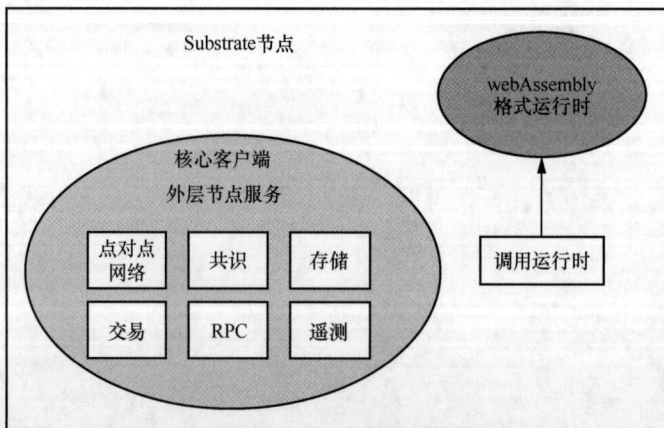

图 4-1　Substrate 节点架构示意图

Substrate 节点是一个由多个组件组成的，基于 Substrate 的区块链节点运行的应用程序。从高层次上看，Substrate 节点由核心客户端和运行时两个主要部分组成。核心客户端包含外层节点服务，例如，处理 P2P 网络活动、与对等节点达成共识、键值对存储、管理交易请求以及响应 RPC（Remote Procedure Call，远程过程调用）和遥测。运行时（即 Runtime）包含执行区块链状态转换函数的所有业务逻辑。

1．核心客户端

核心客户端包括多个外层节点服务，它们负责处理运行时之外的活动，主要包括以下几类。

① P2P 网络：外层节点使用 Rust 实现的 libp2p 网络栈与其他网络参与者通信。

② 共识：共识引擎提供的逻辑允许外层节点与其他网络通信者通信，以确保网络参与者在区块链状态达成一致。Substrate 提供自定义共识引擎和数种共识机制。

③ 持久化存储：外层节点使用简单且高效的键值存储层支持 Substrate 区块链演变状态的持久化。

④ 交易请求：Substrate 交易包含要进块的数据。由于交易中的数据源于运行时之外，因此往往将交易更广泛地称为外部数据或叫作 extrinsics。

⑤ RPC 远程过程调用 API：外层节点接收入站 HTTP 和 WebSocket 请求，以允许区块链用户与区块链网络交互。

⑥ 遥测：外层节点通过嵌入式 Prometheus（一个用于监控和收集区块链节点性能和状态数据的工具）收集并提供对节点指标的访问。

Substrate 通过其核心区块链组件提供了处理这些活动的默认实现。原则上，可以将任何组件的默认实现修改或替换为开发者的代码。执行这些任务通常需要客户端节点服务与运行时通信，这种通信则需要通过调用专门的 Runtime API 处理。

2．运行时

运行时是组成节点的核心组件，负责处理发生在链上的所有事情。运行时确定交易的有效性或无效性，并负责处理区块链状态更改。外部请求通过客户端进入运行时，运行时负责转换和存储状态。运行时执行其接收到的函数调用，负责将交易打包到块中，并将块返回给外层节点，从而通过网络传播或导入其他节点。

Substrate 运行时被设计编译成 Wasm（WebAssembly，一种二进制格式）字节码，使运行时具有以下特性。

① 支持无分叉升级。

② 多平台兼容性。

③ 运行时有效性检查。

④ 中继链共识机制的验证证明。

与外层节点提供信息给运行时的方式类似，运行时使用专门的主机函数（host functions）与外层节点或外部世界通信。

4.1.2　使用 Substrate 框架构建区块链网络的方式

Substrate 开发者可以从大量开源模块和模板库中选择预定义的应用程序逻辑，完全控制想要构建的应用程序，并且缩短开发时间。

Substrate 允许开发者使用 Node Template（节点模板）、Substrate Frame、substrate core 三种方式构建区块链网络。图 4-2 展示了使用 Substrate 开发的三种方式及其递进关系。随着递进，开发复杂度越来越大，同时开发的自由度也更大，开发者可以根据自己的业务需求选择合适的方式。

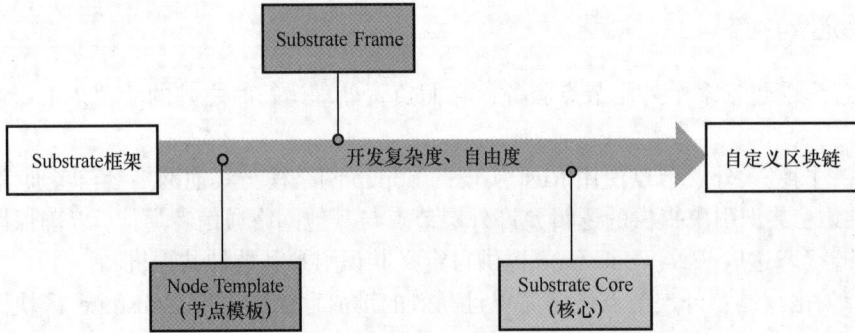

图 4-2　Substrate 开发的三种方式及其递进关系

方式一：使用 Node Template。开发者可以运行已经设计好的 Substrate 节点。在这种方式下，开发者只需提供一个 JSON 文件来配置 Substrate 节点运行时的模块和 genesis 区块（创世区块），即可快速启动自己的区块链。

方式二：使用 Substrate Frame。开发者可以使用 Frame 轻松创建自己的自定义运行时。该方式是在 Substrate 提供的框架下，定义专属的运行时（也就是链的一些具体逻辑），以此形成一条新的链。Substrate 除了自身提供了一些 lib 和 Pallet，也允许开发者开发自己的 Pallet。对于大多数使用 Substrate 开发的链来说，诸如网络、共识、密码库等这些模块都无须重新实现，如果只想在这些基础上添加一些与业务相关的逻辑，快速地完成开发，例如快速地搭建一条链，此时，Substrate 提供了一条链的基本配置的模板 NodeTemplate。所以对于大多数使用 Substrate 开发链的开发者，工作就变成了基于节点模板开发专属业务逻辑的 pallet，便可完成整条链的开发。

方式三：使用 Substrate Core。使用这种方式，开发者从头设计和实现运行时。如果运行时能够与 Substrate 节点的抽象块创作逻辑兼容（抽象块创作逻辑是指 Substrate 框架中负责生成、处理和验证区块的核心机制），开发者只需通过 Wasm 文件构造一个新的 genesis 区块，并使用现有的基于 Rust 的 Substrate 客户端启动链即可。然而，如果运行时不兼容，则可能需要更改客户端的块创作逻辑，甚至修改块头和块序列化格式。这种开发方式使用 Substrate 最具挑战性，但也赋予了开发者最大的创新自由。

4.2　构建第一条 Substrate 链

本节将引导读者使用 Substrate 框架快速搭建第一条链。所有操作基于 Ubtuntu22.04.4TLS 版本。

4.2.1　环境配置

采用 Ubuntu 构建区块链应用环境。注意，虽然前面章节已经介绍过 Rust 的安装，但此处因为目标是构建 Substrate 链（而非运行简单的 Rust 程序），所以环境配置上与之前略有不同。

1. 配置依赖

在 Ubuntu 中使用终端 shell 脚本来执行如下命令构建依赖配置。

```
sudo apt update
// 可能会提示输入位置信息
sudo apt install -y git clang curl libssl-dev llvm libudev-dev
```

2. 配置 Rust 环境

① 使用自动配置脚本 getsubstrate.io
运行下面的脚本可以自动化完成 Rust 环境依赖。

```
curl          getsubstrate.io -sSf | bash -s -- --fast
```

如果出现任何错误，请按照以下步骤手动配置 Rust 环境。
② 手动配置 Rust
使用 Rustup 工具来帮助管理 Rust 工具链。首先，安装和配置 rustup，执行以下命令。

```
// 安装
 curl          sh.rustup.rs -sSf | sh
// 配置
source ~/.cargo/env
```

将 Rust 工具链配置为默认的最新稳定版本，添加 nightly 和 nightly wasm 目标，执行以下命令。

```
rustup default stable
rustup update
rustup update nightly
rustup target add wasm32-unknown-unknown --toolchain nightly
```

安装完成后使用如下命令检查是否安装成功以及对应的版本，cargo 是用于 Rust 项目管理的工具。

```
rustc --version
cargo --version
```

需要注意的是，此种安装方式会安装 Rust 的最新版本。如果在读者的项目中需要使用某个特定版本的 Rust，可以指定版本。
要查看目前正在使用的 Rust 工具链，执行以下命令。

```
rustup show
```

在 Ubuntu 下的输出结果如图 4-3 所示。
① Default host: x86_64-unknown-linux-gnu：这是指默认主机架构，表示 Rust 工具链被配置为在 x86 64 位架构的 Linux 操作系统上运行。
② rustup home: /home/u2/.rustup：这是 rustup 工具的配置和数据的默认存储路径，通常位于用户的 home 目录下的.rustup 文件夹中。
③ installed toolchains：这一部分列出了已安装的 Rust 工具链版本和它们的目标平台。根据提供的信息，已安装的工具链有 stable-x86_64-unknown-linux-gnu、nightly-2022-06-25-x86_64-unknown-linux-gnu（默认工具链）、nightly-x86_64-unknown-linux-gnu、1.45.0-x86_64-unknown-linux-gnu。

图 4-3　rustup show 执行结果

④ installed targets for active toolchain：这部分列出了当前活动工具链（默认工具链）支持的目标平台。此例中，活动工具链 nightly-2022-06-25-x86_64-unknown- linux-gnu 支持wasm32-unknown-unknown 和 x86_64-unknown-linux-gnu 平台。

⑤ active toolchain：显示了当前活动的 Rust 工具链信息，例如，nightly-2022-06-25-x86_64- unknown-linux-gnu 是默认工具链，rustc 1.63.0-nightly (fdca237d5 2022-06-24)表示该工具链使用的 Rust 编译器版本是 1.63.0-nightly，构建散列值为 fdca237d5，发布日期为2022 年 6 月 24 日。

至此，完成了 Rust 环境的配置。

4.2.2　编译启动 Substrate 节点模板

完成了必要的依赖以及 Rust 环境的设置后，创建第一条 Substrate 链。具体方法主要包括编译启动 Substrate 节点模板方法和与 Substrate 前端模板进行交互方法。

使用 git 复制 Substrate 节点模板，以作为在 Substrate 上构建自定义区块链的良好起点。

1．使用 git 命令从仓库中复制节点模板到本地

```
git clone            github.com/substrate-developer-hub/substrate-node-template
```

这里是以 github 中主分支 0.9.40 版本为例。如果读者需要其他版本，可以执行如下类似命令，来指定分支版本。

```
git clone -b v2.0.0 --depth 1        github.com/substrate-developer-hub/substrate-
node-template
```

2．使用 cargo 编译工具编译节点模板为 release 版本

```
cd substrate-node-template
// 注意编译的时候 "--release" 标识不能掉
cargo build --release
// 此过程会非常耗时，请耐心等待
```

编译过程中，常见的错误及解决方法如下。

① 编译过程中参照了当前最新版本的 Rust 和节点模板。但是如果读者有需求下载某

个特定版本的节点模板，尽量使用同时期的 Rust 版本，否则可能会遇见一些语法冲突，导致编译过程失败。

② 节点模板的某些版本使用到了 Rust 的 nightly 版本特性，如果遇到需要该版本的问题，可以通过执行下面的指令来使用 nightly 版本，并重新编译。

```
rustup default nightly
```

3．启动节点模板

编译成功之后，可执行文件将会保存在项目的 target 目录下。在 substrate-node-template 项目根路径下输入如下命令启动节点。

```
// 以开发者模式启动一个临时节点
./target/release/node-template --dev --tmp
```

命令标识解释如下。

① --dev：设置开发者节点链规范，即使用开发者模式启动。

② --tmp：保存节点的所有活动数据，并在用户正确终止节点（按"Ctrl+C"组合键）后立即删除。因此，每次使用此命令启动时，用户都可以在一个初始化的状态下工作。如果节点被删除，/tmp 会在系统重启时被自动清除；如果需要，可以手动删除这些文件。

执行这个命令后，如果读者的节点被启动成功，应该会看到如图 4-4 所示的输出结果。

图 4-4　节点被启动后的输出结果

在开发者模式下，链不需要任何对等计算机来完成区块生成。当节点被启动时，终端将会显示相关信息。如果区块的数量正在增加，且有区块最终化地输出信息，即表明用户的区块链正在生成新的区块，并就它们所描述的状态达成共识。

图 4-4 中这些日志信息展示了 Substrate 节点被启动时的各种状态和操作，以及节点与区块链的交互过程。以下是日志信息各部分的详细解释。

① 节点信息。

2024-07-17 14:45:11 Substrate Node：Substrate 节点正在被启动。

2024-07-17 14:45:11 🦀 version 0.0.0-d70f8f9793c：显示 Substrate 节点的版本号。

2024-07-17 14:45:11 🌑 by Substrate DevHub <▇▇▇▇▇github.com/substrate-developer-hub>, 2017-2024：显示 Substrate 开发团队信息及其来源。

2024-07-17 14:45:11 🔲 Chain specification: Development：显示链的规格，这里是开发环境。

2024-07-17 14:45:11 🔖 Node name: nify-profit-0214：显示节点的名称。

2024-07-17 14:45:11 ▓▓ Role: AUTHORITY：显示节点角色，这里是验证节点（AUTHORITY）。

2024-07-17 14:45:11 💾 Database: RocksDb at /tmp/substrateB2mBDA/chains/dev/db/full：显示节点使用的数据库，这里是 RocksDb，并显示其存储位置。

② 区块链状态初始化。

2024-07-17 14:45:13 🌑 Initializing Genesis block/state (state: 0x7f27...a504, header-hash: 0x6473...7f5a)：初始化创世区块和状态。

2024-07-17 14:45:13 👶 Loading GRANDPA authority set from genesis on what appears to be first startup.：从创世区块加载 GRANDPA 权限集合，这是首次启动。

2024-07-17 14:45:13 Using default protocol ID "sup" because none is configured in the chain specs：使用默认的协议 ID "sup"，因为链规格中没有配置。

2024-07-17 14:45:13 Local node identity is: 12D3KooWLtwqTDcgEoRccB8hoZY567xpx4WfY2JFFTpGt62KSCL8：节点身份标识为 12D3KooWLtwqTDcgEoRccB8hoZY567xpx4WfY2JFFTpGt62KSCL8。

③ 节点运行环境和硬件信息。

2024-07-17 14:45:13 💻 Operating system: linux：显示操作系统为 Linux。

2024-07-17 14:45:13 💻 CPU architecture: x86_64：显示 CPU 架构为 x86_64。

2024-07-17 14:45:13 💻 Target environment: gnu：编译和构建该 Substrate 节点时所使用的目标环境为 GNU。

2024-07-17 14:45:13 💻 CPU: 12th Gen Intel(R) Core(TM) i9-12900HX：显示 CPU 型号。

2024-07-17 14:45:13 💻 CPU cores: 4：显示核心 CPU 数。

2024-07-17 14:45:13 💻 Memory: 3870MB：显示可用内存大小。

2024-07-17 14:45:13 💻 Kernel: 6.5.0-41-generic:：显示内核版本。

2024-07-17 14:45:13 💻 Linux distribution: Ubuntu 22.04.4 LTS：显示 Linux 发行版为 Ubuntu 22.04.4 LTS。

2024-07-17 14:45:13 💻 Virtual machine: yes：显示这正运行在虚拟机中。

④ 区块链状态和信息。

2024-07-17 14:45:13 📦 Highest known block at #0：显示当前已知的最高区块号为 0。

2024-07-17 14:45:13 📊 Prometheus exporter started at 127.0.0.1:9615：启动 Prometheus 导出器，用于监控和度量。

2024-07-17 14:45:13 Running JSON-RPC server: addr=127.0.0.1:9944, allowed origins=["*"]：启动 JSON-RPC 服务器，监听地址为 "127.0.0.1:9944"，允许所有来源的访问。

⑤ 共识和区块生成。

2024-07-17 14:45:18 👷 Starting consensus session on top of parent 0x6473253b176e4ce2e3681e5c2b03d7207606b1396d53f383a9419aa248ee7f5a：开始基于父区块进行共识会话。

2024-07-17 14:45:18 🎁 Prepared block for proposing at 1 (2 ms) [hash: 0xa1eaf478fb13d4729431ee5e6be8572af5702ea982d3dc9c419d0b422e9d49f7; parent_hash: 0x6473...7f5a; extrinsics (1): [0x46c7···0af1]：准备生成区块，显示了区块散列和父区块散列等信息。

2024-07-17 14:45:18 🌑 Pre-sealed block for proposal at 1. Hash now 0x2c16094d6713630b07dfeaddc2c0505cad277b0c721f76a0e41ea4a8940535af, previously 0xa1eaf478fb13d4729431ee5e6be8572af5702ea982d3dc9c419d0b422e9d49f7.：预封装区块用于提议。

2024-07-17 14:45:18 ✨ Imported #1 (0x2c16...35af)：导入区块 #1。

2024-07-17 14:45:18 💤 Idle (0 peers), best: #1 (0x2c16...35af), finalized #0 (0x6473...7f5a), ↓0↑0 ：节点当前处于空闲状态，没有与任何其他节点(peers)连接；节点没有在发送或接收数据（多个节点之间）；"0 peers"表示节点没有连接到任何其他节点；显示最佳区块和已最终确认的区块（在组建网络中，只有链接到另外一个节点，才会互相传输数据）。

图 4-4 中的图标及其含义如表 4-1 所示。

表 4-1　图 4-4 中的图标及其含义

图标	含义
	节点开始被启动
	开发团队信息
	链规格
	节点名称
	节点角色
	数据库信息
	初始化
	GRANDPA 权限集合
	硬件信息
	最高区块
	节点信息监控曲线
	共识会话
	准备区块
	预封装区块
	导入区块成功
	空闲状态

4.2.3　使用前端模板交互

在 4.2.2 小节中节点已经完成编译并被成功启动。为了更好地理解相关内容，本小节将介绍一个 Substrate 官方为开发者提供的与节点交互的前端模板。该模板是根据常用用例设计的一组 UI 组件，以用于与 4.2.2 小节中启动的节点进行交互。

1. 安装前端模板节点运行的依赖

使用前端模板需要 Yarn（Yarn 是一个 JavaScript 包管理器，旨在提高 Node.js 项目中依赖项的安装速度、确定性和一致性），而它本身需要 Node.js（Node.js 是一个使开发者可以在服务器端使用 JavaScript 来构建应用程序的一个跨平台运行环境）。如果没有这些工具，必须安装最新版本，建议在 Node.js 官网下载最新 LTS 二进制包并进行安装，安装后使用如下命令检查是否安装成功。

```
node -version
```

Node.js 自带 npm，使用 npm 安装 yarn，执行如下命令。

```
npm install --global yarn
```

使用如下命令检查 yarn 是否安装成功。

```
yarn --version
```

2. 设置前端模板

使用以下命令设置前端模板。

```
// 从 GitHub 上复制前端模板
git clone -b latest --depth 1          github.com/substrate-developer-hub/substrate-front-end-template
// 安装依赖环境
```

```
cd substrate-front-end-template
yarn install
```

至此，Substrate 前端模板已经被安装完成。

3．启动前端模板

使用以下命令启动前端模板。

```
// 确保在 Front-end Template substrate-front-end-template 根目录下执行此命令
yarn start
```

启动成功之后，会出现图 4-5 所示的提示信息。

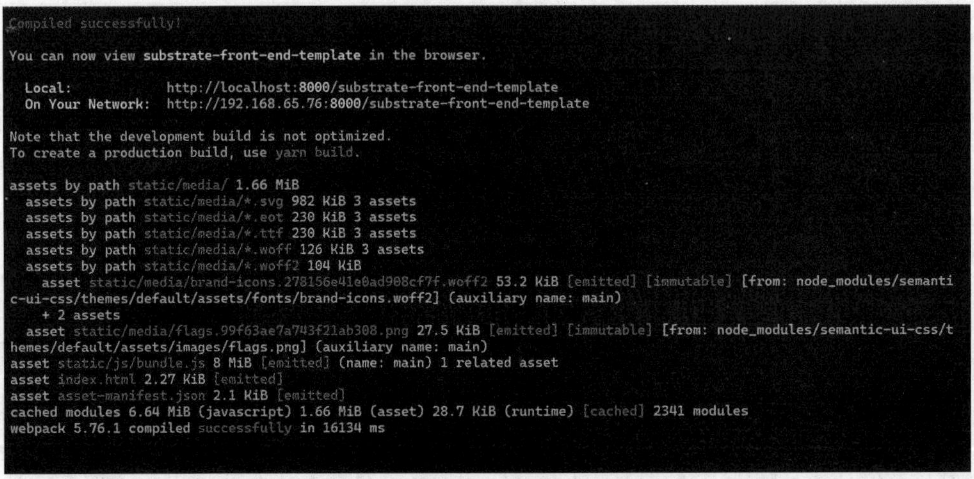

图 4-5　前端模板启动后的输出结果

　　根据输出的提示信息，当前端模板被成功启动后，可以在本机浏览器中访问本机 8000 端口下的 substrate-front-end-template，以获取 Substrate 节点信息，或者在同网络其他机器的浏览器上通过访问"本机 IP:8000/substrate-front-end-template"进行查看。在浏览器上看到的前端模板界面如图 4-6 所示。在页面顶部，用户可以看到所连接的链以及账户选择器等信息，该账户选择器可以让用户控制用于执行链上操作的账户。

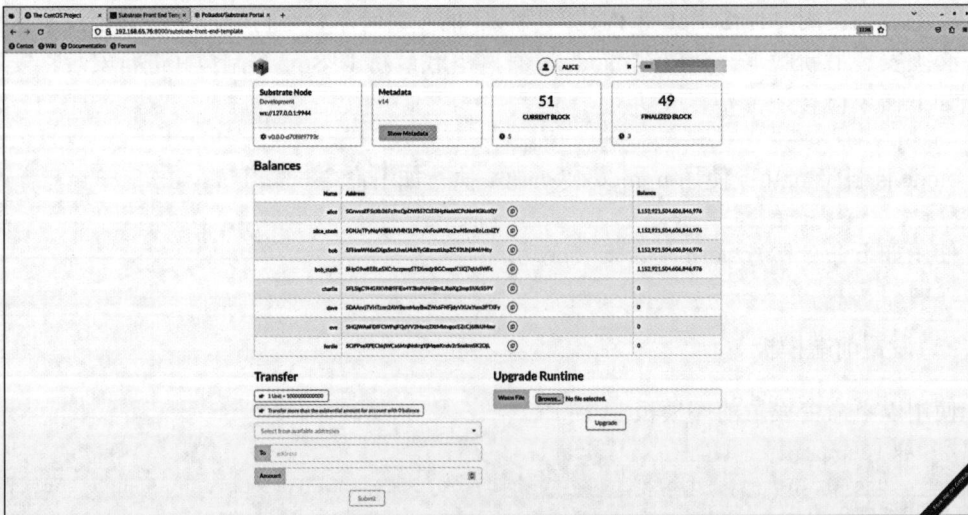

图 4-6　在浏览器上看到的前端模板界面

前端模板提供了许多有用的功能。为了帮助读者更好地利用前端模板来与区块链节点进行交互，下面简单介绍节点模板的用户界面（UI）以及功能。

单击模板页面顶部的"Show Metadata"按钮，查看运行时公开的元数据。图 4-7 显示了当前区块链公开的元数据，用户可以使用 Runtime Metadata 来发现运行时的功能。

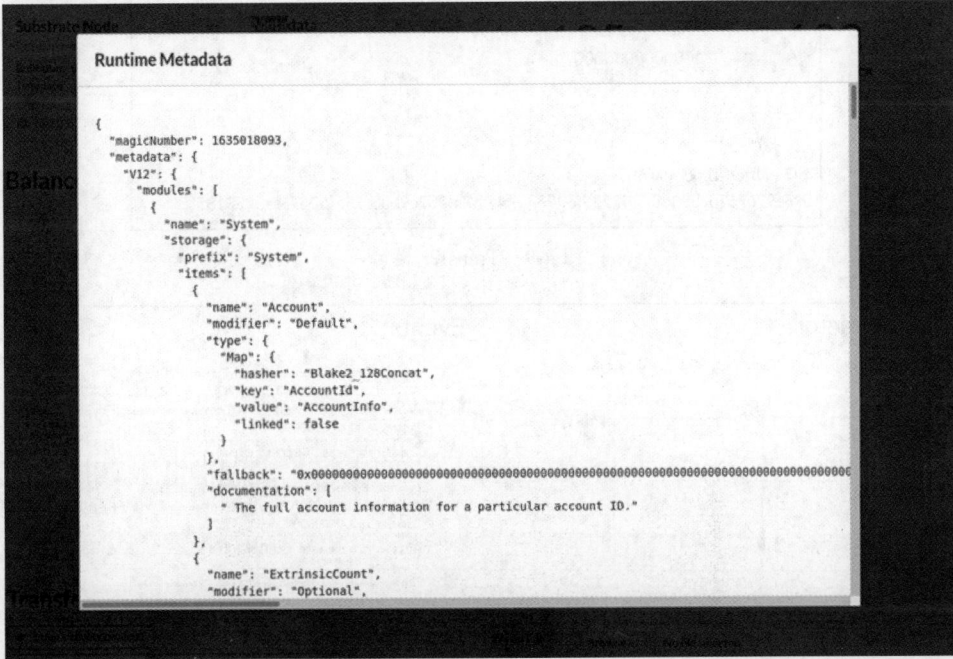

图 4-7　当前区块链公开的元数据

在 Balances 栏目下展示了一个表，列出了可以访问的测试账户，如图 4-8 所示。其中，部分用户如 Alice 和 Bob 的当前账户中已经有了一些资金。

Name	Address		Balance
Alice	5GrwvaEF5zXb26Fz9rcQpDWS57CtERHpNehXCPcNoHGKutQY		1.1529 MUnit
Alice_stash	5GNJqTPyNqANBkUVMN1LPPrxXnFouWXoe2wNSmmEoLctxiZY		1.1529 MUnit
Bob	5FHneW46xGXgs5mUiveU4sbTyGBzmstUspZC92UhjJM694ty		1.1529 MUnit
Bob_stash	5HpG9w8EBLe5XCrbczpwq5TSXvedjrBGCwqxK1iQ7qUsSWFc		1.1529 MUnit

图 4-8　Balances 栏目

使用账户表下面的 Transfer 栏目，可以将资金从一个账户转移到另一个账户。从 Alice 账户向 Dave 账户转移资金，如图 4-9 所示。

注意信息框中 Balance 的单位为 MUnit，它描述了前端模板使用的精度，应该至少传输 1000000000000 以使用户更容易观察所做的更改。注意，账户表是动态的，一旦转账处理完毕，账户余额就会更新。同时，Events 栏目会显示区块链上的操作事件，例如刚才 Transfer 栏目进行的转账交易。

Pallet Interactor 栏目是前端模板提供的一个 Pallet 交互器组件，该组件提供了四种与 Substrate 运行时交互的机制，分别是 Extrinsic、Query、RPC、Constant，如图 4-10 所示。

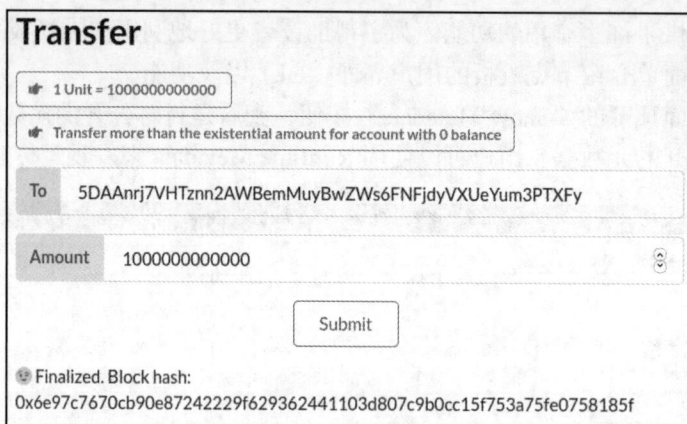

图 4-9　Transfer 栏目

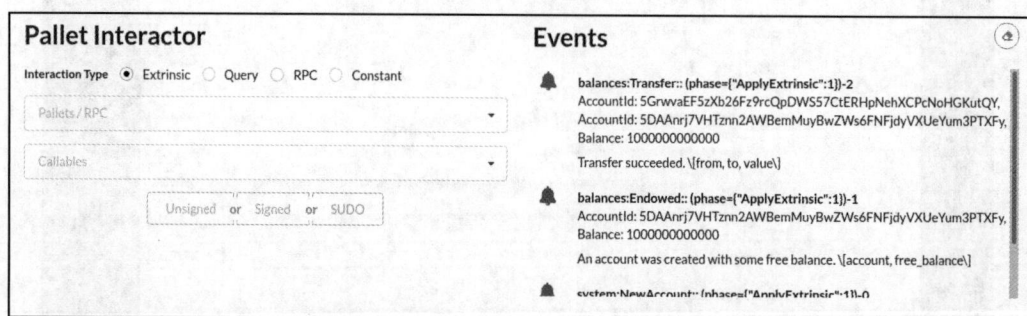

图 4-10　Pallet Interactor 栏目和 Events 栏目

Extrinsic 为运行时的可调用函数，如果用户已经熟悉区块链的概念，可以将其视为事务。Pallet Interactor 允许用户提交未签名或已签名的 Extrinsic，并提供了一个按钮，使用户可以轻松地通过 Sudo Pallet 中的 sudo() 函数来调用外部插件。

Query 允许用户读取运行时中存储的值。RPC 和 Constant 选项为运行时交互提供了额外的机制。与许多区块链一样，Substrate 链使用事件来报告异步操作的结果。如果读者已经使用前端模板执行了如上所述的余额转移，应该能在图 4-10 的 Event 栏目中看到该转移的事件。

如果在远程机器上运行 Substrate 链，可以创建 SSH 本地端口转发，以此从本地前端模板访问远程节点。运行以下命令即可完成预期的功能。

```
// 将到本地 9944 端口的连接转发到远程 9944 端口，Substrate 将监听该端口以获取 WebSocket 连接
ssh -L 9944:127.0.0.1:9944 <remote user>@<remote host ip> -N -f
```

关于该前端模板的更多功能，读者可以自行探索。

4.2.4　使用其他方式交互

在 4.2.3 小节中使用 Substrate 官网为开发者提供的前端模板与启动的节点进行了交互。下面介绍其他与区块链节点进行交互的方式。

1．Polkadot-JS API

Polkadot-JS API 提供了一个方法库，使开发者能够使用 JavaScript 查询和交互任何基于

Substrate 的链。Polkadot-JS API 公开的大多数接口都是通过连接到启动的节点而动态生成的，因为节点的配置决定了哪些接口被公开。我们可将@polkadot/api 包添加到 JavaScript 或 TypeScript 工作环境，通过使用不同的 API 接口来配合不同功能的链工作。

下面给出一个使用 Polkadot-JS API 的简单 HTML 代码例子。通过简单地调用 API，可以连接到本地 9944 端口启动的节点，并且实现查询账户余额的功能。

```html
<!DOCTYPE html>
<html>
 <head>
   <meta charset="utf-8">
   <meta name="viewport" content="width=device-width, initial-scale=1, shrink-to-fit=no">
   <title>Quick start: Get Balance</title>
   <!-- Bootstrap core CSS -->
   <link rel="stylesheet" href="        stackpath.bootstrapcdn.com/bootstrap/4.5.2/css/bootstrap.min.css" integrity="sha384-JcKb8q3iqJ61gNV9KGb8thSsNjpSL0n8PARn9HuZOnIxNOhoP+VmmDGMN5t9UJOZ" crossorigin="anonymous">
   <style>
     body {
       margin: 60px;
     }
     .container {
       width: auto;
       max-width: 680px;
       padding: 20px 15px;
     }
     .output {
       margin-top: 20px;
     }
   </style>
 </head>

 <body>
   <main role="main" class="container">
   <h1 style="font-family: sans-serif; font-weight: 500;">Display an account balance</h1>
     <p style="font-family: sans-serif;">Enter a development account address, then click <b>Get Balance</b>.</p>

     <input type="text" size="58" id="account_address"/>
     <input type="button" onclick="GetBalance()" value="Get Balance">
     <p class="output">Balance: <span id="polkadot-balance">Not Connected</span></p>
   </main>

     <script src="        unpkg.com/@polkadot/util/bundle-polkadot-util.js"></script>
     <script src="        unpkg.com/@polkadot/util-crypto/bundle-polkadot-util-crypto.js"></script>
     <script src="        unpkg.com/@polkadot/types/bundle-polkadot-types.js"></script>
     <script src="        unpkg.com/@polkadot/api/bundle-polkadot-api.js"></script>

     <script>
       async function GetBalance() {
         const ADDR = '5Gb6Zfe8K8NSKrkFLCgqs8LUdk7wKweXM5pN296jVqDpdziR';
```

```
        const { WsProvider, ApiPromise } = polkadotApi;
        const wsProvider = new WsProvider('ws://127.0.0.1:9944');
        const polkadot = await ApiPromise.create({ provider: wsProvider });

        let polkadotBalance = document.getElementById("polkadot-balance");
        const x = document.getElementById("account_address").value;
        const { data: balance } = await polkadot.query.system.account(x);

        polkadotBalance.innerText = balance.free;
      }
    </script>
  </body>
  </html>
```

需要重点介绍的是 JavaScript 部分，这是这个 HTML 页面的关键。

① 依赖引入。使用@polkadot 系列库来与 Polkadot 区块链进行交互，这些库包括 @polkadot/ util、@polkadot/util-crypto、@polkadot/types、@polkadot/api。这些库提供了与区块链节点通信和数据处理所需的功能。

② GetBalance()函数是一个异步函数，用于处理获取账户余额的逻辑。创建了 WsProvider 对象来指定连接到 Polkadot 节点的 WebSocket 地址。

③ 使用 ApiPromise.create()方法创建一个 polkadot 实例，该实例通过提供的 wsProvider 连接到节点。

④ 通过 polkadot.query.system.account(x)查询指定账户 x 的余额信息，返回的 balance 包含了账户的可用余额。

⑤ 更新页面中<span id="polkadot-balance">的文本内容，显示账户的可用余额。

以上这段代码结合了 HTML、Bootstrap 和 Polkadot-JS API，提供了一个简单的界面来查询 Substrate 区块链上特定账户的余额。如图 4-11 所示，启动网页后，输入账户的地址，可以查询到其账户余额。例如，通过输入 Alice 的账户地址，单击"Get Balance"按钮，可查询到 Alice 账户余额为 1152921503780008581。

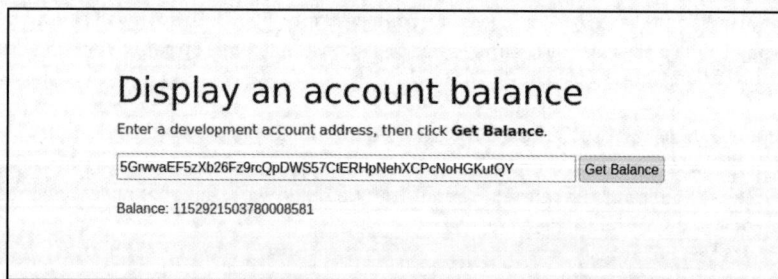

图 4-11　查询 Alice 账户余额

2．Polkadot-JS Apps

除此之外，Polkadot-JS Apps 是一个用于与 Polkadot 和其他基于 Substrate 区块链进行交互的 Web 应用程序。它提供了一个图形用户界面，让用户可以轻松地进行各种区块链操作，也可以连接到本地的节点进行操作。

如图 4-12 所示，在浏览器上打开 Polkadot-JS Apps 的官网地址之后，选择网络［在左上角选择用户要连接的网络（如 POLKADOT & PARACHAINS、KUSAMA & PARACHAINS、

TEST WESTEND & PARACHAINS 等）］，这里选择 Development 的 "Local Node" 可以
选择连接到本地网络。

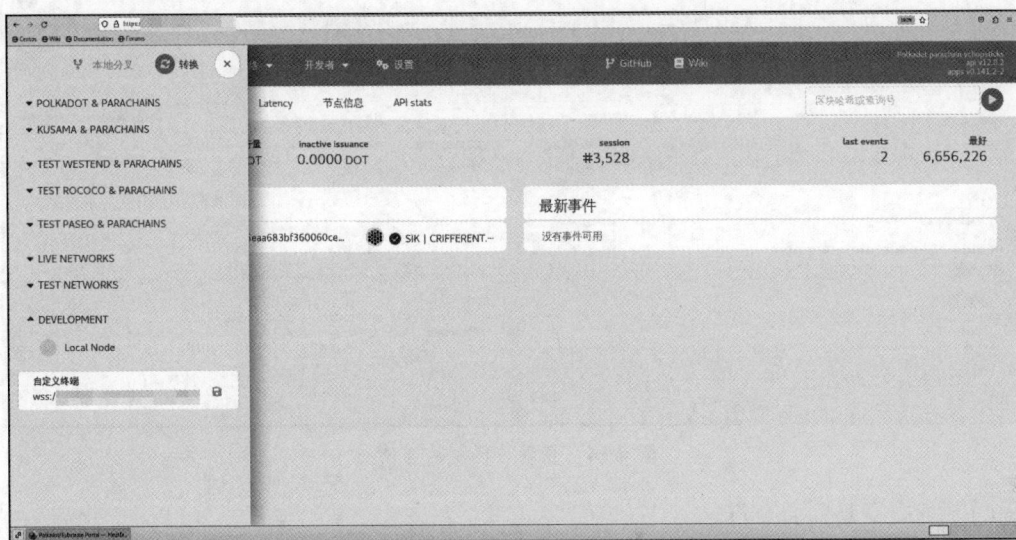

图 4-12　Polkadot-JS Apps 下选择连接到本地网络

选择连接到本地节点之后，选择"网络"→"浏览"，此时可以看到类似于后端节点
被启动后的区块生成信息，且已经生成了第 20 个区块，如图 4-13 所示。

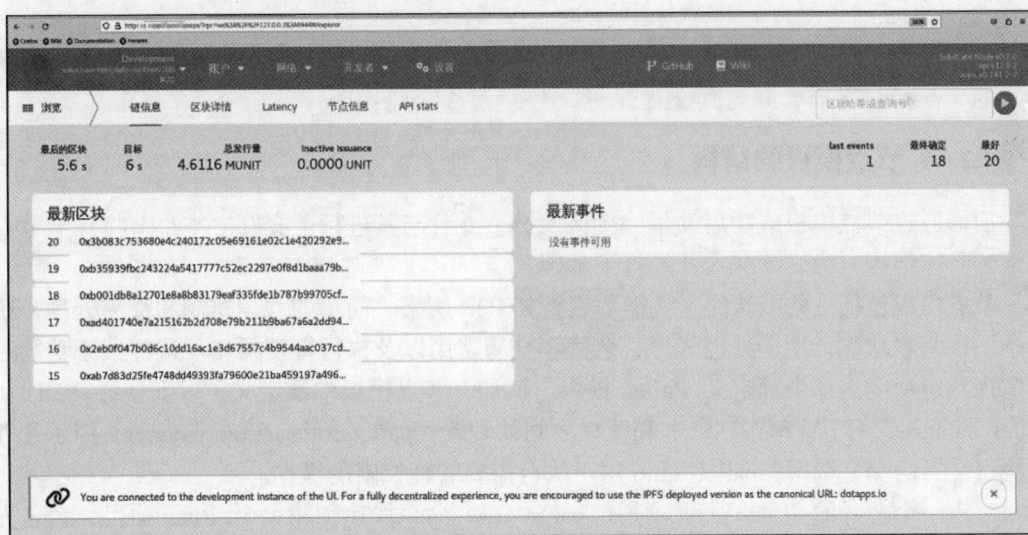

图 4-13　区块生成信息

单击某个区块，可以查看该区块的详情，如图 4-14 所示。
还有更多的功能，不再赘述。值得再次一提的是，Polkadot-JS Apps 提供了一个强大且
友好的用户界面，方便用户与 Polkadot 和其他 Substrate 区块链进行交互。用户可以使用该
程序与很多的区块链交互，以便进一步探索 Substrate 框架开发区块链的强大功能。
除了 4.2.3 小节和本小节提到的交互方式之外，仍然存在其他的交互方式，例如官网所
提到的以下几种方式，读者如果有需求可以自行学习。

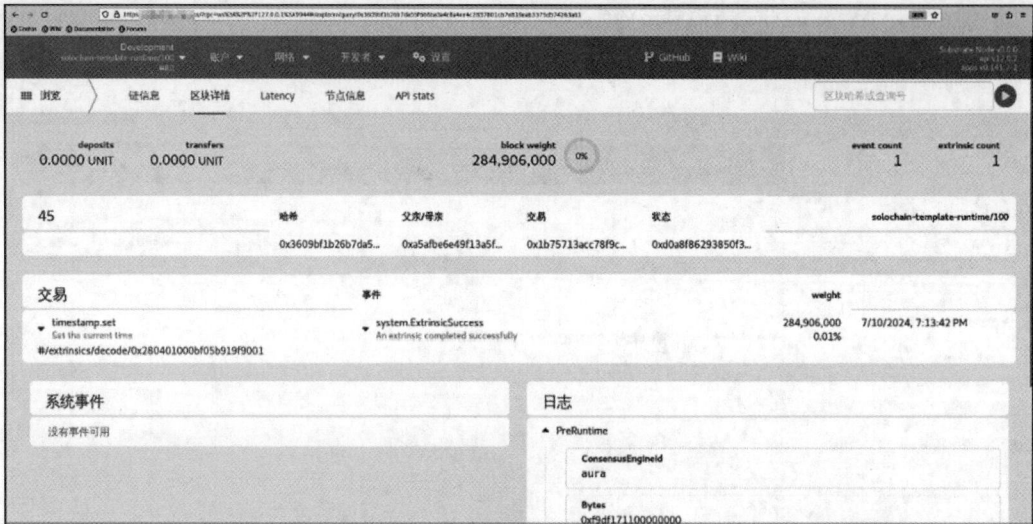

图 4-14　查看该区块的详情

（1）提交交易的命令行

subxt-cli 是一个命令行程序，用户可以使用它通过连接到启动的节点下载 Substrate-based 链的完整配置信息——元数据（metadata）。类似于 Polkadot-JS API，可以用 subxt-cli 程序下载元数据，这些元数据包含这条 Substrate 链的信息，使得其能够与该链进行交互。此外，还可以使用 subxt-cli 程序以人类可读的格式显示链的信息。

（2）sidecar

@substrate/api-sidecar 包是一个 RESTful 服务，用户可以使用它来连接到用 Frame 框架构建的 Substrate 节点，并与其交互。

4.2.5　节点模板的结构

前面通过节点模板成功启动了一个区块链，并且与其进行了交互。本小节将探索节点模板的具体结构，为后续深入开发打下基础。

节点模板包括一些默认的区块链要素，如 P2P 网络、简单的共识机制和交易处理，还包括一些基本功能，用于处理账户、余额和交易费用以及执行管理操作。这些核心功能通过实现特定功能的几个预定义 Pallet 提供。例如，节点模板中预定义了以下核心 Pallet：pallet_balances 用于管理账户资产和账户之间的转账；pallet_transaction_payment 用于管理所执行交易的交易费用；pallet_sudo 用于执行需要管理权限的操作。

对于一个普通的 Rust 项目，使用 cargo new 命令快速创建一个 Rust 项目，命名为 world_hello。进入到 world_hello 下使用 tree 命令查看其项目目录的结构，可以看到包含 Cargo.toml 和 src/main.rs。

```
cargo new world_hello --bin
cd world_hello
tree
.
├── .git
├── .gitignore
├── Cargo.toml
```

```
        └── src
             └── main.rs
```

substrate-node-template 项目自然也不例外，使用 tree -L 3 命令可以查看项目目录的三
层结构。

```
[root@localhost substrate-node-template]# tree -L 3
.
├── Cargo.toml
├── Cargo.lock
├── CODEOWNERS
├── Containerfile
├── docs
│   └── rust-setup.md
├── flake.lock
├── flake.nix
├── LICENSE
├── node
│   ├── build.rs
│   ├── Cargo.toml
│   └── src
│       ├── benchmarking.rs
│       ├── chain_spec.rs
│       ├── cli.rs
│       ├── command.rs
│       ├── main.rs
│       ├── rpc.rs
│       └── service.rs
├── pallets
│   └── template
│       ├── Cargo.toml
│       ├── README.md
│       └── src
├── README.md
├── runtime
│   ├── build.rs
│   ├── Cargo.toml
│   └── src
│       └── lib.rs
├── rustfmt.toml
├── rust-toolchain.toml
├── scripts
│   └── init.sh
├── shell.nix
```

以下是对各个目录/文件的解释。

（1）Cargo.toml：因为 Substrate 是一个基于 Rust 语言开发的框架，所以每个包都有一
个清单文件（在 Rust 中，清单文件是项目的配置文件，通常命名为 Cargo.toml，使用 TOML

语法，并且包含关于项目的各种元数据，如包的名称、版本、依赖关系等），其中包含编译包所需的信息。

（2）Cargo.lock：锁定当前项目依赖项的版本，以确保项目在不同环境中的构建结果一致。

（3）CODEOWNERS：定义项目中每个部分的负责人，当这些部分有变更时，这些人会自动被请求审查。

（4）Containerfile：项目容器化的配置文件，用于构建 Docker 镜像。

（5）docs：文档目录，包含项目相关的文档。

（6）docs/rust-setup.md：Rust 开发环境设置指南。

（7）flake.lock：锁定 Nix flakes 依赖项的版本。

（8）flake.nix：Nix flakes 配置文件，用于定义项目依赖的 Nix 包。

（9）LICENSE：项目的开源许可证。

管理节点的启动、运行和通信逻辑，包含节点的主程序。这个目录包含节点运行的主要代码。大多数核心客户端服务都封装在 node 包中，描述了默认开发链和本地测试网链的配置，包括有关默认预资助开发账户和预配置了生成区块权限的节点的信息。如果创建自定义链，则可以使用此文件来标识节点连接到的网络以及与本地节点通信的其他节点。

① node/build.rs：构建脚本，通常用于处理编译时的配置任务。

② node/Cargo.toml：节点部分的配置文件，定义了节点代码的依赖项。

③ node/src：节点源代码目录。

④ node/src /benchmarking.rs：用于基准测试的代码。

⑤ node/src /chain_spec.rs：定义区块链的初始配置和参数。

⑥ node/src /cli.rs：处理命令行界面（CLI）的代码。

⑦ node/src /command.rs：定义各种命令和子命令。

⑧ node/src /main.rs：节点的入口点，包含启动节点的主函数。

⑨ node/src /rpc.rs：定义节点的 RPC 接口，用于远程调用和与外部系统的交互。

⑩ node/src /service.rs：定义节点的服务，包括运行节点的逻辑。

⑪ pallets/template：示例自定义模块，展示如何扩展或修改区块链的功能。

（10）README.md：项目介绍及使用说明。

定义区块链的核心逻辑和状态转换规则，此目录包含区块链的运行时代码，定义链上逻辑。如图 4-15 所示，使用文本编辑器查看内容，可以看到在 "# frame pallets" 注释下，引入了 "pallet-aura" "pallet-balances" "pallet-grandpa" "pallet_sudo" "pallet-timestamp" "pallet-transaction-payment" 等，这些核心 Pallet 构成了运行时的基本功能，并且指定了这些 Pallet 的来源（git 仓库）和版本（tag），其中 "default-features=false" 字段则是表明 Cargo 不启用依赖库的默认特性，即依赖库将会以没有任何特性启用的状态进行编译和使用。

（11）rustfmt.toml：Rust 代码格式化工具的配置文件。

（12）rust-toolchain.toml：定义项目使用的 Rust 工具链版本。

（13）scripts：表示包含脚本文件。

（14）scriptes/init.sh：初始化脚本，通常用于设置开发环境。

（15）shell.nix：Nix shell 配置文件，定义开发环境所需的包。

（16）node 目录。

（17）runtime 目录。

```
[package]
name = "node-template-runtime"
description = "A solochain runtime template built with Substrate, part of Polkadot Sdk."
version = "0.0.0"
license = "MIT-0"
authors.workspace = true
homepage.workspace = true
repository.workspace = true
edition.workspace = true
publish = false

[lints]
workspace = true

[package.metadata.docs.rs]
targets = ["x86_64-unknown-linux-gnu"]

[dependencies]
codec = { package = "parity-scale-codec", version = "3.6.1", default-features = false, features = [
        "derive",
] }
scale-info = { version = "2.10.0", default-features = false, features = [
        "derive",
        "serde",
] }

# frame
frame-support = { git = "https://github.com/paritytech/polkadot-sdk.git", tag = "polkadot-v1.9.0", default-features = false, features = ["experimental"] }
frame-system = { git = "https://github.com/paritytech/polkadot-sdk.git", tag = "polkadot-v1.9.0", default-features = false }
frame-try-runtime = { git = "https://github.com/paritytech/polkadot-sdk.git", tag = "polkadot-v1.9.0", default-features = false, optional = true }
frame-executive = { git = "https://github.com/paritytech/polkadot-sdk.git", tag = "polkadot-v1.9.0", default-features = false }

# frame pallets
pallet-aura = { git = "https://github.com/paritytech/polkadot-sdk.git", tag = "polkadot-v1.9.0", default-features = false }
pallet-balances = { git = "https://github.com/paritytech/polkadot-sdk.git", tag = "polkadot-v1.9.0", default-features = false }
pallet-grandpa = { git = "https://github.com/paritytech/polkadot-sdk.git", tag = "polkadot-v1.9.0", default-features = false }
pallet-sudo = { git = "https://github.com/paritytech/polkadot-sdk.git", tag = "polkadot-v1.9.0", default-features = false }
pallet-timestamp = { git = "https://github.com/paritytech/polkadot-sdk.git", tag = "polkadot-v1.9.0", default-features = false }
pallet-transaction-payment = { git = "https://github.com/paritytech/polkadot-sdk.git", tag = "polkadot-v1.9.0", default-features = false }

# primitives
sp-api = { git = "https://github.com/paritytech/polkadot-sdk.git", tag = "polkadot-v1.9.0", default-features = false }
sp-block-builder = { git = "https://github.com/paritytech/polkadot-sdk.git", tag = "polkadot-v1.9.0", default-features = false }
sp-consensus-aura = { git = "https://github.com/paritytech/polkadot-sdk.git", tag = "polkadot-v1.9.0", default-features = false, features = [
        "serde",
] }
sp-consensus-grandpa = { git = "https://github.com/paritytech/polkadot-sdk.git", tag = "polkadot-v1.9.0", default-features = false, features = [
        "serde",
] }
sp-core = { git = "https://github.com/paritytech/polkadot-sdk.git", tag = "polkadot-v1.9.0", default-features = false, features = [
        "serde",
"Cargo.toml" 151L, 6440C
```

图 4-15　runtime/Cargo.toml 代码

4.3 为运行时导入一个 Pallet

Substrate 节点模板提供了一个最小的运行时，可以使用它来快速开始构建自定义区块链。本节将介绍如何添加一个 Nicks Pallet 到节点模板中，读者可按照类似的方式添加其他 Pallet，但是每个 Pallet 在具体配置时会略有差异。

4.3.1　Pallet 和 Frame 的概念

在介绍开始之前，首先介绍两个在前面章节中多次被提及的概念 Pallet 和 Frame。

1．Pallet

Pallet 是 Substrate 中实现特定功能的模块，是运行时的构建块。通过组合多个 Pallet，开发者可以构建出复杂且功能丰富的区块链系统。

Pallet 职责：实现单一职责或一组相关功能（如账户管理、资产管理、治理、智能合约等）。

Pallet 结构：每个 Pallet 通常包括存储定义、调用函数（transaction）、事件和错误处理等。Pallet 可以被独立开发和测试，然后集成到运行时中。

Substrate 提供了许多内置的 Pallet，如 pallet-balances（处理账户余额）、pallet-democracy（处理治理机制）、pallet-staking（处理权益证明机制）等。

2．Frame

Frame 是 Substrate 的核心框架，提供了一套模块化的工具和库，以辅助开发者轻松构建和扩展区块链的运行时。通过使用预构建的 Pallet 和自定义的 Pallet，开发者可以快速实现复杂的区块链功能，并根据需要进行灵活的定制。Frame 使用 Rust 宏来简化 Pallet 的编写。这些宏提供了大量的辅助功能，使得编写和管理代码变得更加高效和易于维护。简单来说，其极大地简化了 Pallet 的编写，并且可以通过组合不同的 Pallet 构成一个运行时。

运行时是 Substrate 区块链中执行区块链业务逻辑的核心部分。它定义了区块链的状态转换函数，也就是用于区块链如何处理交易并更新状态的函数。运行时可以被看作区块链的"操作系统"，它决定了区块链如何运作。它负责定义区块链的存储结构，定义可执行的交易和操作，处理区块验证和交易执行，维护共识算法、经济模型和治理机制。

运行时由多个 Pallet 组成，每个 Pallet 实现了一组特定的功能。所有这些 Pallet 组合在一起构成了完整的运行时。每个 Pallet 定义了特定类型、存储项和函数，以实现运行时的某个特定功能集合。用户可以选择并组合适合应用程序的 Pallet 来组成自定义运行时。图 4-16 形象地展示了运行时与 Pallet 之间的关系。在 Frame 中提供了很多预定义的 Pallet 和自定义的 Pallet，图 4-16 中的运行时选择了 Frame 中的六个 Pallet，共同构成运行时的功能，即 Aura、GRANDPA、Assets、sudo、Collective、Timestamp，它们实现了共识层、给块提供时间戳、管理资产和余额等功能，以及治理和管理资金池等。

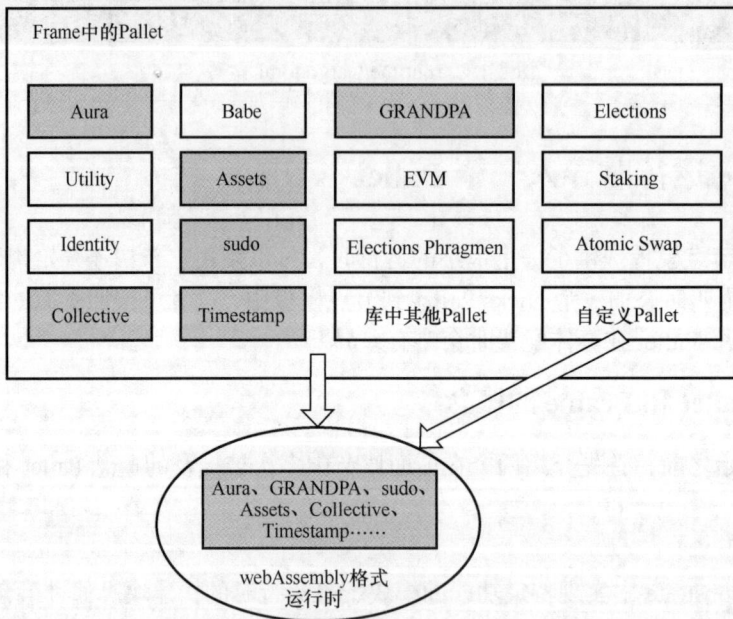

图 4-16　运行时与 Pallet 之间的关系

4.3.2　导入 Nicks Pallet

Nicks Pallet 允许区块链用户支付押金，为他们控制的账户保留昵称，并将昵称控制的账户关联起来。

① set_name：使账户所有者能够设置其账户的名称（如果尚未保留该名称）。

② clear_name：使账户所有者能够删除与账户关联的名称并退还存款。

③ kill_name：在不退还存款的情况下强行删除另一方的账户名称。

④ force_name：无须存款即可为另一方设置账户名称。

在 4.2.5 小节中，读者已经对节点模板的结构有了大体的了解：runtime/Cargo.toml 中引入了构成整个运行时的所有依赖与 Pallet，并且在 runtime/src/lib.rs 中定义对每个 Pallet 的配置与使用。下面将修改 Substrate 节点模板来引入 Nicks Pallet。

1．导入模块依赖

把 pallet-nicks 依赖导入 runtime 下的 Cargo.toml 文件中。使用代码编辑器打开 substrate-node-template/runtime/Cargo.toml 文件，将看到 runtime 的所有依赖组件。

```
[dependencies]
pallet-balances = { version = "4.0.0-dev", default-features = false, git =
"        github.com/paritytech/substrate.git", branch = "polkadot-v0.9.18" }
```

上述代码的作用是从 git 仓库 paritytech/substrate 中找到带有提交分支"poldadot-v0.9.18"的依赖。如果版本和分支错误，项目运行时会遇到问题。注意，由于时间原因，因此读者的版本可能与书中有差异，这是正常现象。

导入模块依赖时需要注意的是确保正确设置依赖里的 features 内容。仔细地浏览 Cargo.toml 文件，则会发现类似以下的内容。

```
[features]
default = ['std']
std = [
'codec/std',
'serde',
'frame-executive/std',
'frame-support/std',
'frame-system/std',
'frame-system-rpc-runtime-api/std',
'pallet-aura/std',
'pallet-balances/std',
//--snip--
]
```

default = ['std']将运行时依赖的 default 特性定义为 std，每个 Pallet 依赖有一个相似的配置来定义该依赖的默认特性。每个依赖的特性则决定了其下游依赖项的特性。这对于使 Substrate 运行时能够编译为支持 Rust std 的本机二进制文件和不支持 Rust std 的 Wasm 二进制文件非常重要（有关 Wasm 二进制文件的内容，可以在第 7 章详细学习）。

要了解 std 和 no_std 特性是如何在运行时代码中实际使用的，可以使用代码编辑器打开 runtime/src/lib.rs 文件，并可查看到如下内容。

```
#![cfg_attr(not(feature = "std"), no_std)]
// construct_runtime!做了很多递归运算，并要求将极限值增加到 256
#![recursion_limit="256"]
// 配置 Wasm 环境生效
#[cfg(feature = "std")]
include!(concat!(env!("OUT_DIR"), "/wasm_binary.rs"));
```

文件头部定义了当不使用 std 特性的时候（即#![cfg_attr(not(feature = "std"), no_std)]），no_std 特性会被启用。

接着，可以看到在 wasm_binary.rs 导入代码行上面的#[cfg(feature = "std")]标志，它表示仅在启用了 std 特性后才能导入 Wasm 二进制文件。

2. 导入 Nicks Pallet

了解了依赖功能的基础之后，接下来导入 Nicks Pallet。

参考 pallet-balances 设置，在 runtime/Cargo.toml 中添加如下内容。

```
[dependencies]
pallet-nicks = { version = "4.0.0-dev", default-features = false, git = "
github.com/paritytech/substrate.git", branch = "polkadot-v0.9.18" }
```

正如前文所说，不同版本的节点模板，在此处导入时需要指定的分支与版本也不一样。具体的来源应该参考 runtime/Cargo.toml 中其他 Pallet 的来源，使其保持一致，否则会造成不必要的依赖问题。导入某个 Pallet 之前，可在对应的分支仓库内先行查询。

同其他的模块一样，Nicks 模块也有 std 特性。将以下代码添加到运行时的 std 功能中。

```
[features]
default = ["std"]
std = [
// --snip--
'pallet-nicks/std',
// --snip--
]
```

如果忘记设置该特性，那么在构建本机二进制文件时将会出现错误。在继续之前，先进入项目目录，执行以下命令检查新依赖项是否正确解析。

```
cargo check -p node-template-runtime
```

4.3.3 设置 Nicks Pallet

每个 Pallet 都有一个用于配置的组件，这个组件是 Rust 语法中的"trait"（特征），叫作 Config。Frame 开发者必须为包含在运行时中的每个 Pallet 实现此特征，以便为 Pallet 提供所需的参数和类型，并确保它能正确与外部运行时环境交互。

例如，在节点模板中包含了一个模板 Pallet，打开 pallets/template/src/lib.rs 文件，可以查看到以下 Config 内容。

```
// 通过指定它所依赖的参数和类型来配置 Pallet
pub trait Config: frame_system::Config {
// 由于此 Pallet 触发事件，因此它取决于运行时对事件的定义
type Event: From<Event<Self>> + IsType<<Self as frame_system::Config>::Event>;
}
```

以上代码通过修改 Config 中的 Event 类型，可以指定 Pallet 触发的事件类型，使其与外部运行时兼容。此外，还可以通过调整 Config 中的参数来控制与 Pallet 交互所需的资源，并限制 Pallet 可能消耗的运行时资源。

例如，查看 pallet_nicks::Config 文件或者 Nicks 源码中特征本身的定义。在 substrate/frame/nicks/src/lib.rs 文件中可以在对应分支的 substrate 仓库中 Frame 部分找到 Nicks 的该文件，内容如下。

```
// 已经在 Nicks Pallet 中包括 Substrate
pub trait Config: frame_system::Config {
// 总体事件类型
```

```
type Event: From<Event<Self>> + IsType<<Self as frame_system::Config>::Event>;

// 当前特征类型
type Currency: ReservableCurrency<Self::AccountId>;

// 预订费用
#[pallet::constant]
type ReservationFee: Get<BalanceOf<Self>>;

// 如何处理削减的资金
type Slashed: OnUnbalanced<NegativeImbalanceOf<Self>>;

// 可以强制设置或删除名称的源。Root 总是可以做到这一点
type ForceOrigin: EnsureOrigin<Self::Origin>;

// 昵称的最小长度
#[pallet::constant]
type MinLength: Get<u32>;

// 昵称的最大长度
#[pallet::constant]
type MaxLength: Get<u32>;
}
```

以上源码中的 Config 包含事件类型兼容性和资源控制与限制。

首先，定义 Pallet 发出的事件类型 Event，并确保其能够与外部运行时的事件系统兼容。这是为了保证 Pallet 的事件能够被正确处理和转发。

其次，定义了 Currency、ReservationFee、Slashed、ForceOrigin、MinLength 和 MaxLength 六个变量控制 Pallet 交互时所需要的资源。

以 Balances Pallet 为例来帮助理解如何在运行时中实现 Nicks Pallet 的 Config。具体实现由两部分组成：定义常量值的 parameter_types!块和实现 Config 的 impl 块。

在 runtime/src/lib.rs 文件中，以下代码是有关 Balances Pallet 的部分。

```
// 已经在 Balances 模板中
: parameter_types! {
// u128 类型的常量值 500 被命名别名为 ExistentialDeposit
pub const ExistentialDeposit: u128 = 500;
// 一种用于权重估计的启发式方法
pub const MaxLocks: u32 = 50;
}
impl pallet_balances::Config for Runtime {
// 前面定义的 parameter_type 用作配置参数
type MaxLocks = MaxLocks;

// 出现在等号之后的 Balance 是 u128 类型的别名
type Balance = Balance;

// 空值() 用于指定无操作回调函数
type DustRemoval = ();

// 前面定义的 parameter_type 用作配置参数
```

```
    type ExistentialDeposit = ExistentialDeposit;

    // Frame 运行时系统用于跟踪持有余额的账户
    type AccountStore = System;

    // 权重信息由节点模板的运行时提供给 Balances Pallet
    // type WeightInfo = (); // 旧的实现方法
    type WeightInfo = pallet_balances::weights::SubstrateWeight<Runtime>;

    // 泛在事件类型
    type Event = Event; }
```

impl Pallet_balances::Config 块允许其运行时中包含 Balances Pallet，必须通过配置指定的类型和参数来实现 Balances Pallet 的 Config。例如，上面的 impl 块配置了 Balances Pallet 使用 u128 类型来跟踪余额。

了解了 Config 背后的目的以及如何在运行时实现某个 Pallet 的 Config 之后，先在运行时中为 Nicks Pallet 实现 Config。通过以下代码将 Nicks Pallet 添加到运行时中。

在 runtime/src/lib.rs 文件中添加以下代码。

```
// 添加代码块到 Nicks 模板中
parameter_types! {
// 选择一个能激励有利行为的费用
pub const NickReservationFee: u128 = 100;
pub const MinNickLength: u32 = 8;
// 存储的最大边界对于确保链的安全非常重要
pub const MaxNickLength: u32 = 32;
}
impl pallet_nicks::Config for Runtime {
// Balances Pallet 实现了 ReservableCurrency 特征
// Balances 在 construct_runtimes! 宏中被定义了
type Currency = Balances;

type ReservationFee = NickReservationFee;

// 当押金被没收时，不采取任何行动
type Slashed = ();

// 将 Frame 系统 Root 源配置为 Nick Pallet 管理员
type ForceOrigin = frame_system::EnsureRoot<AccountId>;

type MinLength = MinNickLength;

type MaxLength = MaxNickLength;

// 泛在事件类型
type Event = Event;
}
```

接下来，将 Nicks Pallet 添加到 construct_runtime! 宏（construct_runtime! 宏通过将各个 pallet 的模块、存储、事件、调用等整合在一起，使得它们能够作为一个统一的运行时在区块链上运行）中。为此，需要确定 Pallet 公开的类型，以便可以告诉运行时它们存在。

仔细查看 Nicks Pallet，它包括以下四种类型。

① 存储模块：它使用#[pallet::storage]宏。

② 事件模块：它使用#[pallet::event]宏。可以注意到，在 Nicks Pallet 的情况下，Event 关键字是针对类型 T 进行参数化的；这是因为 Nicks Pallet 定义的事件中至少有一个取决于使用 Config 配置的类型。

③ 回调函数：它在#[pallet::call]宏中有可分派的函数。

④ 来自#[pallet::pallet]宏的 Pallet。

因此，当添加 Pallet 时，需要 Pallet、Call、Storage、Event 这四个运行时类型在 runtime/src/lib.rs 的 construct_runtime!宏中增加以下内容。

```
construct_runtime!(
pub enum Runtime where
Block = Block,
NodeBlock = opaque::Block,
UncheckedExtrinsic = UncheckedExtrinsic
{
/* --snip-- */
Balances: pallet_balances::{Pallet, Call, Storage, Config<T>, Event<T>},
/*** 添加这一行 ***/
Nicks: pallet_nicks::{Pallet, Call, Storage, Event<T>},
}
);
```

请注意，并非所有 Pallet 都会暴露所有这些公开类型，有些可能会暴露更多或更少。用户应该查看 Pallet 的文档或源代码以确定需要公开哪些类型。

4.3.4　与 Nicks Pallet 交互

1．启动后端

编译并运行导入 Nicks Pallet 的节点。进入节点目录之后，用以下命令以发布模式编译节点。

```
cargo build --release
```

如果构建失败，请参考前面章节，并确保正确执行了所有步骤。构建成功后，可以启动节点。

```
// 在开发者模式下运行一个临时节点
./target/release/node-template --dev --tmp
```

2．启动前端

使用前端模板来支持与节点模板之间的交互。在 substrate-front-end-template 项目根目录下运行如下命令。

```
yarn start
```

3．使用 Nicks Pallet

首先，在前端模板中使用账号选择器选择 Alice 的账号，然后使用 Pallet Interactor 组件调用 Nicks Pallet 中的 setName 函数来设置昵称。我们可以为其选择任何一个名字，只要它的长度不短于 MinNickLength，也不长于 MaxNickLength。（这些参数是在之前的步骤中配置的）。如图 4-17 所示，在此设置为"SUBSTRATE DEVS ROCK!!!"，并使用签名按钮执行该功能。设置昵称后，可以看到前端模板报告的 setName 函数执行状态，以及由 Nicks Pallet 和其他 Pallet 产生的事件。

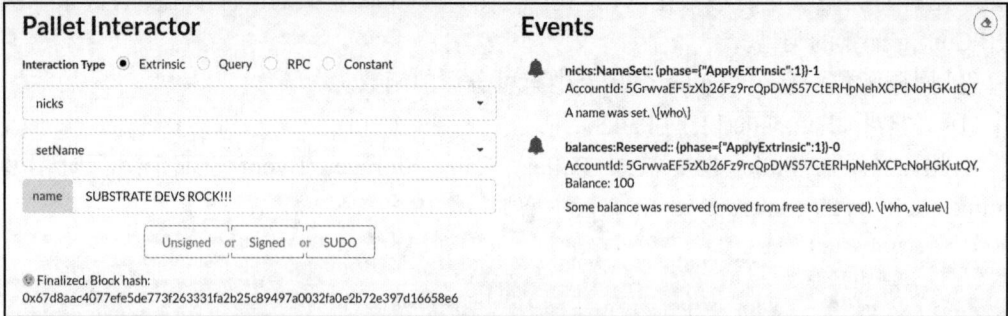

图 4-17　setName 函数调用

接下来，使用 Pallet Interactor 的 Query 功能从 Nicks Pallet 的存储中读取 Alice 昵称的值。如图 4-18 所示，当输入的 AccountId 为 Alice 的 ID 时，返回类型是一个包含两个值的元组：Alice 的昵称（以十六进制编码）和从 Alice 的账号中保留的资金金额。

但是如果查询 Bob 的昵称，返回的是 None 值，如图 4-19 所示。这是因为 Bob 没有调用 setName 且没有为昵称保留资金。

图 4-18　查询 Alice 的昵称

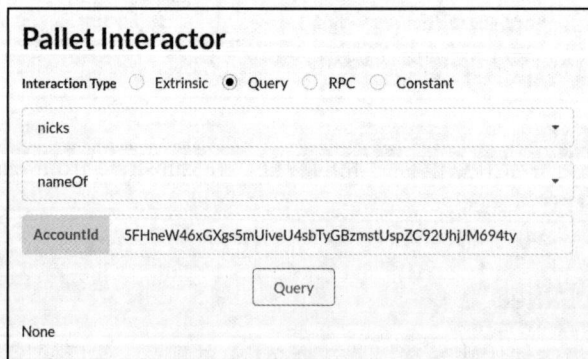

图 4-19　查询 Bob 的昵称

如图 4-20 所示，使用 Signed 按钮调用 killName 函数，并使用 Bob 的账户 ID 作为参数。从图 4-20 可以看出，即使成功地调度了函数调用，也会发生一个 BadOrigin 错误，并且在

Events 栏目中可见。BadOrigin 错误意味着操作请求的来源不对。

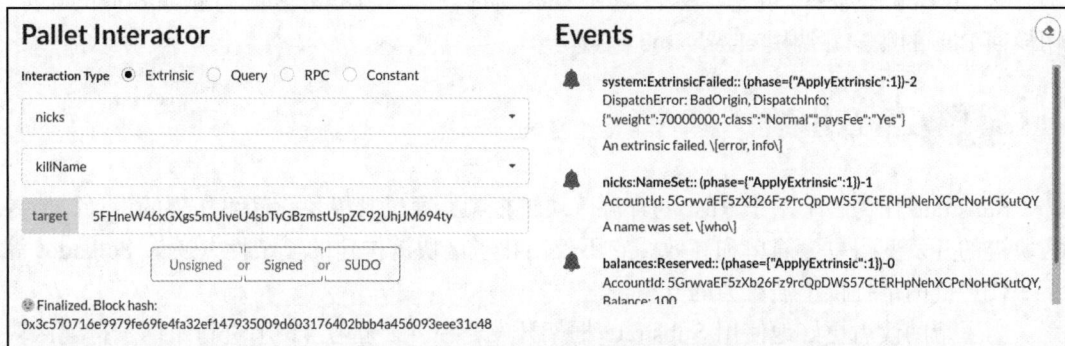

图 4-20　使用 Signed 按钮调用 killName 函数的效果

这是因为 killName 函数必须由 Nicks Pallet 的 Config 中配置的 ForceOrigin 调用，并且在运行时中将其配置为 Frame 系统的 Root origin。然而，使用 Signed 按钮调用意味着是以 Alice 的账号签名调用的，而不是以 Root origin 调用的，因此发生了 BadOrigin 错误。

同时，由于节点的链规范文件中将 Sudo Pallet 配置为允许 Alice 访问这个 Root origin，并且前端模板提供了一个 SUDO 按钮，因此使用 Sudo Pallet 从 Root origin 调用函数变得容易——只需要使用 SUDO 按钮来调用可分派对象。

Alice 可以使用 SUDO 按钮调用 killName 函数，强行清除与实际具有关联昵称的任何账户（包括她自己的）关联的昵称。但是，如果使用 Bob 账户 ID 作为参数，使用 SUDO 按钮调用 KillName 函数。Sudo Pallet 发出 Sudid 事件通知网络参与者 Root origin 调度了一个调用，如图 4-21 所示。可以注意到内部调度失败并出现 DispatchError（Sudo Pallet 的 sudo 函数是"外部"调度）。

具体来说，这个错误是 DispatchError::Module 的一种实例，报告了两个元数据：一个索引号和一个错误号。索引号与产生错误的 Pallet 对应，表示该 Pallet 在 construct_runtime! 宏中的位置。错误号与该 Pallet 的 Error 枚举中的相关变体的索引相对应。在图 4-21 中，索引为 9（第十个模块），错误为 2（第三个错误）。代表 Nicks Pallet 的 Error 枚举中的第三个变体，即 Unnamed 变体。这意味着 Bob 还没有为昵称保留资金，所以无法清除。

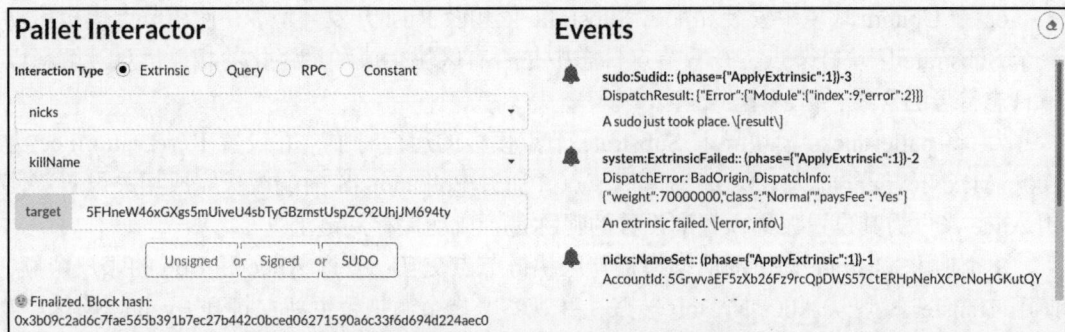

图 4-21　SUDO 按钮调用 killName 函数效果

读者可以尝试做以下这些操作来观察会发生什么，以探索 Nicks Pallet 的更多功能。
① 添加一个短于 MinNickLength 或长于 Nick Pallet 的 Config 配置的 MaxNickLength

的昵称。

② 给 Bob 添加一个昵称，然后使用 Alice 的账户和 SUDO 按钮强行删除 Bob 的昵称。切换回 Bob 的账户并调用 clearName 函数。

4.4 本章小结

Substrate 作为一个基于 Rust 的开源区块链框架，通过其模块化和可扩展的设计，使得区块链的开发变得更为简单和高效。它不仅简化了区块链构建的复杂性，还为 Polkadot 等下一代多链网络提供了强有力的支持。

为了帮助读者更好地使用 Substrate 框架开发，在 4.2 节与 4.3 节进行了两个构建区块链的操作：首先，使用 Substrate Node Template 快速启动区块链；其次，Substrate Frame 允许开发者在框架的基础上创建自定义的运行时，通过添加或修改 Pallet 来实现链的特定业务逻辑。除此之外，在 4.2 节介绍了多种和区块链节点交互的方式，读者可以根据业务需求选择合适的方式。

通过对本章内容的学习，读者应能够清晰地理解 Substrate 的架构及其开发流程，为未来的区块链项目奠定坚实的基础。

4.5 习题

1. 简述 Substrate 的核心架构和核心客户端在运行时的主要功能以及区别。

2. 比较 Substrate 的三种开发方式（节点模板、Substrate Frame、Substrate Core）的优缺点，并简述它们分别适合哪些开发场景。

3. 为什么 Substrate 采用模块化设计？简述其优势并举例说明模块（如 pallet-balances 或 pallet-sudo）在区块链中的作用。

4. Substrate 的运行时编译为 WebAssembly（Wasm）字节码有什么好处？它对区块链的升级及其兼容性有哪些影响？

5. 为什么说运行时是 Substrate 区块链的"操作系统"？它的设计对于扩展区块链功能有什么帮助？

6. 在 Ubuntu 环境中安装和配置 Substrate 依赖及 Rust 开发环境，并使用节点模板启动一个 Substrate 区块链节点，查看节点日志中是否有区块生成和最终化的相关信息。解释以下日志符号的含义：👌、🖥:✨、🏷️。

7. 将 pallet-nicks 模块导入 Substrate 节点模板的运行时中，并设置 ReservationFee 为 100、MaxNickLength 为 32。编译运行节点并通过 Polkadot-JS 前端模板完成相关设置：使用 Alice 账户为其设置昵称；查询设置的昵称是否成功保存到链上。

8. 使用 Substrate 提供的前端模板与区块链节点交互：查询 Alice 和 Bob 的账户余额；使用 Transfer 模块从 Alice 向 Bob 转账，并观察账户余额是否更新；打开 Events 模块，描述记录的转账事件的结构和内容。

第5章 账户地址与共识机制

第 4 章介绍了 Substrate 的框架结构，并且进行了简单的实战。本章将深入讲解 Substrate 框架的核心概念及基本原理，包括必要的密码学基础、账户、交易池、共识等。

5.1 密码学基础

密码学提供了共识系统、数据完整性和用户安全性背后的数学可验证性。对于开发者来说，有必要了解密码学的基础知识。本节将对 Substrate 中所涉及的密码学知识进行概述。

5.1.1 加密算法

加密算法是一种数学计算方法，用于将信息转换为一种难以理解或解读的形式，从而保护信息的安全性和隐私性。加密算法通常涉及使用密钥（key）来进行加密和解密操作。

使用加密算法包括两个步骤：加密与解密。加密（encryption）：将明文（原始数据）转换为密文（加密后的数据），通常使用密钥进行加密操作。解密（decryption）：将密文恢复为明文的过程，同样需要正确的密钥来进行解密。

加密算法可以分为对称加密和非对称加密两类。

1．对称加密

对称加密是一种简单且古老的加密方式，使用相同的密钥来加密和解密数据。这意味着发送方和接收方必须事先共享同一个密钥，这个密钥用于保护数据的安全性。对称加密非常高效，处理速度快，因此在诸如 Web2 和 Web3 应用程序等环境中被广泛使用。然而，密钥的安全共享是它的一个挑战，因为一旦密钥泄露，整个通信的机密性可能会受到威胁。

2．非对称加密

非对称加密则是一种更复杂和安全的加密方法，也是 Substrate 框架中多处使用到的加密算法。它使用两个相关但不同的密钥：公钥和私钥。公钥可以公开分发，任何人都可以使用它来加密消息，但只有对应的私钥持有者才能解密消息。为了帮助读者理解，图 5-1 形象地展示了非对称加密算法的使用过程，并假设 Alice 给 Bob 发送一段密文。

Alice 首先获取 Bob 的公钥。Alice 使用 Bob 的公钥对明文消息进行加密。这个使用公钥对明文进行操作的过程称为加密。

Bob 收到了 Alice 发送的密文。由于 Bob 拥有与其公钥配对的私钥，他可以使用自己的私钥来解密这条密文，而网络中的其他人虽然也会收到 Alice 发送的密文，但是由于其没有密文中公钥对应的私钥，因此无法解密。这个使用私钥对密文进行操作的过程称为解密。

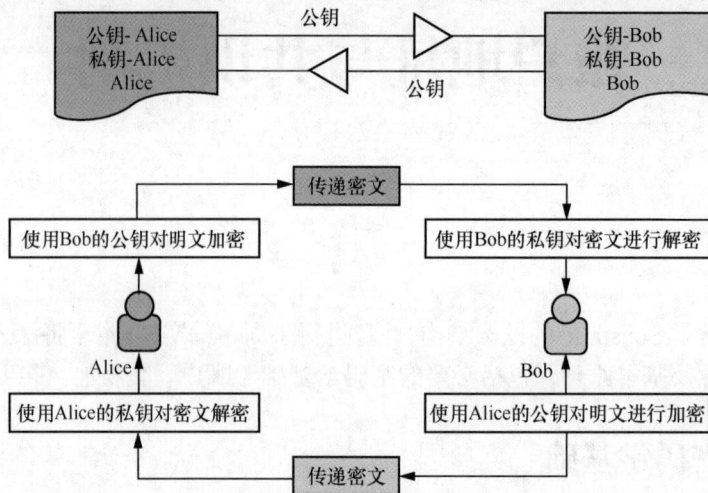

图 5-1　非对称加密算法的使用过程

　　非对称加密广泛应用于数字签名和加密通信中，因为它提供了更强的安全性保障，避免了传统对称加密中密钥分发的问题。在实际应用中，通常会使用混合加密系统，结合对称和非对称加密的优势。这种方法通常是通过使用非对称加密来安全地交换对称加密密钥，然后使用对称加密算法对实际数据进行加密。这种组合既能够保证数据的机密性和完整性，又能够提供高效的数据处理速度。

　　数字签名是使用非对称密钥验证文档或消息真实性的一种方式。它们用于确保发送方/签名者的文档或消息在传输过程中没有被篡改，并且用于接收方验证所收到的数据是否准确，且来自预期的发送方。

　　想象一个例子——在签署支票时，人们期望支票不能被多次兑现，这不是签名系统的特性，而是支票序列化系统的特性，银行会检查支票上的序列号是否已经被使用。数字签名基本上结合了这两个概念，允许签名本身通过唯一的加密指纹提供序列化，并且这个指纹无法复制。与笔和纸签名不同，一个数字签名的信息不能用于创建其他签名。数字签名通常用于行政流程，因为它们比简单地扫描签名并将其粘贴到文档上更安全。

　　图 5-2 描述了数字签名过程。假设 Alice 想要向 Bob 发送一份重要文件，同时希望确保文件在传输过程中不被篡改，并验证接收方确实是 Bob。

　　① Alice 把原文进行散列运算，得到数字摘要。Alice 用自己的私钥，采用非对称加密算法，对数字摘要进行加密，得到数字签名。

　　② Alice 将数字签名、原文和自己的公钥整合在一起，并通过对称加密算法进行加密，形成完整的加密消息。同时，使用 Bob 的公钥对对称加密算法的密钥进行加密，形成信封。

　　③ Alice 把加密信息和信封一起发给 Bob。

　　④ Bob 收到数字信息，用自己的私钥解密信封，拿到对称加密算法的密钥。接着使用对称密钥将加密信息解密，得到信息原文和数字签名及 Alice 的公钥。

　　⑤ Bob 用 Alice 的公钥解密数字签名，得到数字摘要 1。Bob 将原文用同样的散列算法解密，得到数字摘要 2。

⑥ 数字摘要 1 与数字摘要 2 对比，如果相等，则原文没有被修改，签名是真实的。

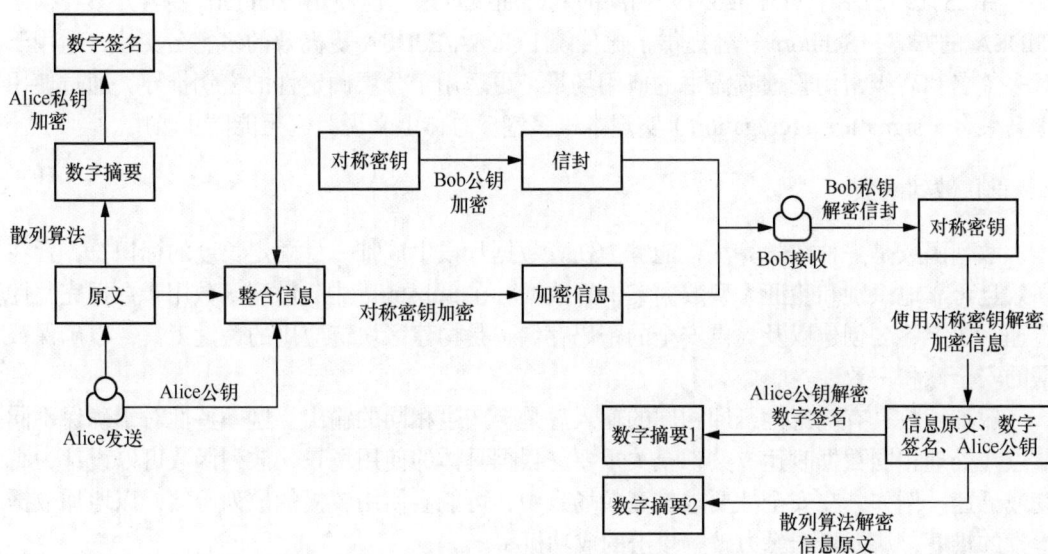

图 5-2 数字签名过程

通过这个例子，可以看到数字签名技术如何确保文件的完整性和验证发送方身份的真实性。这样，在网络传输过程中，即使有人拦截了文件和签名，他们也无法伪造有效的数字签名，因为只有私钥持有者才能生成有效的签名。这种方法使得数字签名在保护数据安全和确保身份认证方面具有重要作用。它的作用跟手写签名其实是一样的，用来证明某个消息或者文件是本人发出/认同的，利用公钥加密系统保证不可伪造和不可抵赖两个特性。

① 不可伪造。其他人因为没有对应的私钥，没法生成公钥可以解密的密文，所以是不可伪造的。

② 不可抵赖。因为公钥对应的私钥只有一个，所以只要能成功解密，那么发消息的一定是你，不会是其他人，所以是不可抵赖的。

5.1.2 Substrate 中的密码学

Substrate 中使用公钥加密技术实现了一个健壮的认证系统。它提供了多种加密算法和签名方案，以支持任何实现 Pair trait（Pair trait 指的是 Rust 用于实现一对密钥的 trait）的库。

1．常见的签名算法

（1）ECDSA

ECDSA 是一种基于椭圆曲线的数字签名算法，在加密货币和区块链技术中被广泛用于生成和验证数字签名。在 Substrate 中，ECDSA 使用 Secp256k1 曲线，用于生成和验证交易签名。

（2）Ed25519

Ed25519 是一种基于 Curve25519 椭圆曲线的数字签名算法，属于 EdDSA（edwards-curve digital signature algorithm）系列。它在 Substrate 中被广泛使用，用于生成和验证签名，并支持密钥对的操作。

（3）SR25519

SR25519 是基于与 Ed25519 相同的基础曲线算法，但使用 Schnorr 签名方案替换了 EdDSA 的方案。Schnorr 签名提供了比传统 ECDSA/EdDSA 更高效的多签名支持，适用于对多签名和高级密钥管理有需求的应用场景，更适用于分层确定性的密钥推导，通过使用签名聚合（signature aggregation）实现本机多签。总体上来说，它更能防止滥用。

2．散列函数

散列函数是一种数学算法，能够为任意数据片段生成唯一且固定长度的标识符，旨在高效且可靠地识别和验证大型数据集中的数据。在 Substrate 中，散列函数用于数据完整性验证、数字签名创建以及提供安全的密码存储，是构建区块链应用的关键工具，以确保数据的安全性和一致性。

散列函数具有确定性，即相同的输入总是会产生相同的输出。这一特性对于确保不同节点在处理相同数据时达成共识至关重要。根据具体的使用场景，散列函数可以设计为高速或低速。例如，在安全性要求较高的场景中，可能会使用较慢的散列函数，以增加数据检索的难度，从而降低暴力破解攻击的成功概率。

散列算法主要可以根据两种方式进行分类：是否具备密码学安全性，以及输出是否具有透明性。

（1）密码学安全性

密码学安全的散列算法具有防篡改和抗碰撞等安全特性。它们能够确保即使对输入进行微小更改，也会产生完全不同的输出，并且很难从输出推测输入内容。

密码学安全的散列算法通过使用密码学减少用户输入对输出结果的控制，以确保输出结果的广泛分布。举例来说，即使输入数据仅是出自简单的数字范围（如 1～10），散列算法也能生成分布均匀的输出。这种特性在用户希望控制存储 map 键的场景中尤为重要。如果不使用加密散列算法，存储结构可能变得不均衡，从而暴露出潜在的攻击面。攻击者可能会利用这一点来降低区块链网络的性能。

例如，在存储用户余额的场景中（存储结构是一个类似于<账户地址,余额>的 map），使用密码学安全的散列算法可以有效防止存储结构的不平衡。如果不使用，攻击者可以利用非密码学安全的散列算法生成预测性输出，通过向多个连续账户进行小额转账来尝试攻击系统。这种情况可能导致存储 map 的键分布不均，形成攻击者可利用的模式，从而影响系统的性能和安全性。

具体而言，非密码学安全的散列算法可能会产生容易预测的或集中在某些区域的散列值，这使得攻击者可以通过选择特定的输入数据模式来利用这些散列值的特性。这种攻击方式可以导致存储系统的"热点"现象，即某些存储位置被过度使用，而其他位置则闲置，从而影响系统的整体效率和响应速度。相比之下，密码学散列算法具有更强的安全性和随机性，能够确保输入数据被映射到均匀分布的输出值。这种特性使得存储结构更加平衡，减少了攻击者利用散列值预测或生成特定模式的可能性，从而提高了系统的安全性。然而，加密散列算法的复杂性和计算开销较大，这可能会增加系统的资源消耗。因此，Substrate 允许开发者根据具体应用的需求，灵活选择是否使用加密散列算法，以平衡性能与安全性之间的需求。

（2）透明性

透明散列算法指的是那些散列过程和输出具有较高的可预测性和可解释性的算法。

a. 透明输出：输出结果易于与输入数据建立直接关系，不具备密码学强度的算法。

b. 不透明输出：输出结果难以从输入数据中推断出来，具有更强的密码学保护。

透明散列算法用于简单地挖掘和验证输入内容与给定输出结果的关系。Substrate 通过连接算法的输入与输出，实现了散列算法的透明化。这意味着用户可以轻松获取映射键对应的未经散列计算的原始数据，并重新进行散列验证。但是 Substrate 的核心开发者在基于 Frame 的运行时中，已经废弃了不透明散列算法的使用。

表 5-1 中列出了 Substrate 中常见的散列算法，并指出了哪些是密码学安全的和透明的。

表 5-1　Substrate 中常见的散列算法

Hasher	是否密码学安全	是否透明
Blake2 128 Concat	是	是
TwoX 64 Concat	否	是
Identity	否	是

注：在 Rust 中，封装散列计算逻辑的对象被称为"Hasher"。

Blake2 是一个基于密码学的散列函数，具有高速和安全的特点（正如论文"BLAKE2: simpler, smaller, fast as MD5"中提到的一样）。它生成固定长度的散列值，且这些值不可预测，因此适合需要高安全性的数据存储和处理场景。在 Substrate 中，Blake2 128 Concat 作为 Blake2 的一种具体实现，既是密码学安全的，也提供了透明的输出（即输出中包含原始输入）。它常用于需要保护数据完整性和防止恶意攻击的场景，比如存储用户余额或敏感数据。

TwoX 64 Concat 是 xxHash 算法的一种实现，主要特点是极快的计算速度。然而，并不提供密码学安全性，意味着它容易受到用户输入的影响。尽管如此，由于生成的输出是透明的，因此将允许轻松验证原始输入。它适用于输入由开发者控制且外部无法操纵的场景，如生成运行时存储值的主键。

Identity 并不对输入数据进行实际的散列处理，而是直接返回输入值本身。因此，它是完全透明的。它适用于输入已经经过加密处理，且需要保持原始值的场景。

5.2　账户、地址与密钥

在密码学和区块链领域，特别是在以太坊和类似的区块链系统中，经常会涉及三个重要的概念：账户、地址和密钥。在 Substrate 区块链框架中同样存在类似的概念，本节会详细解释这些概念。

5.2.1　账户与地址结构

一个账户在区块链中代表一个身份，通常用于个人或组织，但不限于此。账户可以执行操作，既可以代表用户或实体，也可以自主执行。此外，个人或实体可以拥有多个账户以满足不同需求。

每个账户通常都有一个拥有者，其拥有一对公私钥。私钥由一串随机生成的数字组成，具有密码学安全性。为了便于记忆和恢复，私钥可以生成一个称为秘密种子短语或助记符的随机单词序列。该种子短语非常重要，因为它可以在私钥丢失时恢复账户访问权限。

在大多数区块链网络中，账户的公钥通常作为唯一标识，用于交易目标地址。然而，基于 Substrate 的区块链略有不同，它通过底层公钥派生一个或多个公共地址。Substrate 提供了灵活性，允许为一个账户生成多个地址，并支持不同的地址格式，而不是直接使用公钥作为唯一标识。

在 Substrate 链中，地址是账户的标识符，通常通过对账户的公钥进行散列处理得到。 在 Substrate 中，地址用于识别账户在区块链网络中的位置，作为接收资产和参与交易的目标。地址是公共的，可以在区块链上公开展示，而与之对应的私钥则是保密的，只有账户的所有者知道。

同时，值得注意的是，一个账户可以生成多个地址和不同的地址格式。通过从单个公钥派生多个地址，一个账户可以与多个不同的 Substrate 链进行交互，而无须为每个网络创建单独的公私钥对。

例如，在表 5-2 中列出了 Alice 账户的公钥 0xd43593c715fdd31c61141abd04a99fd6822c8558854ccde39a5684e7a56da27d 在不同链上的地址，在 Polkadot 链上的地址是 15oF4uVJwmo4TdGW7VfQxNLavjCXviqxT9S1MgbjMNHr6Sp5，在 Kusama 链上的地址则是 HNZata7iMYWmk5RvZRTiAsSDhV8366zq2YGb3tLH5Upf74F，5GrwvaEF5zXb26Fz9rcQpDWS57CtERHpNehXCPcNoHGKutQY 则是在本地启动链上的地址。

表 5-2　不同链中地址

链地址类型	地址
Polkadot（SS58）	15oF4uVJwmo4TdGW7VfQxNLavjCXviqxT9S1MgbjMNHr6Sp5
Kusama（SS58）	HNZata7iMYWmk5RvZRTiAsSDhV8366zq2YGb3tLH5Upf74F
Generic Substrate Chain（SS58）	5GrwvaEF5zXb26Fz9rcQpDWS57CtERHpNehXCPcNoHGKutQY

每个基于 Substrate 的区块链都可以注册自定义前缀以创建特定于网络的地址类型。例如，所有 Polkadot 链上的地址都以 1 开头，而 Kusama 链上的地址则都以大写字母开头。

在 Substrate 的 Frame 系统中，账户不仅仅是公钥和私钥对，还包含了与账户相关的多种信息和状态。账户的数据结构如图 5-3 所示，这些信息和状态通过 Account 数据结构来存储和管理。

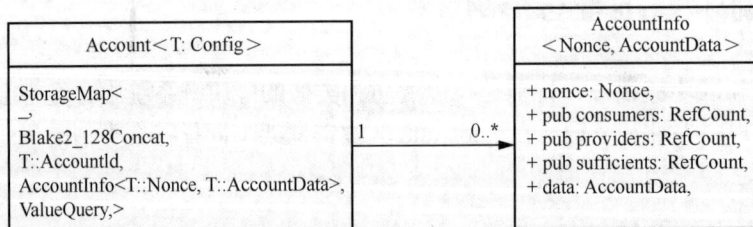

图 5-3　账户的数据结构

在 frame-system pallet 的源码中可以查看到图 5-3 中具体的数据结构（Account 和 AccountInfo）的实现。

```
// 特定账户 ID 的完整账户信息
#[pallet::storage]
#[pallet::getter(fn account)]
pub type Account<T: Config> = StorageMap<
    // 指定了用于生成 StorageMap 键的散列算法
```

```
    Blake2_128Concat,
    // 账户的唯一标识符, 通常由公钥派生而来
    T::AccountId,
    // 存储与账户关联的所有相关信息的结构体
    AccountInfo<T::Nonce, T::AccountData>,
    ValueQuery,
>;

#[derive(Clone, Eq, PartialEq, Default, RuntimeDebug, Encode, Decode)]
pub struct AccountInfo<Nonce, AccountData> {
    // 该账户发送的交易数量
    pub nonce: Nonce,
    // 当前依赖于此账户存在的其他模块数量。只有在此计数为 0 时, 账户才能被删除
    pub consumers: RefCount,
    // 允许此账户存在的其他模块数量。只当此计数和 sufficients 计数都为 0 时, 账户才能被删除
    pub providers: RefCount,
    // 仅允许某些模块为其自身目的存在的账户数量。只有当此计数和 providers 计数都为 0 时, 账户才能被删除
    pub sufficients: RefCount,
    // 属于此账户的附加数据, 用于存储账户余额等信息
    pub data: AccountData,
}
```

代码中 RefCount 用于跟踪账户依赖关系的引用计数器。在账户控制的数据未被清理之前, 这些计数器确保账户不会被误删除。

消费者(consumers)引用计数器与提供者(providers)引用计数器可以配合使用。当账户创建且存款超过最低限额时, providers 计数器递增, 以保证账户在被依赖时不会被删除。在账户被其他模块使用时(如设置会话密钥), consumers 计数器递增。递增操作要求 providers 计数器大于 0。这两个计数器协同工作, 以确保在账户数据未被清理时, 账户不会被删除。要删除账户并取回存款, 用户必须先清除所有相关数据。

当 consumers 和 providers 计数器都归零时, 账户被标记为停用。sufficients 计数器用于判断账户是否能独立存在。某些情况下, 账户即使没有原生余额也可以存在。引用计数器确保了在所有 Pallet 中删除与账户相关的数据之前不能删除账户, 这使得用户对链上存储的数据负有责任。

frame-system pallet 还提供清理功能来减少引用计数器, 以在 Pallet 管理的范围内标记账户为停用。当账户引用计数器为 0 且消费者引用计数器也为 0 时, 账户被所有链上 Pallet 视为已停用。开发者可以使用 Pallet 提供的增减方法来管理计数器, 并通过查询函数简化计数器的使用。这些机制确保账户管理的安全性和数据完整性, 例如, 使用 inc_consumers()、dec_consumers()、inc_providers()、dec_providers()、inc_sufficients()、dec_sufficients() 等方法来更新这些计数器。

5.2.2　账户类型与密钥

在 Substrate 中, 账户体系设计极具灵活性, 支持多种账户功能, 以满足不同需求和安全要求。以下是一些常见的账户类型及其用途。

① 普通账户(regular account): 主要用于接收和发送资金, 执行智能合约等基本操作。

② 验证者账户(validator account): 这些账户用于参与共识机制, 负责打包区块和维

护网络的安全性。

③ 提名者账户（nominator account）：提名者通过经济抵押向验证者委托资金，以增加其在共识过程中的影响力并获得奖励。

此外，Substrate 还支持特定账户功能和安全策略的实施。

① 多重签名账户（multisig account）：允许多个账户所有者共同批准交易，为资金安全提供额外保障。

② 代理账户（proxy account）：由主账户指定，代表其执行特定操作。代理账户的权限和类型可以灵活配置，以满足不同场景的需求。

③ 匿名代理账户（anonymous proxy account）：一种不需要私钥的特殊代理账户，允许委托权限而无须直接访问主账户的私钥。

这些账户类型和功能的具体实现，可以通过 Substrate 提供的框架和模块进行定制和扩展，以满足不同区块链的需求和安全策略。

为了增强资金安全性，Substrate 的 staking pallet 引入了一种抽象账户体系，特别适用于持有大量资金的验证者和提名者。这一体系将账户分为多个层次，以实现更高的安全性和灵活性。具体来说，这个体系包括以下账户类型和密钥。

① 隐匿账户（stash account）：该账户类似于储蓄账户，用于长期保存大量资金，相当于储蓄账户。隐匿密钥（stash key）是隐匿账户的公钥/私钥对，主要用于存放资金，减少频繁交易的风险。其私钥通常存放在冷存储设备中，以最大限度减少风险。

② 控制账户（control account）：控制账户与隐匿账户关联，用于管理隐匿账户的操作，如设置支付偏好、调整验证者配置和管理奖励分配。控制密钥（control key）是控制账户的公钥/私钥对，通常仅持有少量资金用于支付交易费用。在 Substrate 的 NPOS 模型中，控制密钥还会用于管理验证者和提名者的行为。

③ 会话账户（session account）：会话账户用于网络操作中的"热"密钥，专门用于签署与共识相关的消息。会话密钥（session key）是会话账户的公钥/私钥对，这些密钥不直接控制资金，仅用于与共识过程相关的操作，并应定期更换以提高安全性。Substrate 的默认节点使用三种会话密钥：BABE、GRANDPA 和 I'm Online。这些密钥在逻辑上独立，各自执行不同的服务，并通过 Rust 的强类型系统进行封装，以防止误操作和安全漏洞。

不同的会话密钥在服务逻辑上独立运作，以确保它们仅用于预期情况。Substrate 通过 Rust 的强类型系统封装了这些密钥类型，以防止误操作和安全漏洞。

5.3 SS58 地址规范

在默认情况下，与账户的公钥关联的地址使用 Substrate SS58 地址格式。本节将对 SS58 地址规范进行说明。

5.3.1 Subkey

Subkey 程序是包含在 Substrate 存储库中的密钥生成和管理实用程序。使用该程序可以执行以下任务：生成并检查加密安全的公钥和私钥对；从秘密短语和原始种子中恢复密钥；对邮件上的签名进行验证；对编码事务的签名进行验证；派生分层确定性子键对。

1. 安装 Subkey

首先，需要确保已经具有 Rust 编译器和工具链。操作过程如下。

```
// 复制 Substrate 仓库
git clone         github.com/paritytech/polkadot-sdk.git

cd substrate
// 使用 nightly 工具链编译 Subkey 程序
cargo +nightly build --package subkey -release
// 验证程序是否已准备好使用，并查看有关可用选项的信息
./target/release/subkey --help
```

2. 使用 Subkey

安装完成之后，就可以使用 Subkey 程序的子项来生成公钥和私钥以及账户地址。执行以下命令生成使用 SR25519 签名方案的新密钥对，当然也可以选择一些子选项来限制输出。

```
subkey generate
```

该命令显示类似于以下的输出内容，其中包含 12 个单词的秘密短语。

```
Secret phrase:          bread tongue spell stadium clean grief coin rent spend total
practice document
Secret seed:            0xd5836897dc77e6c87e5cc268abaaa9c661bcf19aea9f0f50a1e149d2
1ce31eb7
Public key (hex):       0xb6a8b4b6bf796991065035093d3265e314c3fe89e75ccb623985e57b
0c2e0c30
Account ID:             0xb6a8b4b6bf796991065035093d3265e314c3fe89e75ccb623985e57b
0c2e0c30
Public key (SS58):      5GCCgshTQCfGkXy6kAkFDW1TZXAdsbCNZJ9Uz2c7ViBnwcVg
SS58 Address:           5GCCgshTQCfGkXy6kAkFDW1TZXAdsbCNZJ9Uz2c7ViBnwcVg
```

子项的输出信息解释如下。

① Secret phrase（秘密短语）：以人性化的方式对密钥进行编码的一系列英语单词。如果以正确的顺序提供正确的单词集，则这一系列单词（也称为助记词）可用于恢复密钥。

② Secret seed（秘密种子）：还原密钥对所需的最少信息。秘密种子有时也称为私钥或原始种子。所有其他信息都是根据此值计算得出的。

③ Public key(hex)［公钥（十六进制）］：十六进制格式的加密密钥对的公共部分。

④ Account ID（账户 ID）：十六进制格式的公钥别名。

⑤ Public key(SS58)［公钥（SS58）］：SS58 编码中加密密钥对的公共部分。

⑥ SS58 Address（SS58 地址）：基于公钥的 SS58 编码的公共地址。

该程序对与公钥/私钥对关联的地址进行编码，具体取决于使用它的网络所需的格式。如果要在 Kusama 和 Polkadot 网络上使用相同的私钥，可以使用--network，该选项为 Kusama 和 Polkadot 网络生成单独的地址格式。

此时公钥是相同的，但地址格式是特定于网络的（这一点请参考 5.2.1 小节内容）。要为特定网络生成密钥对，请运行类似于以下的命令。

```
subkey generate --network picasso
```

该命令显示与输出相同的字段，但使用用户指定的网络地址格式。

要生成使用 ed25519 签名方案和 moonriver 24 字网络秘密短语的更安全的密钥对，请执行以下命令。

```
subkey generate --scheme ed25519 --words 24 --network moonriver
```

在生成需要密码的密钥后，可以通过在命令行中添加--password 选项和密码字符串，或者在秘密短语末尾添加三个斜杠(///)来检索它。请记住，务必保护好密码、秘密短语和秘密种子，并将它们备份到安全的地方。

5.3.2 地址格式与地址验证

SS58 是 Substrate 链开发默认的地址格式，其是在比特币的 Base-58-check 格式基础上修改形成的，具有简单、易用、可扩展的特点（优势）。

1．地址格式

地址的基本格式可以描述为

```
base58encode ( concat ( <address-type>, <address>, <checksum> ) )
```

地址是串联的字节序列，由地址类型（address-type）、编码地址（address）和传递到 base-58 编码器的校验和（checksum）组成。该函数完全按照比特币和 IPFS 规范中的定义实现，使用与这两种实现相同的字母表。base-58 字母表消除了打印时可能看起来不明确的字符，例如，非字母数字字符（+和/）、零（0）、大写字母 I、大写字母 O、小写字母 l。

（1）address-type

在 SS58 地址格式中，address-type 是一字节或多字节，用于描述其后面地址字节的精确格式。

0x00 ~ 0x3F（0 ~ 63）：这些值直接用作简单的账户/地址/网络标识符。每个值都对应一个特定的网络或用途，由网络的设计者决定。它非常直接，不需要除了这个字节本身以外的进一步解释。例如，Polkadot 网络可能使用某个特定的值（如 0x01）作为其地址类型前缀。

0x40 ~ 0x7F（64 ~ 127）：这些值表示一个更复杂的地址/网络标识符，它们使用两字节（即 14 位）来提供更大的标识符空间（最多 2^{14} = 16384 个不同的标识符）。在这种情况下，第一字节的后 6 位与下一字节的 8 位组合起来形成一个完整的 14 位标识符。这种设计允许在需要更多网络或用途标识符时使用。

0x80 ~ 0xFF（128 ~ 255）：这些值是为将来的地址格式扩展保留的。它们不直接用于当前的 SS58 地址中，但为未来可能的更改或新特性预留了空间。例如，如果将来需要引入一种新的地址类型或编码方案，这些值可以被分配给新的用途。

（2）checksum

Substrate 中存在多种潜在的校验和策略，以提供不同长度和持久性的保障。主要有两种校验和原像（称为 SS58 和 AccountID），以及许多不同长度的校验和（1 ~ 8 字节）。

在 Substrate 中，无论哪种情况，都使用 Blake2b-512 散列函数（Blake2b-512 是 Blake2 家族中的一种变体）。这个变体简单地选择作为散列函数的输入，以及从其输出中取出一定数量的最左边的字节。

该函数将一个特定的上下文前缀 0x53533538505245（即字符串 SS58PRE）与 SS58 字节序列的非校验和部分连接起来作为输入。散列函数生成的输出是一个固定长度的二进制数据，我们可以根据需要选择其中的一部分字节。在这个过程中，选择的字节始终是最左边的字节，这意味着从输出的开头开始取字节。

增加校验和字节的好处在于提供更高级别的数据完整性保护，可以防止输入错误和索引篡改。对于账户 ID 的格式来说，增加几字节的长度变化不大，因此不需要提供 1 字节的替代选项。对于较短的账户索引格式来说，额外的字节会显著增加最终地址的长度，因此在选择多少字节的校验和时，需要在安全性和地址长度之间进行权衡，这通常由开发者在设计中进行决策。

假设 12bzRJfh7arnnfPPUZHeJUaE62QLEwhK48QnH9LXeK2m1iZU 是一个满足 SS58 地址规范的地址，图 5-4 抽象地将其结构划分为三部分，分别对应地址类型（1）、编码地址和校验和（U）。

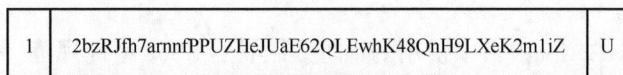

| 1 | 2bzRJfh7arnnfPPUZHeJUaE62QLEwhK48QnH9LXeK2m1iZ | U |

图 5-4　地址结构示意

需要注意的是，编码后的地址字符串中，地址类型、编码地址和校验和并不是以单独的部分出现的。相反，它们被混合在一起形成了一个单一的、可验证的字符串。要单独提取这些部分，应该使用解码工具或库来解析地址字符串。

图 5-4 中首个字段值"1"是 address-type 字段，表示这是一个 Polkadot 网络地址，其他一些不同链的地址标识符如表 5-3 所示，例如 Polkadot 链中的地址以 1 开头，Kusama 链中的地址以大写字母开头。

表 5-3　不同链的地址标识符

前缀	地址类型	地址开头	地址示例
0	Polkadot	1	19E2g3eFj1V3ioeuYdygKk6XpuQz6S1w2os836nfy3P5bYL
2	Kusama	C、D、F、G、H、J 等大写字母	CiYYf8T2JkwMqcaicQ2S8GwpoC16Th4Juv8MQPPbgEMe6dv
42	Substrate	5	5CCvtLnaPwk1cBo8wuayYAuwgCumHnssrY5Nxk7S7t1ruBU2
40	Acala	2	211pcbTg6dkkcJrHxsSDTLQLzgLMXvjDpSMBGsXoJWzFtbPS
30	Phala	3	3zm1nSHjnTFHjUwa5X2h1MiqvPCEdbKdbFRoaYPpZct1XJgD

2．地址验证

接下来的几种方法可以用于验证一个地址是否是有效的 SS58 地址。

（1）Subkey

用 subkey inspect 子命令可以对 SS58 地址进行验证。inspect 子命令接收种子短语、十六进制编码的私钥或 SS58 地址作为输入 URI。

如果输入一个有效的 SS58 值，Subkey 将返回一个包含相应的公钥（十六进制）、账户 ID 和 SS58 值的列表。此外，还将返回一个网络 ID/版本值，指示地址已针对哪个网络进行编码。例如，输入 12bzRJfh7arnnfPPUZHeJUaE62QLEwhK48Qn H9LXeK2m1iZU，这个地址符合一个 SS58 地址规范，此时命令就输出了这个地址是一个 Polkadot 网络类型中的地址，并且返回该地址对应的公钥、网络 ID/版本值、账户 ID 和 SS58 值。

如果输入一个不合法地址，例如 12bzRJfh7arnnfPPUZHeJUaE62QLEwhK48QnH9LXe K2m1iZUInvalidAddress，此时则会提示"Invalid phrase/URI given"。

```
// 一个有效地址
$ subkey inspect "12bzRJfh7arnnfPPUZHeJUaE62QLEwhK48QnH9LXeK2m1iZU"
```

```
Public Key URI `12bzRJfh7arnnfPPUZHeJUaE62QLEwhK48QnH9LXeK2m1iZU` is account:
Network ID/version: polkadot
Public key (hex): 0x46ebddef8cd9bb167dc30878d7113b7e168e6f0646beffd77d69d39bad76b47a
Account ID: 0x46ebddef8cd9bb167dc30878d7113b7e168e6f0646beffd77d69d39bad76b47a SS58
Address: 12bzRJfh7arnnfPPUZHeJUaE62QLEwhK48QnH9LXeK2m1iZU

// 一个无效地址
 $ subkey inspect "12bzRJfh7arnnfPPUZHeJUaE62QLEwhK48QnH9LXeK2m1iZUInvalidAddress"
Invalid phrase/URI given
```

（2）Polkadot.js

如果要验证 JavaScript 项目中使用的地址是否符合 SS58 地址规范，可以利用 Polkadot.js API 中内置的函数，具体的使用方式如下。

```
// 导入 Polkadot.js api 依赖
const { decodeAddress, encodeAddress } = require("@polkadot/keyring");
const { hexToU8a, isHex } = require("@polkadot/util");
// 指定要测试的地址
 const address = "<addressToTest>";
// 验证地址
const isValidSubstrateAddress = () => {
  try {
  encodeAddress(isHex(address) ? hexToU8a(address) : decodeAddress(address));
  return true;
  } catch (error) {
    return false;
  }
};
// 查询结果
const isValid = isValidSubstrateAddress();
console.log(isValid);
```

代码中的 isValidSubstrateAddress 是一个箭头函数，用于检查指定的地址是否有效。首先，它通过 isHex(address)检查地址是否为有效的十六进制格式。如果地址是有效的十六进制格式，则使用 hexToU8a(address)将十六进制字符串转换为 Uint8Array，然后调用 encodeAddress 函数编码地址。如果地址不是有效的十六进制格式，则假设其为非十六进制地址，并调用 decodeAddress 函数解码地址。如果成功地编码或解码地址，则函数返回 true，表示地址有效；如果出现任何错误（如地址格式错误），则捕获异常并返回 false。

5.4 共识机制

区块链技术的核心之一是共识机制，它确保网络中所有节点对状态达成一致。Substrate 作为一个模块化的区块链开发框架，支持多种共识模型，开发者可以根据特定需求选择合适的模型。

5.4.1 分叉选择与最终化

每个区块的区块头部分都包含对其父区块的引用，因此从任何一个区块都可以追溯到链的起源。当两个区块引用相同的父区块时，就出现了分叉。为了解决分叉问题，区块链使用区块最终化机制来确定唯一的规范链。分叉选择规则是决定哪条分叉链作为最佳链进行扩展的算法。

Substrate 通过 SelectChain 特征将分叉选择规则暴露出来。开发者可以使用该特征编写自定义的分叉选择规则或直接使用 GRANDPA，这就是 Polkadot 和类似链中使用的最终化机制。具体来说，Substrate 提供了灵活的选择规则，例如最长链规则和 GHOST 规则。

最长链规则，即选择最长的链作为主链。这种方法简单、直观，适用于大多数 PoW 网络。

GHOST（the greedy heaviest observed subTree，贪婪最重可观察子树）规则选择拥有最多区块的最重分支作为主链，解决了一些 PoW 网络中的速度和确定性问题。

在 GRANDPA 协议中，分叉选择规则基于最长链规则。图 5-5 展示了最长链规则。其中，最长的链被选定为主链。Substrate 提供了 LongestChain 结构体来实现这一选择规则，而 GRANDPA 协议的投票机制也基于最长链规则。

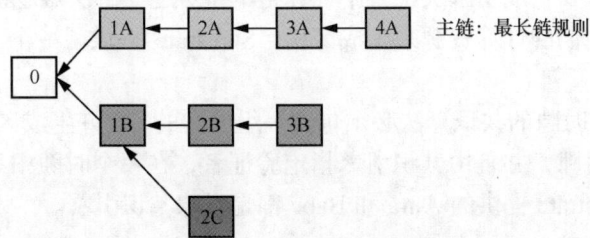

图 5-5　最长链规则

最长链规则的一个主要缺点是攻击者可以通过更快地生成区块来劫持主链。在区块生成间隔较短（即区块生成速度大于区块传播延迟）的网络中，这种情况尤为明显。图 5-6 形象地展示了这种缺点。其中，攻击者秘密地创建了六个区块，从而在区块链网络中形成了一个分叉。如果采用最长链规则，这些区块将会被选为主链，从而劫持原有的主链。

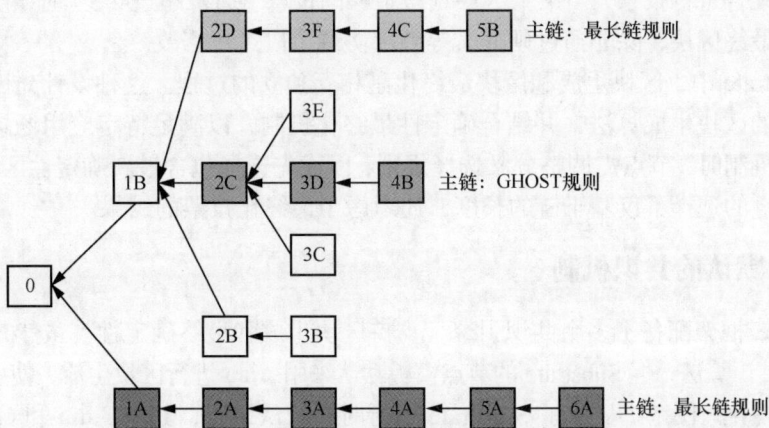

图 5-6　最长链规则的缺点

GHOST 规则是指从创世区块开始，每个分叉都通过选择具有最多块构建的最重分支来解决。如图 5-6 所示，在 0 处分叉为 1B 和 1A 时，1A 的子树（它进行私自挖矿）共有 6

个块（包括 1A 块），1B 的子树有 12 个块，12>6，所以选 1B 为主链的块。这样就减轻了分叉带来的问题，使得主链不断向后增长。

5.4.2　区块生成与最终化

与其他区块链不同，Substrate 将区块链共识分为两个独立的阶段：区块生成阶段和区块最终化阶段。

1．区块生成阶段

在这一阶段，节点生成新区块。谁可以生成区块取决于所使用的共识引擎。在中心化网络中，可能由单个节点生成所有区块；而在无许可的网络中，需采用算法选择每个区块的生成者。常见的区块生成算法如下。

工作量证明（PoW）：在类似比特币这样的工作量证明系统中，任何节点在任意时刻都可以生成区块，只要它成功解决了一个计算密集型难题。解决难题需要耗费 CPU 时间，因此矿工只能使用他们的计算资源来生成区块。Substrate 提供了一个工作量证明区块生成引擎。

时隙共识：基于时隙的共识算法必须包含一组已知的、允许生成区块的验证者的集合。时间被分成离散的时隙，并且由共识引擎指定验证者，在每个时隙中只有一部分验证者节点可生成区块。Substrate 提供的 Aura 和 Babe 都是时隙共识引擎。

2．区块最终化阶段

区块链的最终化是用户关注的重要问题之一，就像传统系统中交付收据或签署文件表示交易完成一样。在许多区块链系统中，仅依靠区块生成和分叉选择规则无法完全确定交易的最终化，因为可能会出现更长或更重的链，从而回滚交易的风险。

Substrate 提供了概率性的最终化，即随着区块数量增加，区块被回滚的概率降低。然而，当需要更明确无误的最终化时，可以在区块链逻辑中引入最终化机制。例如，使用固定的验证人集合进行投票，当某个区块获得足够的投票（通常超过 2/3）时，该区块被视为不可回滚的最终区块，除非通过硬分叉等外部协调手段进行修改。

在 Substrate 中，区块生成和区块最终化是相互独立的过程。这种设计允许开发者选择概率最终化的区块生成算法，并结合确定性最终化机制，以满足特定应用场景的需求。在使用最终化机制时，节点需调整分叉选择规则，以优先选择包含最新确定性区块的最长链，从而确保主链的选择不仅基于链的长度，还考虑了最终化投票的结果。

5.4.3　默认的共识机制

Substrate 框架配备了多个共识引擎，支持区块生成和最终确定性。虽然开发者可以使用自定义的共识算法，但 Substrate 的节点模板默认采用 Aura 进行区块生成，使用 GRANDPA 实现区块最终化。图 5-7 显示了 Substrate 运行时的默认设置，其中 Aura 和 GRANDPA 这两个 Pallet 被用于实现完整的共识机制。此外，Substrate 还支持 Babe 和工作量证明（PoW）等其他共识模型。

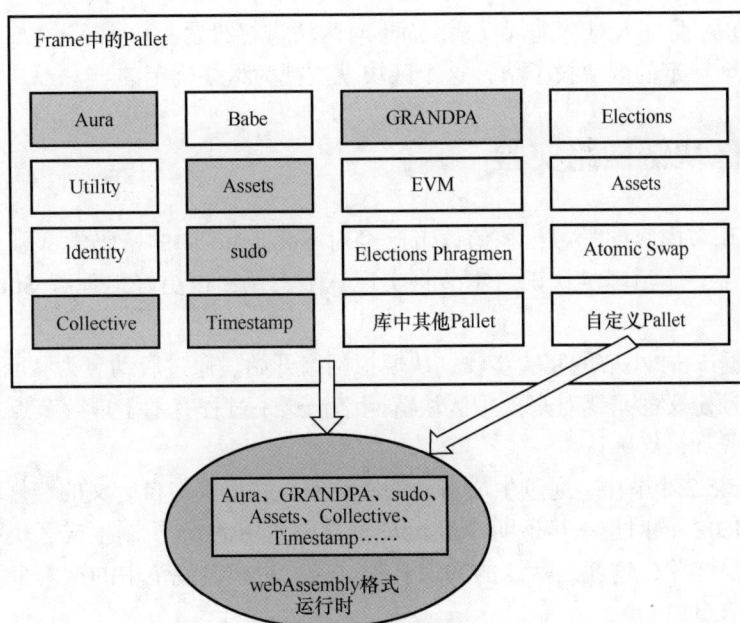

图 5-7　默认的共识机制

1．Aura

Aura 提供了一种基于槽的块创作机制。在 Aura 中，一组已知的权限机构轮流生产区块。

2．Babe

Babe 同样提供了使用一系列知晓身份的验证器基于槽的区块创建方式。在一些方面，它与 Aura 非常相似。不同于 Aura，时隙分配是基于对可验证随机函数（VRF）的计算。在每一个时段中，每个验证节点得到一个权重。这个时段被分解为若干时隙，而验证节点在每个时隙里计算自己的 VRF。当一个验证者在该时隙的 VRF 输出值小于它的权重时，就可以创建一个区块。

由于同一个时隙中可能有多个验证者能够生成区块，因此分叉在 Babe 中要比 Aura 更常见，即使在良好的网络条件下也是常见的。Substrate 的 Babe 实现也提供了一个备用机制，用于在某个时隙中没有验证者被选中的情形。分配这些"次要"时隙使得 Babe 实现了恒定的区块时间。

3．工作量证明

工作量证明块创作不是基于插槽的，也不需要已知的权限集。在工作量证明中，任何人可以在任何时间生成一个区块，只要他们能解决一个计算密集性问题（通常如散列原像搜索）。通过调整这个问题的难度，可以统计出"实现出块"的目标时间。

4．GRANDPA

GRANDPA 提供了区块创建的最终一致性，它有一个类似 Babe 的权限验证人集合。GRANDPA 并不生产区块，它只是监听其他共识引擎（如上面讨论的三个引擎）所产生的区块。GRANDPA 验证人对链进行投票，而不对区块进行投票。一旦超过 2/3 的 GRANDPA 验证人给某一个特定的区块投了票，这个区块就被视为最终确定的。

5.5 区块链网络实验

经过对前几节内容的学习，相信读者已经对 Substrate 中的密码学、账户地址、共识机制等内容有了一个清晰的认识。本节将实现三个案例，以更好地理解 Substrate 的内在机制。

首先，根据 5.5.1 小节的实验步骤，从模拟网络开始，通过启动名为 Alice 和 Bob 的两个节点，使用预定义的密钥对来模拟区块链网络，这一过程有助于理解节点之间的连接如何促成区块生成和最终确认。

接着，在 5.5.2 小节中，通过生成自己的密钥对，并将其与自定义的链规范结合，启动 Node01 和 Node02，同时进一步证明 Substrate 框架中使用 Aura 机制生成区块和 GRANDPA 机制用于区块最终化，这就是默认的共识机制。通过更换链规范中的这两个字段，可以更换共识机制和节点。

最后一个实验，通过引入 node_authorization pallet 创建一个许可网络，此时会允许仅授权的节点执行特定的网络操作。

实验递进关系如图 5-8 所示。

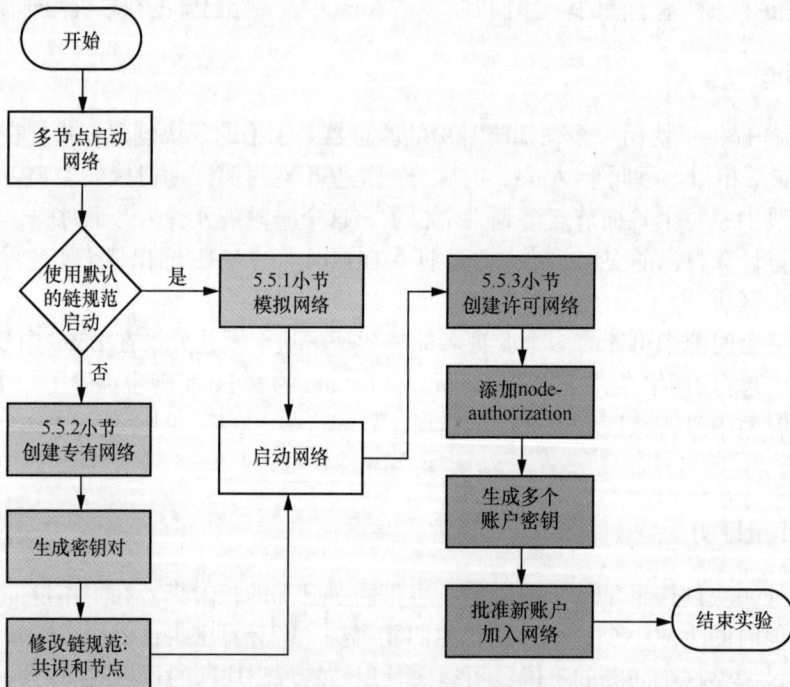

图 5-8　实验递进关系

5.5.1　模拟网络

本实验将启动两个节点以模拟一个区块链网络。

1．清除旧链数据

通过执行./target/release/node-template目录下的可执行命令 purge-chain 来清除旧链上的数据，这是为了排除之前实验启动链时产生的一些缓存数据。

```
./target/release/node-template purge-chain --base-path /tmp/alice --chain local
```

2．启动 Alice 节点

```
./target/release/node-template \
--base-path /tmp/alice \
--chain local \
--alice \
--port 30333 \
--rpc-port 9945 \
--node-key 0000000000000000000000000000000000000000000000000000000000000001 \
--telemetry-url "wss://telemetry.polkadot.io/submit/ 0" \
--validator
```

此时，这个节点是作为一个名为 Alice 的验证者节点启动的。启动命令的具体参数解释如下。

① --base-path：指定用于存储与此链相关的所有数据的目录。

② --chain local：指定要使用的链规范。有效的预定义链规范包括 local、development、staging。

③ --alice：将账户的预定义密钥添加到节点的密钥库。使用此设置，Alice 账户将用于区块生产和最终确定。

④ --port 30333：指定要监听对等 p2p 流量的端口。由于本书使用在同一台物理计算机上运行的两个节点来模拟网络，因此必须为至少一个账户显式指定不同的端口。

⑤ --rpc-port 9945：指定服务器将监听通过 WebSocket 和 HTTP 传入的 JSON-RPC 流量的端口。默认端口为 9944。

⑥ --node-key <key>：指定用于 libp2p 网络的 ed25519 密钥。用户只应将此选项用于开发和测试。

⑦ --telemetry-url：指定发送遥测数据的位置。在本实验中，可以将遥测数据发送到 Parity 托管的服务器，任何人都可以使用该服务器。

⑧ --validator：指定此节点参与网络的区块生产和最终确定。

启动成功之后，可以查看到图 5-9 所示的内容。

其中输出信息解释如下。

① 2024-07-11 00:52:55 ▓ Initializing Genesis block/state (state: 0xoed1...d4ea, header-hash: 0xd8af...a822)：标识节点正在使用的初始区块或创世区块。启动下一节点时，请验证这些值是否相同。

② 2024-07-11 00:52:55 Local node identity is: 12D3KooWEyoppNCUxBYx66oV9fJnriXwCcXwDDUA2kj6vnc6iDEp：指定唯一标识此节点的字符串。此字符串由用于使用账户启动节点的字符串确定，读者可以使用此字符串来标识启动。

③ 2024-07-11 00:53:20 ▒ Idle (0 peers), best: #0 (0xd8af...a822), finalized #0 (0xd8af...a822), ↓ 0 ↑ 0：表示网络中没有其他节点，并且没有产生任何区块。 在开始生成区块之前，必须有另一个节点加入网络。

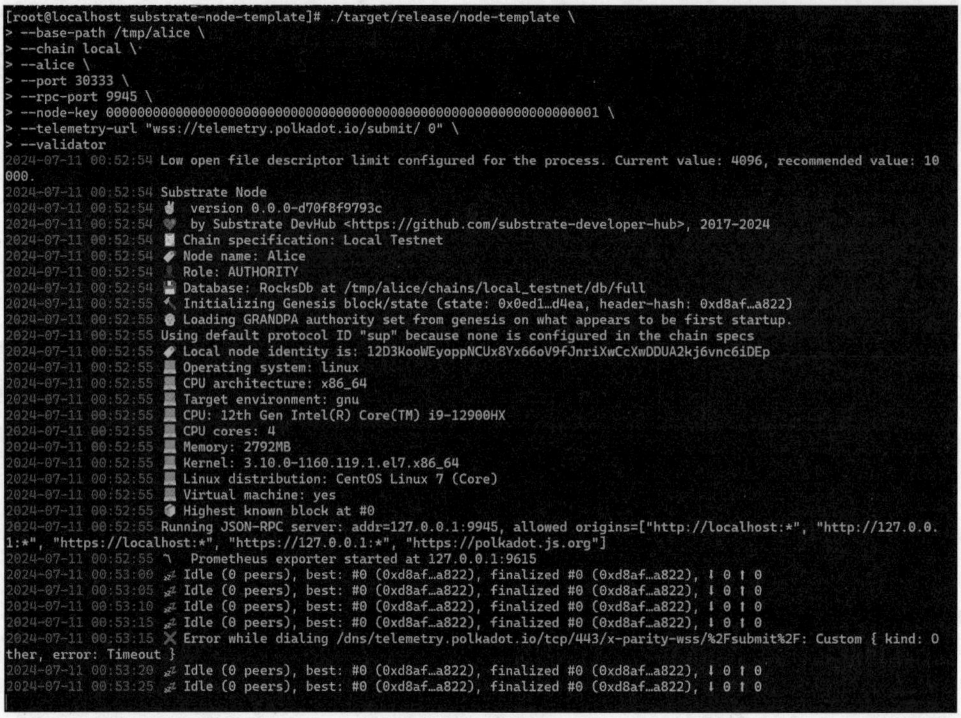

图 5-9　Alice 节点启动

3. 启动 Bob 节点

```
./target/release/node-template purge-chain --base-path /tmp/bob --chain local
./target/release/node-template \
--base-path /tmp/bob \
--chain local \
--bob \
--port 30334 \
--rpc-port 9946 \
--telemetry-url "wss://telemetry.polkadot.io/submit/ 0" \
--validator \
--bootnodes /ip4/127.0.0.1/tcp/30333/p2p/12D3KooWEyoppNCUx8Yx66oV9fJnriXwCcXw
DDUA2kj6vnc6iDEp
```

由于这两个节点在同一台物理计算机上运行，因此必须为--port 和--rpc-port 选项指定不同的值。启动 Bob 节点之后，可以看到类似图 5-10 的输出，表明此时 Alice 节点成功连接到了网络中的另外一个节点，因此开始产生区块信息。

接下来解释一些上述操作中的关键点。

为什么需要两个节点连接到一起才可以生成、验证区块呢？

因为 Substrate 节点模板使用权限证明共识模型，也称为权限回合或 Aura 共识。Aura 共识协议将区块生产限制为授权账户的轮换列表，授权账户会以循环方式创建区块。使用 chain local 模式启动，表示使用默认的链规范。

通过执行./target/release/node-template 目录下的可执行命令 build-spec，并且指定链规范为 chain local，可以将 local 链规则导出为 customSpec.json 文件。

```
./target/release/node-template build-spec --disable-default-bootnode --chain local
> customSpec.json
```

图 5-10　Bob 节点启动

采用 Vim 或其他文本编辑器查看，文件中存在如下内容。

```
"aura":{
  "authorities": [
  "5GrwvaEF5zXb26Fz9rcQpDWS57CtERHpNehXCPcNoHGKutQY",
  "5FHneW46xGXgs5mUiveU4sbTyGBzmstUspZC92UhjJM694ty"
 ]
},
  "grandpa": {
    "authorities": [
      [
        "5FA9nQDVg267DEd8m1ZypXLBnvN7SFxYwV7ndqSYGiN9TTpu",
        1
      ],
      [
      "5GoNkf6WdbxCFnPdAnYYQyCjAKPJgLNxXwPjwTh6DGg6gN3E",
      1
    ]
  ]
}
```

aura.authorities 列表中列出了两个账户地址：5GrwvaEF5zXb26Fz9rcQpDWS57CtERHp NehXCPcNoHGKutQY 和 5FHneW46xGXgs5mUiveU4sbTyGBzmstUspZC92UhjJM694ty，这两个地址分别对应于链上 Alice 和 Bob 的账户，用于区块生产。因此，要启动 local 链并生成区块，至少需要启动这两个节点，它们将交替生成区块。

grandpa.authorities 列表包含两个数据值，第一个数据值是地址，第二个数据值用于支持加权投票这项功能。在此例中，每个验证者的权重均为 1 票，而地址分别为 5FA9nQDVg

267DEd8m1ZypXLBnvN7SFxYwV7ndqSYGiN9TTpu 和 5GoNkf6WdbxCFnPdAnYYQyCj
AKPJgLNxXwPjwTh6DGg6gN3E。这两个地址代表授权验证区块的节点，分别对应 Alice 和 Bob。
因此，为了生成和确认区块，Alice 和 Bob 必须同时在线。

5.5.2 创建专有网络

在 5.5.1 小节，使用 local 链规范启动了 Alice 和 Bob 账户两个节点。本节实验将通过
生成自己的密钥，并将其添加到链规范中的共识机制中以创建专有网络。

1．生成密钥

使用 Subkey 生成密钥对，包括 node1 和 node2 两个用户，每个用户都生成 Aura（Sr25519
算法）和 GRANDPA（Ed25519 算法）两个权限的密钥对，只需要使用相同助记词和不同
加密算法，即可用两个密钥关联同一用户。两个账户的密钥对如表 5-4 所示。

表 5-4 两个账户的密钥对

	node1	node2
Aura	5GmeCUkzjwZjERpZpkxiuusK6eX18rCFNPAb Mvxd1Q47Ua88	5FCutznfN34CHbJwsJgtCgfev3FEd2LP4GZvx8fJq B3jXnwG
GRANDPA	5FtfhaUWVNqcH3NHdofZBcv2ggJPE3mA3aE3g HsZ2aE1C4Wj	5GZqFw34tVEYzgq749rePdmfreucJBFYMaVMCf95d MmGwsXq

2．导出 Local 链规范

将 Local 链规范导出为 JSON 文件之后，在其基础上修改，从而建立自己的链规范。

```
// 将 Local 链规范导出到 customSpec.json 文件，在其基础上修改
./target/release/node-template build-spec --disable-default-bootnode --chain local > customSpec.json
```

3．修改自定义链规范文件

```
// 修改 customSpec.json 文件的以下字段

"name": "My Custom Testnet",

"aura": { "authorities": [
  "5GmeCUkzjwZjERpZpkxiuusK6eX18rCFNPAbMvxd1Q47Ua88",
  "5FCutznfN34CHbJwsJgtCgfev3FEd2LP4GZvx8fJqB3jXnwG"
]
},

"grandpa": {
        "authorities": [
          [
            "5FtfhaUWVNqcH3NHdofZBcv2ggJPE3mA3aE3gHsZ2aE1C4Wj",
            1
          ],
          [
            "5GZqFw34tVEYzgq749rePdmfreucJBFYMaVMCf95dMmGwsXq",
            1
          ]
        ]
      },
```

通过将 Alice 和 Bob 的相应密钥对更换为自己创建的，便实现了对链启动时链规范文件的修改。

4．导入链规范文件

通过在项目目录的终端中运行./target/release/node-template build-spec 命令，并且指定文件为修改之后的 customSpec.json 文件，将链规范 customSpec.json 转换为具有文件名的原始格式 customSpecRaw.json。

```
./target/release/node-template build-spec --chain=customSpec.json --raw --disable-
default-bootnode > customSpecRaw.json
```

5．添加密钥对到密钥库

执行项目目录下的./target/release/node-template key insert 命令，将密钥对添加到节点模板的密钥库中（通过添加生成密钥对时的密钥种子），并且设置路径为/tmp/node01。通过--scheme 指定从密钥种子生成密钥的算法，通过--key-type 指定密钥的类型。

注意，Aura 和 GRANDPA 两个部分的密钥均需要添加，

```
// 添加 node1 的 Aura 密钥对到密钥库中
./target/release/node-template key insert --base-path /tmp/node01 \
  --chain customSpecRaw.json \
  --scheme Sr25519 \
  --suri <your-secret-seed> \ // 生成密钥对时的种子
  --password-interactive \
  --key-type aura

// 添加 node1 的 GRANDPA 密钥对到密钥库中
./target/release/node-template key insert \
  --base-path /tmp/node01 \
  --chain customSpecRaw.json \
  --scheme Ed25519 \
  --suri <your-secret-key> \ // 生成密钥对时的种子
  --password-interactive \
  --key-type gran

// 同理，需要将 node2 的密钥对也添加到密钥库
```

接着，执行 ls 命令查询/tmp/node01 目录下的文件，来验证密钥是否在密钥库中，检查上一步操作是否成功。

```
ls /tmp/node01/chains/local_testnet/keystore

// 输出类似
61757261d029ae141c958371eec26e40d1b6ac8294304b604f6459715b1b5620c657ea12
6772616e037df6fb426a44e57ab1929adcfc991d77ffb83d412ea0fac23b045471755d2c
```

6．启动 node1

指定了修改之后的链规范文件，并且将基本路径修改为/tmp/node01。

```
./target/release/node-template \
  --base-path /tmp/node01 \
  --chain ./customSpecRaw.json \
```

```
--port 30333 \
--rpc-port 9945 \
--telemetry-url "wss://telemetry.polkadot.io/submit/ 0" \
--validator \
--rpc-methods Unsafe \
--name MyNode01 \
--password-interactive
```

此时，系统将要求输入密钥库密码，输入用于生成 node01 密钥的密码。

正如 5.5.1 小节的实验，由于另外一个节点没有加入，因此此时仍然不会生成区块。

7. 启动 node2

```
./target/release/node-template \
  --base-path /tmp/node02 \
  --chain ./customSpecRaw.json \
  --port 30334  --rpc-po 9946 \
  --telemetry-url "wss://telemetry.polkadot.io/submit/ 0"  \
  --validator \
  --rpc-methods Unsafe \
  --name MyNode02 \
  --bootnodes /ip4/127.0.0.1/tcp/30333/p2p/12D3KooWG3RQgXsuEBjkTPSa5iLdB6cqoVFfCd
6VBRCecFmxvGav
  --password-interactive
```

8. 实验成功

如果两个节点都启动之后，可以看到输出信息中有区块生成和最终化（与 5.5.1 小节一致），说明本小节实验成功。

5.5.3 创建许可网络

在许可网络中，仅授权的节点可以执行特定的网络活动。例如，某些节点可以被授权进行区块验证，而其他节点则可以被授权传播事务。这与公共或无许可区块链不同，因为无许可区块链允许任何人通过在合适的硬件上运行节点软件加入网络，从而提供更大的去中心化功能。许可区块链适用于私有或联盟网络（如私营企业或非营利组织）、高度监管的数据环境（如医疗保健和金融）以及公共网络的预发布测试。

node-authorization 用于管理可配置的节点以构建许可网络。开发者可以通过以下两种方式授权节点：将其加入已批准的节点集或通过现有网络成员的连接请求。

注意，任何用户都可以声称自己是新增节点的所有者。为了防止虚假声明，节点标识符（PeerId）应在启动节点之前被声明。启动后，节点对网络可见，任何人都可以随后声明它。作为节点所有者，可以添加和删除节点的连接，但无法更改预定义节点之间的连接，它们始终可以相互联系。

1. 添加 Pallet

添加已有 Pallet 在 4.3 节已详细描述过，不再赘述。下面只给出 runtime/src/lib.rs 中的新增内容。

```
use frame_system::EnsureRoot;
parameter_types! {
    pub const MaxWellKnownNodes: u32 = 8;
```

```
    pub const MaxPeerIdLength: u32 = 128;
}
impl pallet_node_authorization::Config for Runtime {
    type RuntimeEvent = RuntimeEvent;
    type MaxWellKnownNodes = MaxWellKnownNodes;
    type MaxPeerIdLength = MaxPeerIdLength;
    type AddOrigin = EnsureRoot<AccountId>;
    type RemoveOrigin = EnsureRoot<AccountId>;
    type SwapOrigin = EnsureRoot<AccountId>;
    type ResetOrigin = EnsureRoot<AccountId>;
    type WeightInfo = ();
}
construct_runtime!(
{

    // 添加这一行
    NodeAuthorization: pallet_node_authorization::{Module, Call, Storage, Event<T>,
Config<T>},
    }
);
```

2．为 Pallet 添加创世存储

在启动网络并使用 node-authorization pallet 之前，需要进行一些额外的配置来处理对等标识符和账户标识符。例如，PeerId 是以 bs58 格式编码的，为了解码 PerrId，需要在 node/Cargo.toml 文件中引入 bs58 库。

使用文本编辑器，在 node/Cargo.toml 文件中添加以下一行代码来添加依赖。

```
bs58 = "0.3.1"
```

接着，在 node/src/chain_spec.rs 中添加创世存储。

```
// 添加
use sp_core::OpaquePeerId;
use node_template_runtime::NodeAuthorizationConfig;
// 在 testnet_genesis->GenesisConfig 中添加 Alice 和 Bob
pallet_node_authorization: Some(NodeAuthorizationConfig {
        nodes: vec![
            (
             OpaquePeerId(bs58::decode("12D3KooWBmAwcd4PJNJvfV89HwE48nwkRmAgo8Vy
3uQEyNNHBox2"). into_vec().unwrap()),endowed_accounts[0].clone()
            ),
            (
             OpaquePeerId(bs58::decode("12D3KooWQYV9dGMFoRzNStwpXztXaBUjtPqi6aU76Zg
UriHhKust").into_vec().unwrap()),endowed_accounts[1].clone()
            ),
        ],
    }),
```

上述代码中，NodeAuthorizationConfig 包含一个名为 nodes 的属性，该属性是一个元组向量。每个元组的第一个元素 OpaquePeerId 是将字符串格式的 PeerId 使用 bs58::decode 转换为字节得到的；第二个元素是 endowed_accounts[0].clone()表示的 AccountId，用于表示该节点的所有者。第一个节点的所有者是 Alice，而第二个节点的所有者是 Bob。

3．生成账户密钥

表 5-5 列出了本实验中所用到的密钥。

表 5-5　本实验中所用到的密钥

密钥类型/ 所有者	Alice	Bob	Charlie
节点键	c12b6d18942f5ee8528c8e2baf4e1 47b5c5c18710926ea492d09cbd9f 6c9f82a	6ce3be907dbcabf20a9a5a60a712b 4256a54196000a8ed4050d352bc1 13f8c58	3a9d5b35b9fb4c42aafadeca046f6 bf56107bd2579687f069b4264668 4b94d9e
从节点键 生成的对 等标识符	12D3KooWBmAwcd4PJNJvfV89 HwE48nwkRmAgo8Vy3uQEyN NHBox2	12D3KooWQYV9dGMFoRzNSt wpXztXaBUjtPqi6aU76ZgUriHh Kust	12D3KooWJvyP3VJYymTqG7e H4PM5rN4T2agk5cdNCfNymAq wqcvZ
对等标识 符解码为 十六进制	0x0024080112201ce5f00ef6e893 74afb625f1ae4c1546d31234e87e3 c3f51a62b91dd6bfa57df	0x002408011220dacde7714d8551 f674b8bb4b54239383c76a2b286f a436e93b2b7eb226bf4de7	0x002408011220876a7b4984f980 06dc8d666e28b60de307309835d7 75e7755cc770328cdacf2e

4．启动网络

使用 Local 链规范启动 Alice 和 Bob 节点，意味着 Alice 和 Bob 节点负责生成区块、区块最终化。

```
// 启动 Alice
./target/release/node-template \
--chain=local \
--base-path /tmp/validator1 \
--alice \
--node-key=c12b6d18942f5ee8528c8e2baf4e147b5c5c18710926ea492d09cbd9f6c9f82a \
--port 30333 \
--rpc-port 9944

// 启动 Bob
./target/release/node-template \
--chain=local \
--base-path /tmp/validator2 \
--bob \
--node-key=6ce3be907dbcabf20a9a5a60a712b4256a54196000a8ed4050d352bc113f8c58 \
--bootnodes /ip4/127.0.0.1/tcp/30333/p2p/12D3KooWBmAwcd4PJNJvfV89HwE48nwkRmAgo8
Vy3uQEyNNHBox2 \
--port 30334 \
--rpc-port 9945
```

5．与区块链交互

在浏览器上打开 Polkadot-JS Apps 的官网地址之后，在左上角选择 Development 的"Local Node"连接到本地网络。

连接到本地网络之后，如图 5-11 所示，打开使用 nodeAuthorization 的 wellKnowNodes 函数，查看到当前网络中已经存在的知名节点，两个已存在的节点正是曾在创世存储中添加的。

执行以下命令，启动第三个节点 Charile。

```
./target/release/node-template \
--chain=local \
--base-path /tmp/validator3 \
--name charlie \
--node-key=3a9d5b35b9fb4c42aafadeca046f6bf56107bd2579687f069b42646684b94d9e \
```

```
--port 30335 \
--rpc-port=9946 \
--offchain-worker always
```

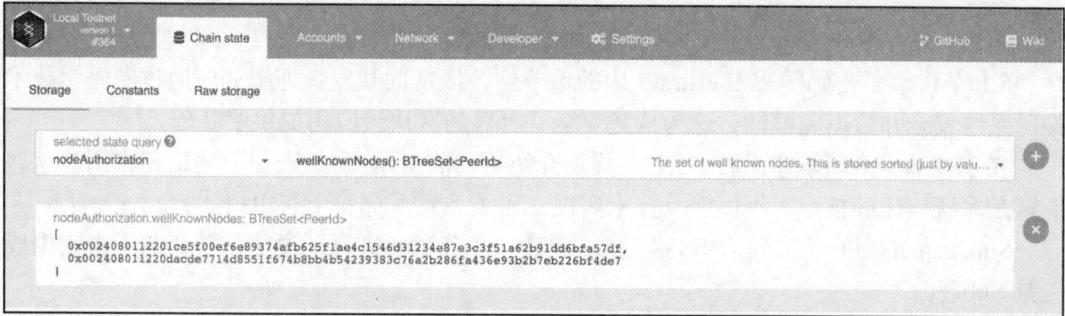

图 5-11　使用 nodeAuthorization 的 wellKnowNodes 函数查看节点

如图 5-12 所示，表明此时 Charlie 没有连接到对等节点当中。因为添加了 node-authorization pallet 之后，之前启动的区块链是一个许可网络，此时想添加新的节点，必须获得授权才能连接。

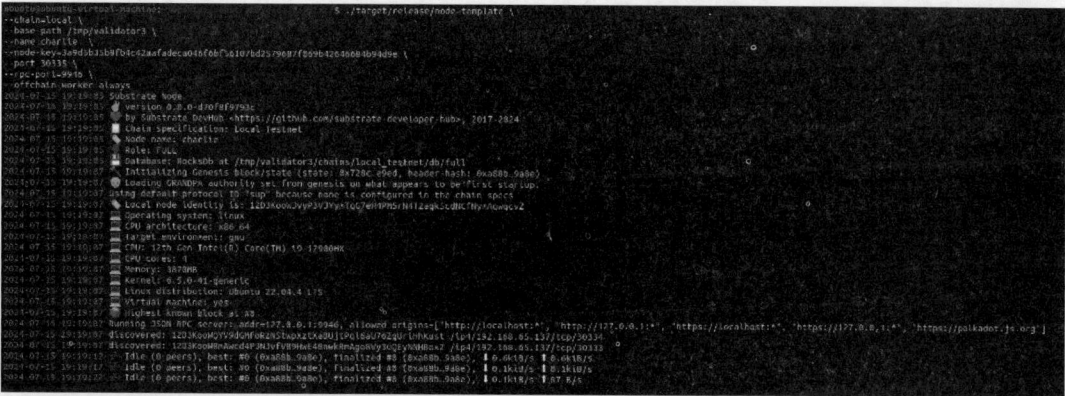

图 5-12　Charlie 节点启动

如图 5-13 所示，使用 addWellKnowNode 函数，授权 Charlie 节点加入网络。操作之后，会看到 Charlie 节点连接到 Alice 和 Bob 节点并慢慢赶上区块数。

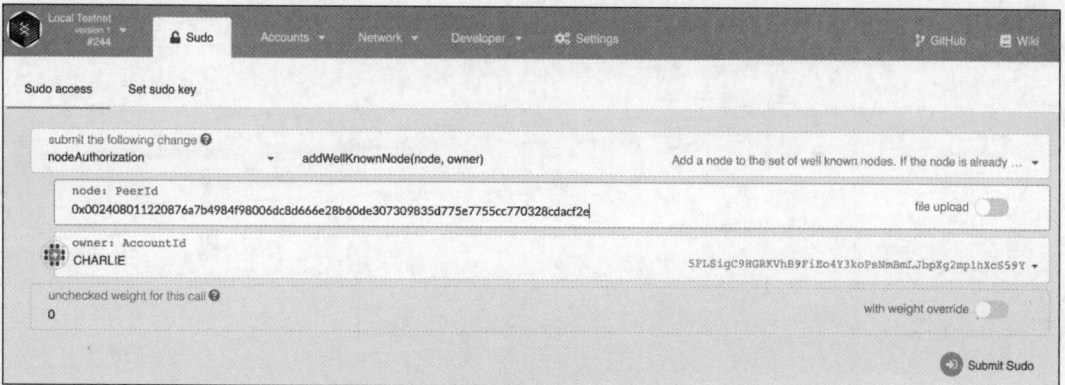

图 5-13　授权 Charlie 节点

5.6 本章小结

本章介绍了 Substrate 中的账户、地址和共识机制。

5.1 节讲解了密码学在 Substrate 中的重要性，以帮助开发者理解如何通过密码学技术保障系统安全和数据完整性，这为构建安全、可靠的区块链应用提供了基础。

在掌握基本密码学知识后，5.2 节详细介绍了 Substrate 中的账户、地址和密钥。这些要素是系统构建的核心，不仅涉及技术实现，还关系到系统安全和用户体验。

Substrate 的账户格式符合 SS58 地址规范，5.3 节对此进行了说明，并介绍了密钥生成工具 Subkey。

5.4 节探讨了区块链技术的核心——共识机制，分为区块生成和区块最终化两个阶段。Substrate 提供了多种共识模型，以满足不同应用场景的要求。

5.5 节通过区块链网络实验，帮助读者将理论知识应用于实践，并深入理解 Substrate 的核心概念和机制。这些实验不仅有助于加深对区块链技术的理解，还为实际区块链网络的搭建和管理提供了宝贵经验。

5.7 习题

1. 简要说明密码学如何保障区块链系统的安全性和数据完整性。
2. 解释对称加密与非对称加密的主要区别。
3. 在 Substrate 中，如何通过键值对生成密钥？
4. 在 Substrate 框架中，账户的状态是如何被管理的？请结合账户余额的变化说明相关机制。
5. 简要说明 Substrate 中账户与地址的关系，以及二者在区块链安全中的作用。
6. 什么是共识机制？简要解释 Substrate 使用的 Aura 和 GRANDPA 共识机制的核心特点。
7. 在本地计算机上启动两个节点（Alice 和 Bob），并生成区块。请记录下启动节点的命令和任何成功与否的输出信息，同时解释每个命令的参数含义。
8. 使用现有的 Local 链规范创建一个自定义链，并进行相关内容的修改。请描述你在链规范中添加新的密钥和节点的过程，并附上修改后的 JSON 文件的示例。

第6章 交易、存储与链下操作

第 5 章已经对 Substrate 框架中的原理涉及的必要的密码学基础、账户、交易池、共识模块进行了详细介绍，本章将深入探讨 Substrate 框架中的交易处理、数据存储以及链下操作等知识。

6.1 交易

在区块链领域，交易是一个核心概念。在 Substrate 框架中，这一概念同样至关重要。本节将探讨交易、交易池及其优先级、交易的生命周期等相关内容。

6.1.1 交易的定义

交易是指在区块链网络上进行的价值转移或信息传输的基本操作。每当有人想要在区块链上转移资产（比如加密货币），或者进行其他类型的数据传输时，就会创建一笔交易。

Substrate 运行时包含了定义交易属性的业务逻辑，如确定有效交易的构成、交易的签名状态（签名或未签名）以及交易对链状态的影响。

通常，Substrate 使用 Pallet 来组合运行时函数并实现开发者希望链所支持的交易。在编译运行时之后，用户与区块链进行交互以提交请求，这些请求将以交易的形式被处理。例如，用户可能会提交请求以将资金从一个账户转移到另一个账户，该请求就变成了包含该用户账户签名的签名交易；如果用户账户中有足够的资金支付交易费用，则交易将成功执行并进行资金转移。

在 Substrate 中，交易被称为外部数据（extrinsic），其主要类型为签名交易、无签名交易和内在交易。

1. 签名交易

签名交易必须包含发起请求账户的签名，用于调用运行时接口。例如，如果要从一个账户向 Alice 发送代币，需要调用 Balances Pallet 中的 transfer 函数，此时请求由发起调用的账户的私钥签名。发起者通常需支付处理请求的费用，并可以选择给区块生产者支付小费，以提高交易优先级。

2. 无签名交易

无签名交易不需要签名，也不包含提交者信息。这种交易类型需要自定义验证逻辑，以防止滥用和攻击，因此资源消耗较大。例如，pallet_im_online 中的 heartbeat 函数允许验证节点向网络发送在线信号，该函数只能被注册为验证人的节点调用。

3．内在交易

内在交易（也称为 inherent）是一种特殊的无签名交易，由区块生成节点直接插入区块中。这些交易通常不会传播到其他节点或存储在交易队列中，它们被认为是有效的而无须特定的验证。例如，pallet_timestamp 中的 now 函数允许区块生成节点在每个生成的区块中插入当前时间戳。

这三种交易类型在 Substrate 中提供了灵活性和可扩展性，适用于不同的使用场景和需求。签名交易常用于资产转移和用户交互，无签名交易需要额外的验证逻辑，而内在交易则用于插入基本信息或特定数据而无须广播到整个网络。

6.1.2　交易池与交易优先级

1．交易池

交易池（transaction pool）包含所有已被本地节点接收并验证的广播到网络的交易，包括已签名和未签名的交易。

交易池会定期检查池内现有交易的有效性。如果发现交易无效或已过期，则该交易将从池中删除。注意在交易池逻辑里交易的有效性不是硬性规定的，而是由运行时决定的。检查交易有效性的例子有检查交易索引（nonce）是否正确、检查账户是否有足够的资金来支付相关费用、检查签名是否有效。

如果交易是有效的，交易队列会将交易分为以下两组。

① 就绪队列：包含所有可放到新的待处理区块中的交易。对于使用 Frame 构建的运行时，所有交易必须严格遵循就绪队列中的顺序。

② 未来队列：包含所有可能在未来变成有效的交易。例如，一笔交易可能有一个对其账户来说过高的索引值，此交易将在未来队列中等待，直到之前的交易上传至区块链上。

注意：可以设计一个自定义运行时来打破严格的交易顺序要求，这样就可以让全节点在交易传播过程和打包区块过程上实施不同的策略。

2．交易优先级

在有效的交易结构体中，交易优先级决定了就绪队列中的交易顺序。当某个节点成为下一个区块生成者时，它将在下一个区块把交易按优先级从高到低排序，直到达到区块的权重或长度限制。

交易优先级定义了当一笔交易可解锁多个依赖交易时，所应有的线性排序。例如，如果有两个或更多交易的依赖性得到满足，那么会使用优先级来选择它们的处理顺序。

对于用 Frame 构建的运行时，优先级定义为交易要支付的 fee（费用）。图 6-1 展示了一个根据优先级选择交易顺序的例子。其中，nonce 是一个与账户相关的递增计数器，用来唯一标识一个账户的交易顺序。对于一个特定的账户，nonce 表示这个账户已经提交了多少笔交易。

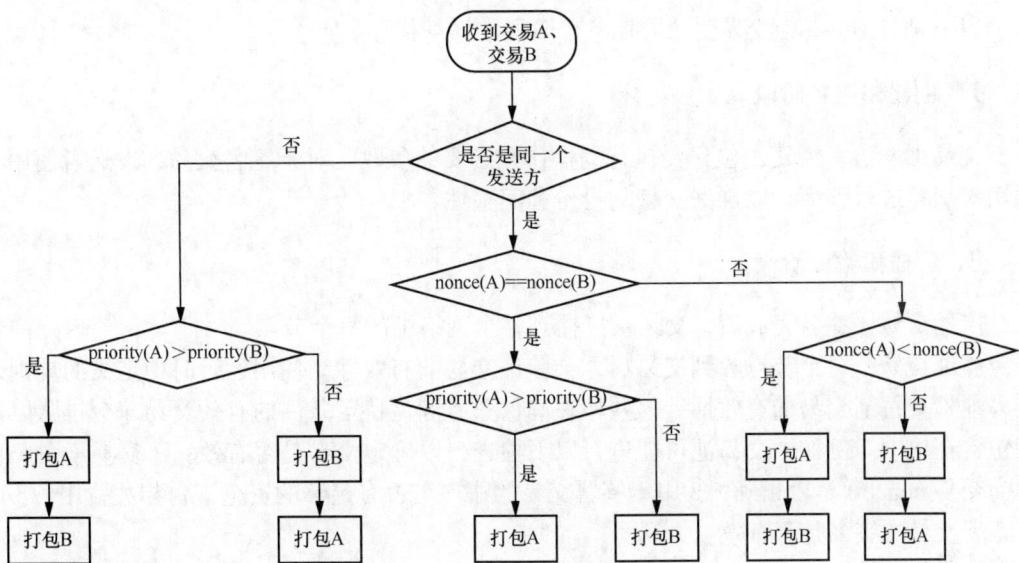

图 6-1　根据优先级选择交易顺序

如果同时收到两笔交易 A 与 B，首先需要判断这两笔交易是否是同一个发送方发送的，如果 A、B 源于同一个交易方，则优先选择 nonce 值较小的交易打包；其次打包 nonce 值较大的交易，如果交易 A 的 nonce 值和交易 B 的相同，说明这是发送方使用同一个索引发送的两笔交易，此时应该只选择优先级高的交易打包，如果并不属于一个发送方，则应该优先选择优先级高的交易打包，再打包优先级较低的交易。

注意：该交易池并不知道费用、账户或签名，它只处理交易的有效性和优先级、requires 和 provides 参数这些抽象概念。所有其他详细信息都是由运行时通过 validate_transaction 函数定义的。

6.1.3　交易的生命周期

在 Substrate 框架中，交易包含要纳入区块的数据。最常见的外部数据（extrinsic）是签名交易。在 6.1.1 小节中，已经介绍了签名交易包括发送请求以执行某个运行时调用的账户的签名。通常，发送请求由提交这个请求的账户的私钥进行签名。在大多数情况下，提交请求的账户还需要支付交易费用。其实交易费用和交易处理的其他元素取决于运行时逻辑是如何定义的。

交易的生命周期包含多个关键阶段，如图 6-2 所示，涵盖了从交易创建到最终执行及块生成的全过程。

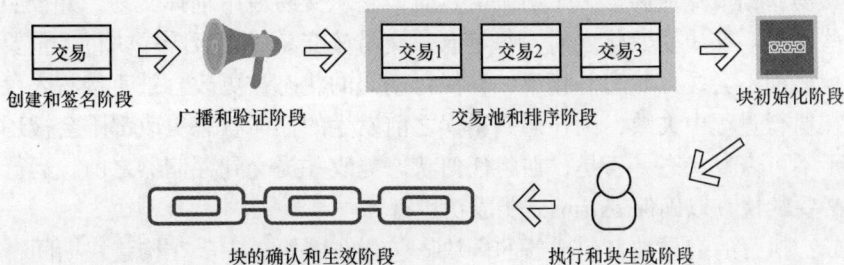

图 6-2　交易的生命周期

以下是对图 6-2 中交易生命周期各个阶段的详细描述。

1．创建和签名阶段

交易由发送者创建，包含要执行的操作和必要的参数。对于签名交易，发送者使用其私钥对交易进行签名，以确保交易的身份和完整性。

2．广播和验证阶段

广播交易：签名完成后，交易被广播到整个网络中的每个节点。

验证交易：每个节点收到交易后，会验证交易的有效性。使用运行时中定义的规则，交易池检查每笔交易的有效性。这些检查确保只有满足特定条件的有效交易才会排队以等待包含在块中。例如，交易池可能进行以下检查，以确定交易是否有效：①交易索引（也称为交易 nonce）是否正确，②用于签署交易的账户是否有足够的资金支付相关费用，③用于签署交易的签名是否有效。

在进行初始有效性检查之后，交易池会定期检查池中现有的交易是否仍然有效。如果发现某笔交易无效或已过期，则会从池中删除。交易池仅处理交易的有效性以及被放在交易队列中的有效交易的顺序。验证机制的具体细节涉及处理费用、账户或签名的方式等内容。

如果将交易标识为有效，则交易池将该交易移动到交易队列中。如果交易无效，例如因为它太大或不包含有效的签名，则会被拒绝，并且不会添加到块中。交易可能会由于以下原因而被拒绝：交易已经包含在块中，因此从验证队列中被删除；交易的签名无效，因此立即被拒绝；交易太大，无法适应当前块，因此将其放回队列以进入新的验证轮。

3．交易池和排序阶段

有效的交易被添加到交易池中，等待进一步处理。

交易排序：根据交易优先级排序，高优先级的交易通常会被优先打包到新的区块中。

4．块初始化阶段

在节点成为下一个出块节点之前，进行块初始化。这个阶段包括执行 system pallet 中的 on_initialize 函数，以及执行运行时中其他 Pallet 中定义的 on_initialize 函数。这些函数允许在执行交易之前完成必要的预处理逻辑，以确保块的准备工作完整和一致。

5．执行和块生成阶段

执行交易：当节点成为下一个出块节点时，它从交易池中选择交易，并按照优先级顺序执行这些交易。在块初始化之后，每笔有效交易按交易优先级顺序执行。重要的是要记住，在执行之前不会缓存状态。相反，在执行期间的状态被更改会被直接写入存储器中。如果交易在执行过程中失败，则在遇到错误之前发生的任何状态更改都不会被还原，这样会使块处于不可恢复状态。于是，在将任何状态更改并提交到存储器之前，运行时逻辑应进行所有必要的检查以确保 extrinsic 能成功运行。

块生成：执行的交易被打包成新的区块，包含在区块链中。在构建块期间，节点还会执行各个 Pallet 中定义的 on_initialize 和 on_finalize 函数，以及执行交易后的其他逻辑。

6. 块的确认和生效阶段

块的确认：生成的块被广播到网络中的其他节点，并通过共识算法（如工作量证明）被确认和接收。

生效交易：一旦块被确认，其中包含的交易就会对账户余额、状态和其他相关数据进行实际的更新和生效。

以上这些阶段构成了交易在 Substrate 中完整的生命周期，确保了交易的有效性、安全性和正确性，从而保证整个区块链网络的稳定运行和一致性。

6.2 存储

Substrate 采用一种简单的键值数据存储机制，该机制基于数据库支持的、经过改良的 Merkle 树结构实现。

6.2.1 存储的结构

在 Substrate 中，使用了基于 paritytech/trie 的 Base-16 Modified Merkle Patricia 树（简称 "trie"）作为其状态管理的核心抽象。Base-16 Modified Merkle Patricia 树是 Merkle 树的一种优化形式，适合存储键值对。其中键通常是字节数组（如散列或地址），值可以是任意数据（如账户余额或合约代码）。

1. Merkle 树

Merkle 树是一种散列树结构，被广泛应用于数据完整性验证和快速数据检索的领域，特别是在区块链和分布式系统中。它由计算机科学家 Ralph Merkle 于 1979 年提出，用于优化和安全地验证大量数据的完整性。Merkle 树基于散列函数构建，基本的 Merkle 树的主要组成部分（见图 6-3）如下。

① Merkle Leaf（叶节点）：叶节点是 Merkle 树的底层节点，通常包含实际的数据块或数据块的散列值。在区块链和数据结构中，叶节点存储着数据的实际内容或其散列值。

② Merkle Branch（分支节点）：分支节点是 Merkle 树中的非叶节点。每个分支节点存储着其子节点的散列值，用于连接叶节点与根节点之间的路径。

③ Merkle Root（根节点）：根节点是 Merkle 树的顶层节点，通过递归计算所有子节点的散列值得出。根节点的散列值是 Merkle 树的校验和，用于验证整棵树的完整性和数据的一致性。

假如底层有 9 个数据块（节点），创建 Merkle 树的步骤如下。

Step1：对数据块做散列运算，$Node0i = hash(Data0i)$，$i=1,2,\cdots,9$。

Step2：相邻两个散列块串联，然后做 hash 运算，$Node1((i+1)/2) = hash(Node0i+Node0(i+1))$，$i=1,3,5,7$；对于 $i=9$，$Node1((i+1)/2) = hash(Node0i)$。

Step3：重复 Step2。如图 6-3 所示，由 Node01 和 Node02 经 hash 运算生成 Node11，同理由 Node03 和 Node04 生成 Node12，……，而由 Node09 生成 Node15。

Step4：重复 Step2。如图 6-3 所示，由 Node11 和 Node12 经 hash 运算生成 Node21，同理由 Node13 和 Node14 生成 Node22，……，而由 Node15 生成 Node23。

Step5：重复 Step2，如图 6-3 所示，由 Node21 和 Node22 经 hash 运算生成 Node31，由 Node23 生成 Node32，最终生成 Merkle Root。

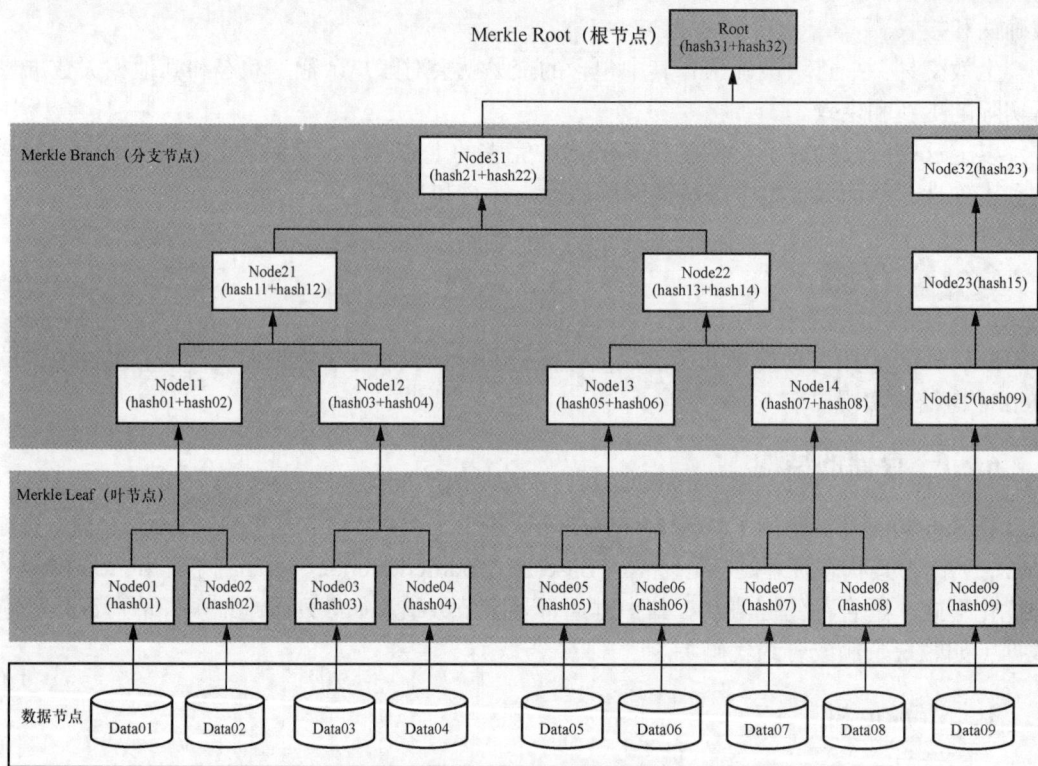

图 6-3　基本的 Merkle 树的主要组成部分

如图 6-4 所示，假设有 A 和 B 两台机器，A 需要与 B 一样在相同目录下有 8 个文件，文件分别是 f1、f2、f3、…、f8。此时就可以利用构建 Merkle 树来进行快速比较。假设在文件被创建的时候，每台机器都构建了一个 Merkle 树。

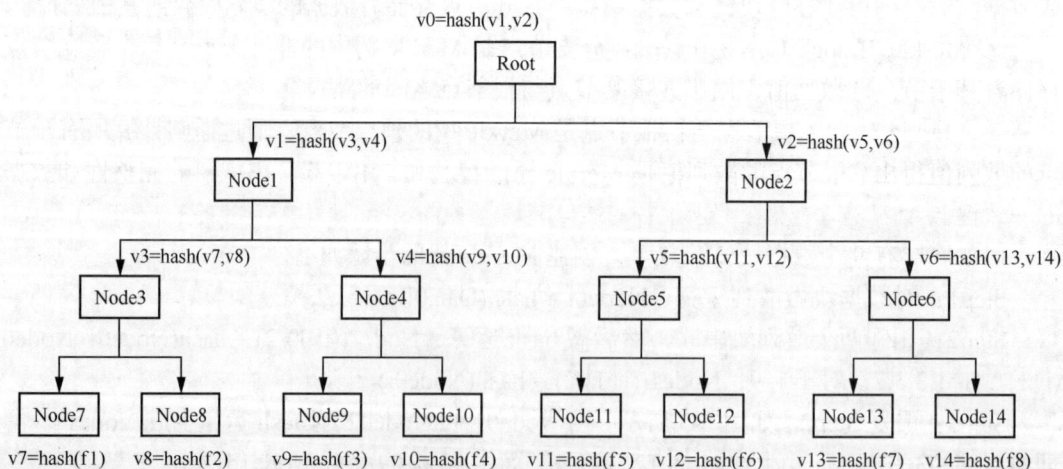

图 6-4　Merkle 树示例

从图 6-4 可知，叶子节点 node7 的 v7 = hash(f1)是 f1 文件的散列值；其父亲节点 Node3

的 v3 = hash(v7, v8)，也就是其子节点 Node7、Node8 的散列值。这样，就可以表示一个层级的运算关系。Root 节点的值其实是所有叶子节点值的唯一特征。

假如 A 上的文件 f5 与 B 上的不一样，那么怎么通过两台机器的 Merkle 树信息找到不相同的文件呢？这个比较检索过程如下。

Step1：比较 v0 是否相同，如果不同，检索其子节点 Node1 和 Node2。

Step2：v1 相同，v2 不同，检索 Node2 的子节点 Node5 和 Node6。

Step3：v5 不同，v6 相同，检索并比较 Node5 的子节点 Node11 和 Node12。

Step4：v11 不同，v12 相同。Node11 为叶子节点，获取其目录信息。

Step5：检索并比较完毕。

以上过程的理论复杂度是 log(N)。

2. Patricia 树

Patricia 树则是一种前缀树，又称压缩前缀树（compact prefix tree），其设计灵感源于 Radix 树（基数树）。它的核心原理在于前缀压缩和结构的简化。Patricia 树通过合并共享的前缀来减少存储空间，内部节点拥有至少两个子节点，这样的设计降低了树的高度，提高了检索效率。与传统的二叉树相比，Patricia 树在存储和检索字符串键时具有更高的效率。

3. Base-16 编码

在 Base-16 编码中，键和散列通常以 Base-16（十六进制）编码，提供了人类可读的表示方式，并且在计算环境中易于处理。

上述这种 trie 结构允许高效地存储和共享历史块状态，并通过根散列来轻松验证区块链节点之间的状态一致性。以下是对该结构的详细说明。

（1）trie 抽象

Substrate 利用了 paritytech/trie 实现的 Base-16 Modified Merkle Patricia 树。这种 trie 结构允许动态修改内容，并能高效地重新计算其根散列。每个 trie 根据其内部数据的不同具有唯一的根散列，这使得两个拥有不同数据的 trie 始终有不同的根。区块链节点可以通过比较它们的 trie 根来快速验证它们的状态是否一致。

访问 trie 数据是相对昂贵的，每个读取操作的时间复杂度为 $O(\log N)$，其中 N 是存储在 trie 中的元素数量。为了优化性能，Substrate 使用键值缓存来减少读取操作的开销。所有的 trie 节点都存储在数据库中，并支持对 trie 状态的修剪，即当某些键值对不再被需要时，可以从存储中被移除。

（2）状态 trie

在基于 Substrate 的链上，存在一个主 trie，称为状态 trie。每个区块的头部包含了状态 trie 的根散列。这个 trie 专门用于存储规范链的内容，不包括分叉块的内容。为了管理非规范的 trie 状态（例如分叉块的数据），Substrate 引入了 state_db 层，在内存中使用内存计数来维护这些状态。

（3）子 trie

Substrate 还提供了 API 来生成具有自己根散列的子 trie，这些 trie 可以在运行时中使用。子 trie 与主状态 trie 类似，但子 trie 的根存储在主 trie 的一个节点中，而不是放在块头。子 trie 在需要独立验证特定内容时非常有用，因为其具有单独的根散列。主状态的子 trie 不能自动计算其散列值，因此在某些情况下，使用子 trie 是必要的。

通过这种 trie 抽象，Substrate 实现了高效的状态管理和验证机制，使得区块链的状态更新和验证变得更加可靠和灵活。

6.2.2　存储的使用

本小节演示如何存储值的键和存储映射（map）的键，帮助理解 6.2.1 小节中存储的结构。

1．存储值的键

Substrate 使用简单的键值存储来管理区块链的状态和数据。关键的操作之一是计算存储值的键，这是通过以下步骤完成的。

（1）模块名称散列化

首先，将存储值所属的模块名称通过 twox_128 算法进行散列化。例如，假设有一个名为"Sudo"的模块，将其使用 twox_128 算法进行散列化，得到的结果是 0x5c0d1176a568c1f92944340dbfed9e9c。

```
twox_128("Sudo") = "0x5c0d1176a568c1f92944340dbfed9e9c"
```

接下来，将存储值的名称（例如"Key"）同样使用 twox_128 算法进行散列化。

```
twox_128("Key") = "0x530ebca703c85910e7164cb7d1c9e47b"
```

最后，将两个散列值连接起来，形成最终存储值的键。

```
twox_128("Sudo") + twox_128("Key") = "0x5c0d1176a568c1f92944340dbfed9e9c530ebca703
c85910e7164cb7d1c9e47b"
```

这个最终的键值对应于存储值"Sudo::Key"的位置。在 Substrate 中，这种方式确保了存储值的唯一性和有效的检索性能。

（2）查询存储值

一旦计算出了存储值的键，可以使用 Substrate 的 RPC 接口来查询相应的存储值。例如，如果想要获取"Sudo::Key"的值，可以使用以下的 RPC 请求。

```
state_getStorage("0x5c0d1176a568c1f92944340dbfed9e9c530ebca703c85910e7164cb7d1c9
e47b")
```

在这种情况下，返回的值"0xd43593c715fdd31c61141abd04a99fd6822c8558854ccde39a5684e7a56da27d"是 Alice 的 SCALE（simple concatenated aggregate little-endian）编码之后的账户 ID（5GrwvaEF5zXb26Fz9rcQpDWS57CtERHpNehXCPcNoHGKutQY）。

正如上面的步骤所展示，非加密的 twox_128 算法用于生成存储值的键，这是因为不必支付与加密散列函数相关的性能成本，散列函数的输入（模块和存储项的名称）是由运行时开发者确定的，而不是由潜在的恶意用户确定的。

2．存储映射的键

对于存储映射，情况稍有不同。

Substrate 中的存储映射功能允许将特定的键与值相关联，其中值可以是单个数据项或更复杂的数据结构。存储映射通过特定的散列函数来确定存储在区块链状态中的位置。每个存储映射都有唯一的标识符，这个标识符的生成涉及模块名称和映射名称的散列计算。存储映射的键计算方式包括了映射的名称和每个元素的特定键。具体步骤如下。

① 模块和映射名称散列化。通过 twox_128 算法对模块名称和映射名称进行散列化，以生成映射的主键。例如，如果有一个名为"Balances"的 Pallet 和一个名为"FreeBalance"的映射，使用 twox_128 将 Pallet 和映射均计算散列值。

```
twox_128("Balances") = "0xc2261276cc9d1f8598ea4b6a74b15c2f"
twox_128("FreeBalance") = "0x6482b9ade7bc6657aaca787ba1add3b4"
```

② 将 Alice 的账户 ID 进行 SCALE 编码。使用 scale_encode 函数，可以便捷地将 Alice 账户 ID 进行 SCALE 编码，编码值是 0xd43593c715fdd31c61141abd04a99fd6822c8558854 ccde39a5684e7a56da27d。

```
scale_encode("5GrwvaEF5zXb26Fz9rcQpDWS57CtERHpNehXCPcNoHGKutQY") = "0xd43593c715
fdd31c61141abd04a99fd6822c8558854ccde39a5684e7a56da27d"
```

③ 计算 Alice 账户 ID 的 blake2_128_concat 散列值。blake2_128_concat 是 Blake2 算法的一种特定用法。在此处就是将输入的十六进制字符串进行 blake2-128_concat 散列运算，然后将散列值与原始字符串拼接在一起。

```
blake2_128_concat("0xd43593c715fdd31c61141abd04a99fd6822c8558854ccde39a5684e7a56
da27d") = "0xde1e86a9a8c739864cf3cc5ec2bea59fd43593c715fdd31c61141abd04a99fd6822c855
8854ccde39a5684e7a56da27d"
```

④ 构建存储键。将前面 Pallet 名称"Balances"的 twox_128 散列值和存储映射名称"FreeBalance"的 twox_128 散列值拼接起来，再拼接 Alice 账户 ID 的 blake2_128_concat 散列值，形成最终的存储键，其具体值如下。

```
storage_key = "0xc2261276cc9d1f8598ea4b6a74b15c2f6482b9ade7bc6657aaca787ba1add3b4
de1e86a9a8c739864cf3cc5ec2bea59fd43593c715fdd31c61141abd04a99fd6822c8558854ccde39a56
84e7a56da27d"
```

⑤ 查询存储值。使用 state_getStorage RPC 接口查询该存储键对应的值，这个值就是 Alice 账户余额的 SCALE 编码值。

```
state_getStorage("0xc2261276cc9d1f8598ea4b6a74b15c2f6482b9ade7bc6657aaca787ba1ad
d3b4de1e86a9a8c739864cf3cc5ec2bea59fd43593c715fdd31c61141abd04a99fd6822c8558854ccde3
9a5684e7a56da27d") = "0x0000a0dec5adc9353600000000000000"
```

6.2.3 SCALE 编解码器

在 6.2.2 小节中，关于存储的使用，当通过 state_getStorage RPC 接口查询存储键对应的值时，返回值为经过 SCALE 编码后的值。本小节将对 SCALE 解码器进行详细介绍。

Substrate 采用了一种轻量级且高效的编码与解码程序，以优化通过网络进行数据发送和接收的方式，该程序即为 SCALE 编解码器。

SCALE 编解码器是运行时与外部节点之间通信的关键组件。它专为在资源受限的执行环境（如 Substrate）中实现高性能、无复制的数据编码和解码而设计。SCALE 编解码器本身不提供任何类型描述，而是假定解码上下文已具备对编码数据的所有类型知识。Parity 维护的前端库使用 parity-scale-codec crate，这是 SCALE 编解码器的 Rust 实现，用于编码和解码 RPC 与运行时之间的交互。需要注意的是，SCALE 编码不仅局限于 Rust 和 Substrate，还可以被其他语言和平台重新实现，以支持不同区块链系统之间的互操作和数据交换。

其遵循的设计原则有以下几个。

① 简单性和紧凑性。SCALE 编码采用了简单和紧凑的格式，避免了通用序列化框架（例如 JSON 或 XML）可能引入的冗余和额外的开销，这使得编码后的数据尽可能地小，减少了存储和传输成本。

② 串联与聚合。数据在 SCALE 编码中以串联和聚合的方式进行排列，这种方式可以在编解码过程中高效地进行数据处理。数据被按照特定规则连接在一起，并以特定的顺序进行排列，以确保解码的准确性和高效性。

③ 小端存储。SCALE 编码采用小端（little-endian）方式，这意味着较低的有效字节位于较低的内存地址处。这种存储方式在许多现代处理器中是本地支持的，因此可以提高数据处理的效率。

④ 无复制和高性能。SCALE 编码被设计为在资源受限的环境下运行，并优化了数据的编码和解码过程，以确保高性能和低延迟。它尽可能地避免了数据复制，减少了内存和处理器的使用量。

SCALE 编解码器独特的设计原则对 Substrate 和区块链系统有利。首先，相对于通用序列化框架（如 Serde），SCALE 是轻量级的，这样有助于减少重复的样板文件，并且避免了二进制文件膨胀的问题。其次，SCALE 编解码器不依赖于 Rust 标准库（libstd），因此可以与编译为 WebAssembly（Wasm）的环境兼容，比如 Substrate 运行时。最后，它在 Rust 中有强大的支持，并且通过 #[derive(Encode, Decode)]注解提供了一种简便的方式来为新类型派生编解码器逻辑。

图 6-5 所示为 SCALE 编解码器对不同数据类型进行编码的例子。编解码器针对不同类型的原始数据有不同的规则。

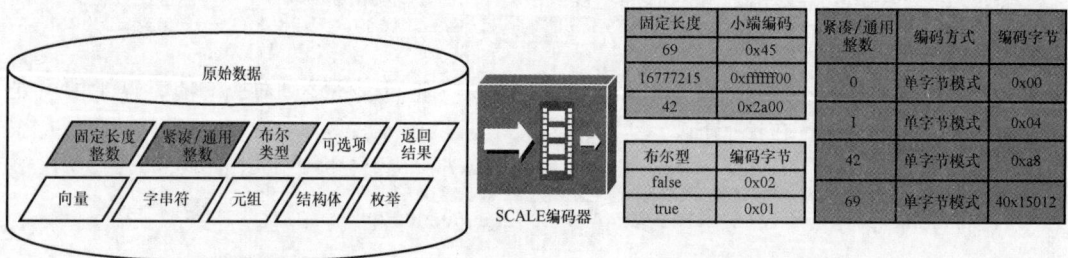

图 6-5　SCALE 编解码器对不同数据类型进行编码的例子

图 6-5 中涉及的数据"类型"有以下几种。

1．固定长度整数

通用整数使用固定长度小端格式进行编码。

2．紧凑/通用整数

紧凑/通用整数编码足以编码大整数（最大为 2^{536}），并且在编码大多数值时比固定宽度版本更有效。它用两个最低有效位进行编码。

3．布尔类型

布尔类型使用单字节的最低有效位进行编码。

4．可选项

特定类型的一个或零值，如表 6-1 所示。

表 6-1　可选项编码方式

Option 类型编码	编码
None	0x00
Some、Some(42)	0x01、0x01 42
布尔类型	编码
None	0x00
true	0x01
false	0x02

5．返回结果

结果是常用的枚举类型，表示某些操作是成功还是失败。其编码为 0x00（如果操作成功，返回编码值)、0x01（如果操作失败，返回编码错误）。示例如下：

```
// A custom result type used in a crate.
let Result = std::result::Result<u8, bool>;
```

返回的结果可以是 Ok(42):0x002a 或者 Err(false):0x0100。

6．向量

向量包含 lists、series、sets，它是对一组相同类型的值进行编码，以项目数量的紧凑编码为前缀，然后依次连接每个项目的编码。

一组无符号 16 位整型向量如下。

```
[4, 8, 15, 16, 23, 42]
```

SCALE 编码字节如下。

```
0x18040008000f00100017002a00
```

7．字符串

字符串是包含有效 UTF8 序列的向量。例如，"hello"这个字符串被编码为

```
0x05 0x68 0x65 0x6c 0x6c 0x6f
```

其中，0x05 表示字符串的长度为 5 字符，后面的字节表示每个字符的 UTF-8 编码。

8．元组

一系列固定大小的值，每个值都有可能不同但为预先确定的固定类型。这只是每个编码值的串联，例如，元组(3,false)被编码为 0x0c00，其中 0x0c 表示元组的编码方式，包括一个紧凑整数和一个布尔值。

9．结构体

对于结构体，值是命名的，但这与编码无关（名称被忽略，只有顺序重要）。所有容器连续存储元素。元素的顺序不是固定的，取决于容器，在解码时不能依赖。这隐含地意味着将某些字节数组解码为强制执行顺序的指定结构，然后重新编码它可能会导致与解码的原始字节数组不同的字节数组。例如，一个 SortedVecAsc<u8> 结构体内容为[3, 5, 2, 8]，其会被编码为

```
0x04 0x03 0x05 0x02 0x08
```

其中，0x04 表示元素数量为 4，后面字节是按升序排列的元素编码。

10. 枚举

固定数量的变量中每一个变量都是互斥的，并可能会包含另一个或另一系列的值。编码后的第一字节表示值所在变量的索引，后面的字节是该变量所包含的实际值的编码结果。因此，最多支持 256 个变量，示例如下。

```
enum IntOrBool {
    Int(u8),
    Bool(bool),
}

Int(42) : 0x002a
Bool(true) : 0x0101
```

6.3 链下操作

在众多应用场景中，往往需要从链下数据源获取数据，或者在对链上状态进行更新之前，在链上进行此前的链下处理。传统的方法是通过预言机（Oracle）连接至传统数据源。然而，此方法在安全性、可扩展性以及基础设施效率等方面存在一定的局限性。在 Substrate 中，采用了链下操作的方式，包括链下工作机（offchain worker）、链下存储（offchain storage）和链下索引（offchain indexing）。

6.3.1 链下操作的概念与原理

链下操作是指从一个链下数据源查询数据或在区块链状态更新之前，利用链下资源执行数据处理逻辑的过程。此类操作通常涉及在区块链之外执行的计算任务，旨在处理具有高计算资源需求或实时性要求的任务，这些任务不宜在区块链上执行，因区块链的执行环境通常对计算力和响应速度存在一定限制。例如，对于复杂的数据分析、机器学习模型的训练以及大规模数据处理等应用场景，通过链下操作能够高效完成相关任务，而无须直接在区块链上进行处理。

为了提升链下数据集成的安全性和效率，Substrate 支持链下操作的多个特性。

首先，链下工作机子系统能够处理长时间运行且非确定性的任务，包括网络请求、数据加密/解密与签名、随机数生成、CPU 密集型计算以及链上数据的枚举、汇总等。这些任务的执行时间可能会超过出块时间。

其次，链下存储为 Substrate 节点提供了本地存储，该存储既可供链下工作机访问（包括读写操作），也可被链上逻辑通过链下索引进行写入（但无法读取）。此方案特别适合 Worker 线程之间的通信，以及存储不需要全网共识的用户或节点数据。

最后，链下索引也有强大功能。链下索引是指为区块链上的数据建立索引、聚合和搜索功能的服务或工具，这些功能通常在链上的数据量庞大或需要实时查询的情况下特别有用。链下索引允许运行时可以独立于链下工作机直接写入链下存储设备，也是对链上状态的补充。它为链上逻辑提供了临时存储，适合存储无限增长的数据，而不过度消耗链上存储空间。每次处理区块时，链下索引填充链下存储，以确保数据一致性，并在不同节点间提供相同的视图。

链下功能运行于自己的 Wasm 执行环境中，在 Substrate 运行时之外。分离这些关键点确保了区块生产不会受到链下任务长时间运行的影响。链下功能与运行时声明在相同的代码中，可以很轻松地访问链上状态并进行计算。

1．链下工作机

如图 6-6 所示，链下工作机能够利用扩展 API 与外部环境进行通信，其具体功能如下。

① 能够向链上提交交易 submit transactions（已签名或未签名）发布计算结果。

② 全功能 HTTP 客户端，使链下工作机可访问和获取外部数据。

③ 访问本地密钥库来签署、验证声明（statements）或交易。

④ 数据加密、随机数生成。

⑤ 访问节点的精确本地时间、休眠和恢复工作的能力等。

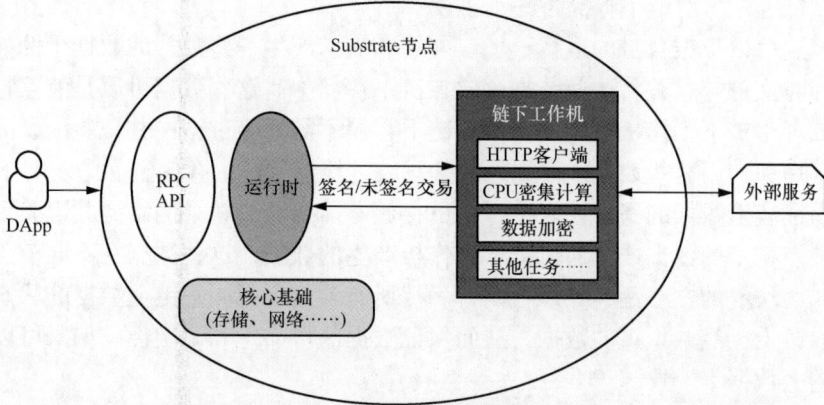

图 6-6　链下工作机的功能

链下工作机可以从运行时实现的一个特殊函数内启动，即 fn offchain_worker(block: T::BlockNumber)，这个函数本身就是一个钩子函数，在区块导入结束时异步运行。由于链下工作机不受运行时间的限制，因此在任何单个实例上都可能有多个链下工作机实例在运行，由 PREVIOUS 启动阻止导入。这种逻辑参考图 6-7：区块 1 导入结束之后，异步执行链下工作机 1，并且链下工作机 1 在区块 2 导入之前就结束了；区块 2 导入结束之后，触发一个链下工作机 2 异步执行，并且其执行时间较长；同样地，区块 3 导入结束之后，触发了链下工作机 3 异步执行，并且其在区块 4 导入之前就结束了。可以发现，链下工作机 2 执行的时间不受区块限制，并且在同一时刻，有多个链下工作机在运行（链下工作机 2 和链下工作机 3）。

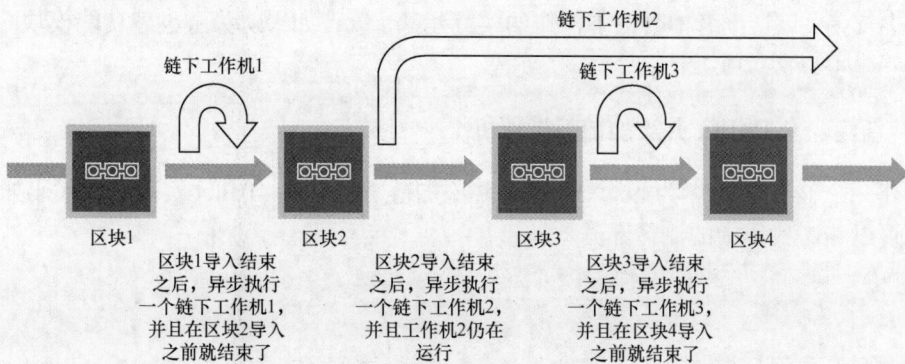

图 6-7　链下工作机工作机制

将结果传回链上，链下工作机可以提交签名或无签名交易，将数据包含在后续区块中。值得注意的是，链下工作机的交易不受常规交易验证约束，所以需要另外实现一套交易验证机制（例如投票、取平均值、检查提交人签名或简单地"信任"提交人），以确定哪些信息能够记录在链上。

2. 链下存储

该存储机制是链下的，意味着数据并不直接存储在区块链上。访问该存储可以通过链下工作节点进行读取和写入操作，而链上逻辑则仅用于数据写入。此外，该存储在区块链网络之间是独立存在的，因此不需要进行共识计算。

为什么链上逻辑对链下存储可写不可读？

每个节点可以根据自身的运行环境、配置和需求产生一些独特的数据（例如程序运行时产生的临时文件），并将这些数据存储在链下存储中。这些数据可以是节点特定的、用户特定的或者由链下工作机生成的。由于链下存储不需要经过全网共识验证，因此节点可以自主地管理和使用这些数据，而无须将其写入区块链的链上存储空间中。

为了保证链上数据的一致性。由于链下存储不需要经过整个网络的共识验证，因此它可以包含节点特定的数据或者通过链下工作机产生的数据，这些数据在不同节点之间可以有所不同。区块链的核心是其共识机制，确保所有参与者都同意链上数据的状态。链上逻辑只能读取链上已经共识过的数据，从而保证数据的可靠性和确定性。如果可以读取，可能会导致链上数据不一致。

链下数据的不确定性。链下存储的数据可以由链下工作机动态写入，这些数据可能并未经过区块链的共识验证。因此，如果允许链上逻辑直接读取链下存储，可能会导致数据的不一致或不可靠，破坏了区块链的安全性和一致性。

由于在每个区块导入过程中会有一个链下工作机产生，因此无论何时都可能存在多个链下工作机在运行。与多线程编程环境类似，在访问存储时，也有实用程序互斥锁定存储，以保证数据的一致性。链下存储设备可以充当各链下工作机之间以及链外逻辑和链上逻辑之间相互通信的桥梁。它可以通过 RPC 来读取，因此适合存储无限增长的数据，从而不会过度消耗链上存储空间。

6.3.2 使用链下工作机提交交易

在 6.3.1 小节介绍了链下工作机的强大之处，本小节将进行一个实验，使用链下工作机提交签名交易，以让读者体会链下操作的实际用法。读者如果对为链创建功能模块（Pallet）不够熟悉，可以阅读 6.4 节。

1. 新建一个 Pallet 并添加链下工作机

新建一个 Pallet（命名为 ocw-sigtx），并添加链下工作机。Pallet 实现的源代码如下（具体细节可以参考代码中的注释部分）。

```
#![cfg_attr(not(feature = "std"), no_std)]
// ==========================
/*
需要关注的第一部分
这部分主要用于在 offchain worker 提交签名交易时进行签名。在实际的开发中，这部分基本上是固定的写
```

法。在 Substrate 中支持 ed25519 和 sr25519，此处使用的是 sr25519 作为例子。以下代码中 KEY_TYPE 是 offchain worker 签名时检索 key 使用的类型，由开发者指定，这里指定为 "demo"

```
*/
// ========================
use sp_core::crypto::KeyTypeId;
pub const KEY_TYPE: KeyTypeId = KeyTypeId(*b"demo");
pub mod crypto {
  use super::KEY_TYPE;
  use sp_runtime::app_crypto::{app_crypto, sr25519};
  app_crypto!(sr25519, KEY_TYPE);
}
pub type AuthorityId = crypto::Public;
// ========================
pub use pallet::*;
#[frame_support::pallet]
pub mod pallet {
  use frame_support::pallet_prelude::*;
  use frame_system::pallet_prelude::*;
  use frame_system::offchain::{
    AppCrypto, CreateSignedTransaction, SendSignedTransaction, Signer,
  };
  #[pallet::pallet]
  #[pallet::generate_store(pub(super) trait Store)]
  pub struct Pallet<T>(_);
  // ========================
/*
   需要关注的第二部分
该部分主要是支持 offchain worker 提交签名交易的 config 配置，需要注意以下两点：
（1）config 需要继承 CreateSignedTransaction；
（2）需要定义类型 type AuthorityId: AppCrypto<Self::Public, Self::Signature>;
*/
  #[pallet::config]
  pub trait Config: frame_system::Config + CreateSignedTransaction<Call<Self>> {
    type AuthorityId: AppCrypto<Self::Public, Self::Signature>;
    type Event: From<Event<Self>> + IsType<<Self as frame_system::Config>::Event>;
  }
  // ========================
  #[pallet::storage]
  pub type SomeInfo<T: Config> = StorageMap<_, Blake2_128Concat, u64, u64, ValueQuery>;
  #[pallet::event]
  #[pallet::generate_deposit(pub(super) fn deposit_event)]
  pub enum Event<T: Config> {
    SetSomeInfo(u64, u64),
  }
  #[pallet::error]
  pub enum Error<T> {
    OffchainSignedTxError,
    NoAcctForSigning,
  }
  // ========================
  // 需要关注的第三部分
该部分调用 offchain worker 是在钩子函数中实现的
  // ========================
```

```
#[pallet::hooks]
impl<T: Config> Hooks<BlockNumberFor<T>> for Pallet<T> {
  fn offchain_worker(block_number: T::BlockNumber) {
    log::info!(target: "ocw", "before offchain_worker set storage: {:?}", block_number);
    let result = Self::offchain_signed_tx(block_number);
    log::info!(target: "ocw", "after offchain_worker set storage: {:?}", block_number);
    if let Err(e) = result {
      log::error!(target:"ocw", "offchain_worker error: {:?}", e);
    }
  }
}
#[pallet::call]
impl<T: Config> Pallet<T> {
  #[pallet::weight(0)]
  pub fn submit_something_signed(
    origin: OriginFor<T>,
    number: u64,
  ) -> DispatchResultWithPostInfo {
    log::info!(target:"ocw", "11111 +++++++++++++++++ ");
    ensure_signed(origin)?;
    let mut cnt: u64 = 0;
    if number > 0 {
      cnt = number;
    }
    log::info!(target:"ocw", "+++++++++++++++++ offchain_worker set storage:
{:?}, cnt: {:?}", number, cnt);
    SomeInfo::<T>::insert(&number, cnt);
    Self::deposit_event(Event::SetSomeInfo(number, cnt));
    Ok(()).into())
  }
}
impl<T: Config> Pallet<T> {
  fn offchain_signed_tx(block_number: T::BlockNumber) -> Result<(), Error<T>> {
    let signer = Signer::<T, T::AuthorityId>::any_account();
    log::info!(target:"ocw", "+++++++++++++++++, can sign: {:?}", signer.can_sign());
    let number: u64 = block_number.try_into().unwrap_or(0);
    // 需要关注的部分
    let result = signer.send_signed_transaction(|_acct| Call::submit_something_
signed { number });
    if let Some((_acc, res)) = result {
      if res.is_err() {
        return Err(<Error<T>>::OffchainSignedTxError)
      }
      Ok(())
    } else {
      Err(<Error<T>>::NoLocalAcctForSigning)
    }
  }
}
```

2. 在运行时中使用 ocw-sigtx pallet

正如在第 4 章中所学习的内容，此时需要在运行时中为要添加的 Pallet 新增配置参数。

编辑 runtime/src/lib.rs 文件，添加如下内容。

```rust
impl<LocalCall> frame_system::offchain::CreateSignedTransaction<LocalCall> for Runtime
where
    Call: From<LocalCall>,
{
    fn create_transaction<C: frame_system::offchain::AppCrypto<Self::Public, Self::Signature>>(
        call: Call,
        public: <Signature as sp_runtime::traits::Verify>::Signer,
        account: AccountId,
        nonce: Index,
    ) -> Option<(Call, <UncheckedExtrinsic as sp_runtime::traits::Extrinsic>::SignaturePayload)> {
        let tip = 0;
        // 尽可能延长时间
        let period = 1 << 7;
        // BlockHashCount::get().checked_next_power_of_two().map(|c| c/2).unwrap_or(2) as u64;
        let current_block = System::block_number()
            .saturated_into::<u64>()
            // System::block_number 被初始为 n+1，所以实际的块编号为 n
            .saturating_sub(1);
        let era = Era::mortal(period, current_block);
        let extra = (
            frame_system::CheckNonZeroSender::<Runtime>::new(),
            frame_system::CheckSpecVersion::<Runtime>::new(),
            frame_system::CheckTxVersion::<Runtime>::new(),
            frame_system::CheckGenesis::<Runtime>::new(),
            frame_system::CheckEra::<Runtime>::from(era),
            frame_system::CheckNonce::<Runtime>::from(nonce),
            frame_system::CheckWeight::<Runtime>::new(),
            pallet_transaction_payment::ChargeTransactionPayment::<Runtime>::from(tip),
        );
        let raw_payload = SignedPayload::new(call, extra)
            .map_err(|e| {
                log::warn!("Unable to create signed payload: {:?}", e);
            })
            .ok()?;
        let signature = raw_payload.using_encoded(|payload| C::sign(payload, public))?;
        let address = <Self as frame_system::Config>::Lookup::unlookup(account);
        let (call, extra, _) = raw_payload.deconstruct();
        Some((call, (address, signature.into(), extra)))
    }
}
impl frame_system::offchain::SigningTypes for Runtime {
    type Public = <Signature as sp_runtime::traits::Verify>::Signer;
    type Signature = Signature;
}
impl<C> frame_system::offchain::SendTransactionTypes<C> for Runtime
where
    Call: From<C>,
{
    type OverarchingCall = Call;
    type Extrinsic = UncheckedExtrinsic;
}
```

```
    // ==========================
    // 以上基本为固定写法，下面还需为运行时中添加 pallet_ocw_sigtx::Config
    // ==========================
pub struct MyAuthorityId;
impl frame_system::offchain::AppCrypto<<Signature as Verify>::Signer, Signature>
for MyAuthorityId {
    type RuntimeAppPublic = pallet_ocw_sigtx::crypto::Public;
    type GenericSignature = sp_core::sr25519::Signature;
    type GenericPublic = sp_core::sr25519::Public;
}
impl pallet_ocw_sigtx::Config for Runtime {
    type AuthorityId = MyAuthorityId;
    type Event = Event;
}
construct_runtime!(
  pub enum Runtime where
    Block = Block,
    NodeBlock = opaque::Block,
    UncheckedExtrinsic = UncheckedExtrinsic
{
    System: frame_system,
    // 在其他已有代码中，添加下面一行
    OcwSigtx: pallet_ocw_sigtx,
}
```

3．编译、启动节点

执行以下命令编译、启动节点。

```
cargo build
./target/debug/node-template --dev
```

4．交互

查看节点启动之后的输出，看到类似图 6-8 的输出信息，其中"before offchain_worker set storage: 1"正是在前文代码中添加的内容。出现该信息说明交互成功了。此时输出"can sign: false"，是因为在代码逻辑中发送一个签名交易需要一个 key，而此时其还没有被添加。

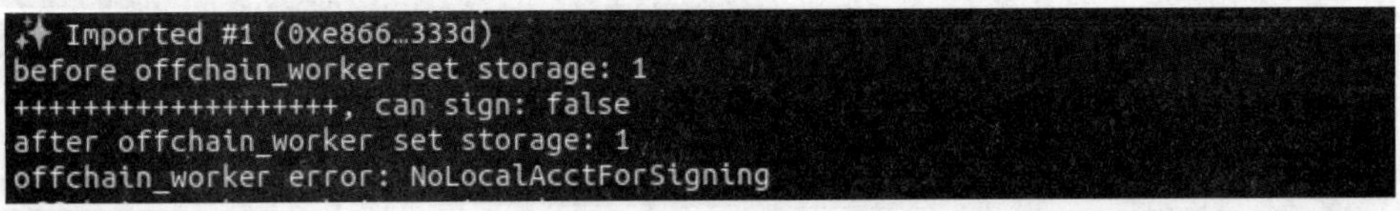

图 6-8　OCW 提交签名交易

5．插入 key

首先使用 Subkey 子程序生成一个 sr25519 的 key，然后按照图 6-9 的界面，使用 insertKey 函数将生成的 key 添加到链中，key 的类型为 demo，suri 的位置输入助记词，最后输入公钥。

如果看到类似图 6-10 中的输出信息，说明 OCW 提交签名交易成功，本次实验成功。其中"can sign: true"，说明通过链下工作机提交了一个签名交易。

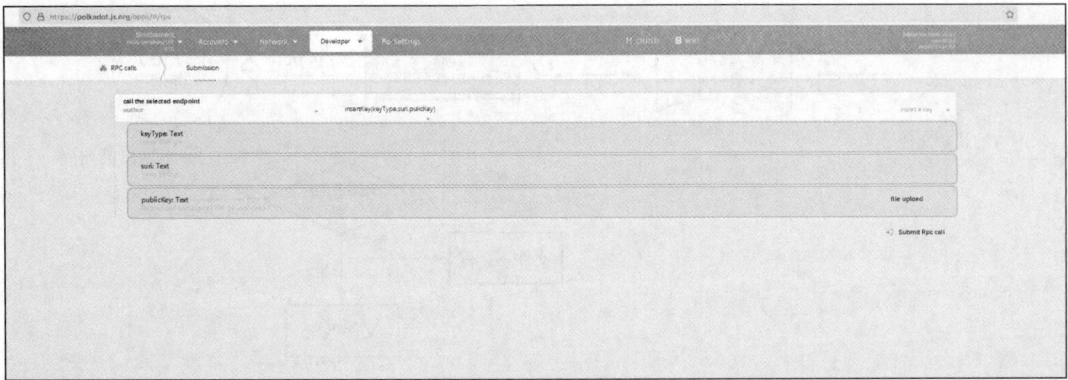

图 6-9　插入 key

图 6-10　实验成功

6.4　DApp 开发

本节中，将使用 Substrate 区块链开发框架和 Frame 库创建一个自定义的"存在证明（Proof of Existence，PoE）"去中心化应用（DApp），并一步步地完成以下步骤。

（1）修改节点模板，从头开始添加用户的自定义 PoE 模块并创建相应的 API。

（2）使用交互工具与创建的模块进行交互。

（3）修改前端模板，添加一个自定义用户界面与 API 进行交互。

（4）将自定义的模块发布到仓库中。

需要明确的一点是，DApp 通过与 Substrate 的运行时交互来执行操作，而运行时中的 Pallet 则提供了这些操作所需的具体实现。因此，DApp 可以看作 Pallet 功能的最终用户和应用场景。

6.4.1　创建前的准备工作

1．关于存在证明

将要创建的 DApp 是一种存在证明（PoE）服务。存在证明是一种在线服务，它通过区块链中的交易时间戳来验证截至特定时间的计算机文件是否存在。

如图 6-11 所示，用户不是将整个文件上传到区块链以"证明其存在"，而是提交文件的散列值 0x451351351，又称为文件摘要或校验和。大文件可以由一个小的散列值唯一表示，这对于在区块链上进行存储有着非常重要的作用。任何拥有原始文件的用户都可以通过简单地重新计算文件的散列值，并将其与存储在链上的散列值进行比较来证明该文件与区块链上的文件匹配。

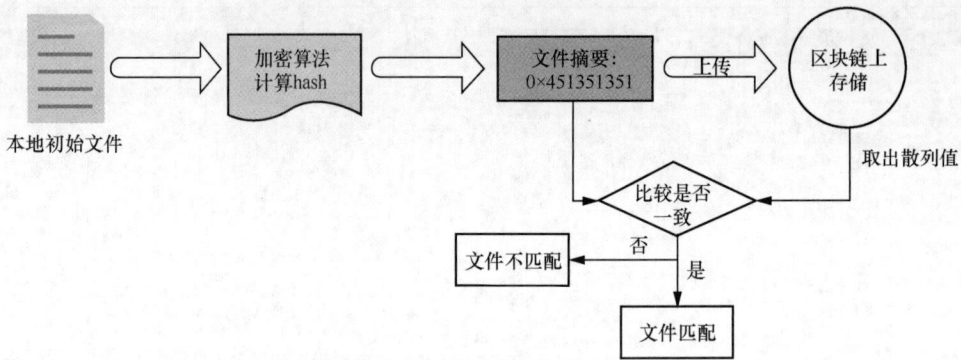

图 6-11 PoE 服务原理

除此之外，区块链还通过映射到公钥的账户提供了一个强大的身份系统，并且通过建立在这些密钥之上的关联可以看到身份模块。因此，当文件摘要存储在区块链上时，还可以记录上传该文件摘要的账户。这样便允许该账户的控制者在后续证明他们是声明该文件的原始用户。

2．模板下载

本节将继续使用之前章节中的实验使用的节点模板。

3．接口与设计

PoE 接口将开放以下两个可调用的功能。

① create_claim()：允许用户通过上传文件摘要来声明文件的存在。

② revoke_claim()：允许债权的当前所有者撤销其所有权。

6.4.2 创建 PoE Pallet

参考前几章的实验，大多数是通过引入一个已有的 Pallet 到运行时中使用。创建一个自定义的 Pallet，需要使用 Rust 语言对 Pallet 的功能进行实现，再将其添加到运行时中使用。在节点模板中 pallets/template/目录已经提供了一个在 Substrate 中添加 Pallet 实现的模板。接下来，将对该模板进行详细解析。

使用文本编辑器打开 pallets/template/src/lib.rs，其大体结构如下。

```rust
// 所有 Pallet 必须配置为 no_std，并确保在 no_std 环境下编译时不使用标准库
#![cfg_attr(not(feature = "std"), no_std)]

pub use pallet::*; // 重新导出 Pallet 项，以便从 crate 命名空间访问它们

#[frame_support::pallet] // 用于定义一个 Pallet 模块
pub mod pallet {
    use frame_support:: pallet_prelude::*;
    use frame_system::pallet_prelude::*;

    // 声明 Pallet 类型
    #[pallet::pallet]
    pub struct Pallet<T>(_);
```

```
#[pallet::config]        // <--配置参数的位置
#[pallet::event]         // <--配置事件的位置
#[pallet::error]         // <--配置错误的位置
#[pallet::storage]       // <--配置存储的位置
#[pallet::call]          // <--配置可调用函数的位置
}
```

从上述代码中不难看出，一个完整的 Pallet 框架应该是：类型声明、配置参数 config、事件 event、错误 error、存储 storage 和可调用函数 call。这样已经声明了模块运行所需的依赖项和宏。

下面基于这个 Pallet 模板的框架，逐步实现框架中的各个部分，以实现自己的 PoE Pallet。

1. 复制并重命名目录且删除多余文件

将 pallets/template 目录复制并重命名为 pallets/simple_pallet。由于本次实验只涉及 lib.rs，因此可以删除 simple_pallet/src 中除了 lib.rs 之外的其他文件。用户可以参考接下来的命令行完成操作。

```
// 复制 pallets/template 目录并重命名为 pallets/simple_pallet
cp -r pallets/template pallets/simple_pallet
// 进入目录
cd pallets/simple_pallet/src
// 删除多余文件
rm -f !("lib.rs")
```

2. 修改 simple_pallet/Cargo.toml

修改 Pallet 的名称。使用文本编辑器，在 simple_pallet/Cargo.toml 文件中修改如下字段。

```
[package]
name = "pallet-simple-pallet"
// 如果有需求，再修改其他部分，在此暂不修改
```

3. 定义模块配置

每个模块都有一个组件叫作 Config，作用是配置管理。这个组件是一个 Rust 的 "trait"（Rust 中的 trait 类似于 C++、Java 和 Go 等语言中的接口），要定义模块配置（Config）。将 pallets/simple_pallet/src/lib.rs 文件中#[pallet::config]行替换为以下块。

```
// 通过指定 Pallet 所依赖的参数和类型来配置 Pallet
#[pallet::config]
pub trait Config:frame_system::Config{
    // 因为这个 Pallet 会触发事件，它依赖于运行时对事件的定义
    type Event:From<Event<Self>>+IsType<<Self as frame_system::Config>::Event>;
}
```

4. 定义模块事件

现已经配置了该模块来触发事件，接着定义这些事件。该模块只会在两种情况下触发事件：当一个新的证明被添加到区块链中或者当证明被移除时。

事件可以包含一些额外的数据。在这种情况下，每个事件还将显示谁触发了事件（AccountId），以及正在存储或删除的证明数据。请注意，约定是在事件文档的末尾包含这些参数的描述性名称的数组。

要实现这一点，请将 pallets/simple_pallet/src/lib.rs 文件#[pallet::event]模块替换为以下内容。

```
// 事件定义
// 定义事件枚举，描述 Pallet 可能触发的事件
// ClaimCreated 事件在创建声明时被触发
// ClaimRevoked 事件在撤销声明时被触发

#[pallet::event]
#[pallet::generate_deposit(pub(super) fn deposit_event)]
pub enum Event<T: Config> {
    // 创建声明时触发的事件
    ClaimCreated { who: T::AccountId, claim: T::Hash },
    // 所有者撤销声明时触发的事件
    ClaimRevoked { who: T::AccountId, claim: T::Hash },
}
```

5. 模块错误处理

第四步中定义的事件指示了一个对模块的调用何时被成功完成。类似地，模块错误可以用于指示调用失败的时间以及失败的原因。例如，在尝试声明新证据时可能会出现 AlreadyClaimed 错误：证明已经被声明过。当然，用户不能声明已经声明过的证明。NoSuchClaim 和 NotClaimOwner 错误可能在尝试撤销证明时出现。要实现上述功能，请在 pallets/simple_pallet/src/lib.rs 文件中将#[pallet::error]行替换为以下内容。

```
// 错误定义
// 定义错误枚举，描述 Pallet 可能遇到的错误
// AlreadyClaimed 表示声明已经存在
// NoSuchClaim 表示声明不存在
// NotClaimOwner 表示声明的所有者与调用者不一致

#[pallet::error]
pub enum Error<T> {
    // 声明已经存在
    AlreadyClaimed,
    // 声明不存在，所以不能撤销
    NoSuchClaim,
    // 声明属于其他账户，因此调用者不能撤销
    NotClaimOwner,
}
```

6. 模块存储

为了向区块链添加新的证明，只需将该证明存储在模块的相应存储位置上。为了存储该值，需要创建一个从证明到该证明的所有者以及制作该证明的区块号的散列映射。将使用 Frame 的 StorageMap 来跟踪这些信息。要实现这一点，请在 pallets/simple_pallet/src/lib.rs

文件中将 #[pallet::storage]行替换为以下内容。

```
// 存储项定义
// 定义存储映射，用于存储声明信息
// Claims 映射键是 T::Hash 类型的，值是一个元组，包含声明的所有者账户 ID 和区块号

#[pallet::storage]
pub(super) type Claims<T: Config> = StorageMap<_, Blake2_128Concat, T::Hash,
(T::AccountId, BlockNumberFor)>;
```

7．模块回调函数

正如模块的事件和错误处理中所示，需要有如下两个"可调度函数"使用户可以在这个 Frame 模块中调用。

① create_claim 函数：允许用户通过上传文件摘要来声明存在一个文件。

② revoke_claim 函数：允许存证的拥有人撤销他们的拥有权。

这两个函数将使用基于以下逻辑的 StorageMap：如果一个证明有一个所有者和一个区块号，则知道它已被声明，否则，证明可以被声明（并写入存储）。要实现这一点，请在 pallets/simple_pallet/src/lib.rs 文件中将#[pallet::call]行替换为以下内容。

```
// 可调度函数允许用户与 Pallet 交互并调用状态变化
// 这些函数作为"外部交易"（extrinsic）存在，通常与交易相比较
// 可调度函数必须用权重注释且必须返回 DispatchResult
// create_claim 函数创建声明
// revoke_claim 函数撤销声明
#[pallet::call]
impl<T: Config> Pallet<T> {
#[pallet::weight(Weight::default())]
  #[pallet::call_index(1)]
  pub fn create_claim(origin: OriginFor<T>, claim: T::Hash) -> DispatchResult {
    // 检查外部交易是否已签名并获取签名者
    // 如果外部交易未签名，此函数将返回错误
    let sender = ensure_signed(origin)?;
    // 验证指定的声明尚未存储
    ensure!(!Claims::<T>::contains_key(&claim),Error::<T>::AlreadyClaimed);
    // 从 Frame System pallet 获取当前区块号
    let current_block = <frame_system::Pallet<T>>::block_number();
    // 存储声明及其发送者和区块号
    Claims::<T>::insert(&claim, (&sender, current_block));
    // 触发声明已被创建的事件
    Self::deposit_event(Event::ClaimCreated { who: sender, claim });
        Ok(())
}
  #[pallet::weight(Weight::default())]
  #[pallet::call_index(2)]
  pub fn revoke_claim(origin: OriginFor<T>, claim: T::Hash) -> DispatchResult {
    // 检查外部交易是否已签名并获取签名者
    // 如果外部交易未签名，此函数将返回错误
    let sender = ensure_signed(origin)?;
    // 获取声明的所有者如果不存在，则返回错误
```

```
        let (owner, _) = Claims::<T>::get(&claim).ok_or(Error::<T>::NoSuchClaim)?;
        // 验证当前调用的发送者是否为声明所有者
        ensure!(sender == owner, Error::<T>::NotClaimOwner);
        // 从存储空间中移除声明
        Claims::<T>::remove(&claim);
        // 触发声明已被撤销的事件
        Self::deposit_event(Event::ClaimRevoked { who: sender, claim });
            Ok(())
        }
    }
}
```

至此，已经完成了创建一个 Pallet 的所有工作。值得注意的是，在本案例中，并未对 simple_pallet/Cargo.toml 进行过多的修改，因为其自带的依赖已经足够满足当前需求。如果在业务过程中需要引入其他依赖，请务必在 Cargo.toml 中进行相应的添加，这是 Rust 语言的基本要求。

8．将自定义 Pallet 添加到 runtime 中

这一部分在前面的实验中已被多次涉及，不再赘述。只需要修改 runtime/Cargo.toml 文件，新增注释处的代码即可。

```
// 加入如下几行代码
...
[dependencies]
...
pallet-simple-pallet = {
  version = "4.0.0-dev",
  default-features = false,
  path = "../pallets/simple_pallet" } // 注意这里的信息和缩写需要与 Pallet 的 Cargo.toml
文件中的保持一致
...
[features]
default = ["std"]
std = [
  ...
  "pallet-template/std",
  "pallet-simple-pallet/std", //上面编写的 Pallet
  ...
]
```

修改 runtime/src/lib.rs 文件，为自定义 Pallet 新增 Config，添加如下代码。

```
impl pallet_simple_pallet::Config for Runtime {
  type Event = Event;
// 上面的定义中只有一个关联类型 Event
  // "="右边的 Event 实际上是 frame system 中的 Event
}
// 加入如下几行代码
construct_runtime!(
  pub enum Runtime where
    Block = Block,
    NodeBlock = opaque::Block,
    UncheckedExtrinsic = UncheckedExtrinsic
  {
```

```
      ...
      /* 添加下面这一行，在这里可以看出，实际上前面实现的 simple-pallet 可以理解为一种类型。这里
在 runtime 中定义了一个变量，该变量类型是这个 pallet_simple_pallet 类型   */
      SimplePallet: pallet_simple_pallet,
   }
);
```

9. 检查新依赖项

运行以下命令检查新依赖项是否正确解析。

```
cargo check -p node-template-runtime
```

10. 构建

```
// 编译
cargo build --release
// 启动节点
./target/release/node-template --dev --tmp
```

如果一切正常，节点应该正在生成块。

6.4.3　与 DApp 交互

6.4.2 小节已经完成了构建一个具有 PoE 功能的 Pallet，现可以使用交互工具来测试其功能。在此，打开 polkadot 网站之后，选择网络，即在左上角选择你要连接的网络。选择 Development 的 "Local Node" 可以连接到本地网络。

（1）按图 6-12 的操作，导航到 "开发人员" → "外在函数" 标签。

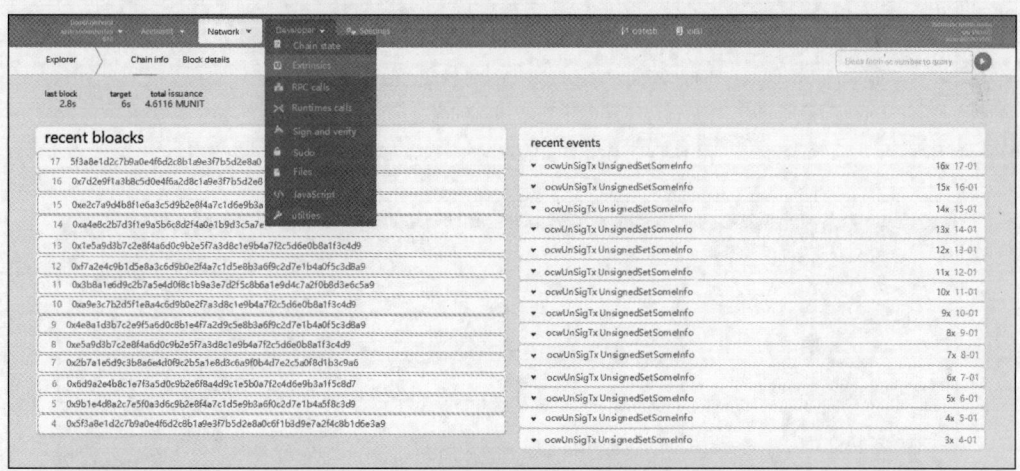

图 6-12　交互界面

（2）调整外部页面，选择 "ALICE" 作为账户，如图 6-13 所示，选择 "simplePallet" → "createClaim(id,claim)"，这就是刚才实现的 Pallet。

（3）切换到 "hash a file"，选择要在区块链上散列和声明的文件，并为文件生成了一个散列值，如图 6-14 所示。生成的散列值为

0xc34dc8fd5383415daf520a714c9af9d6cb1533771e58cfe86af23d2a501a74f31

（4）单击 "提交交易" 按钮，应该可以看到图 6-15 所示的内容。

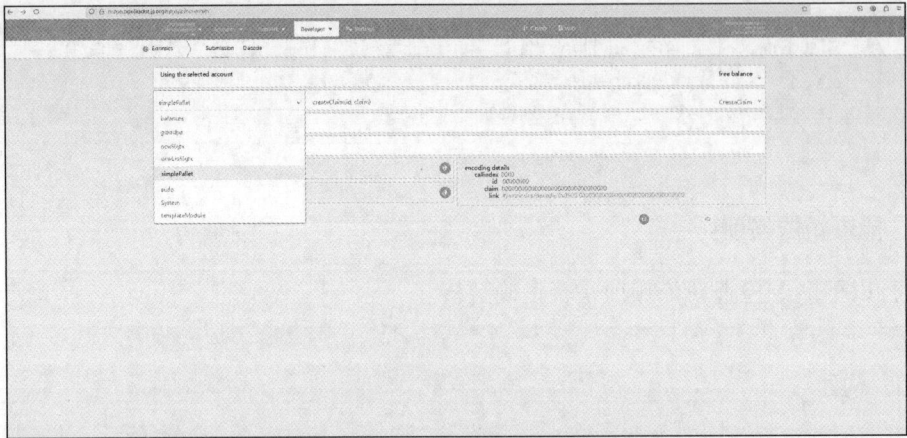

图 6-13　导航到目标 Pallet

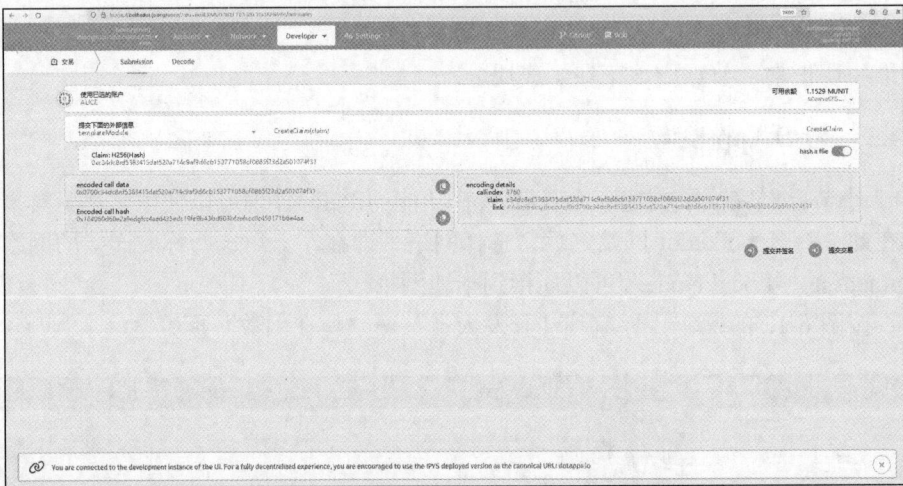

图 6-14　使用 Pallet 对一个文件进行散列

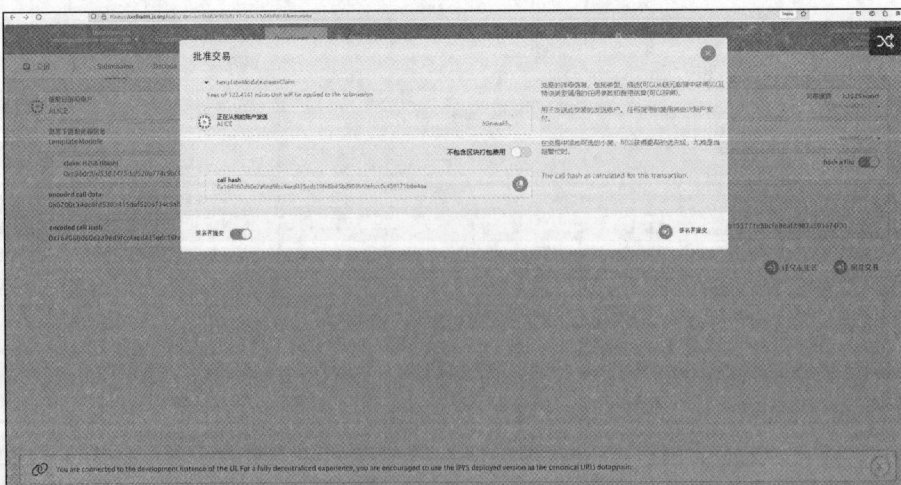

图 6-15　提交交易

（5）查看区块链上存储的 PoE。如图 6-16 所示，导航至 "Chain State" → "开发者"

标签，将状态查询设置为"templateModule"→"claims"。此外，关闭散列输入框中的"包含选项"，以便将输入保留为空。这样将可以查看到所有声明，而不是一次仅显示一个。用户将能够看到刚刚提交的文件散列值、提交者的地址（即 Alice），以及负责处理该业务的区块号 174。用户可以选择查看 174 号区块，以获取更为详细的信息。

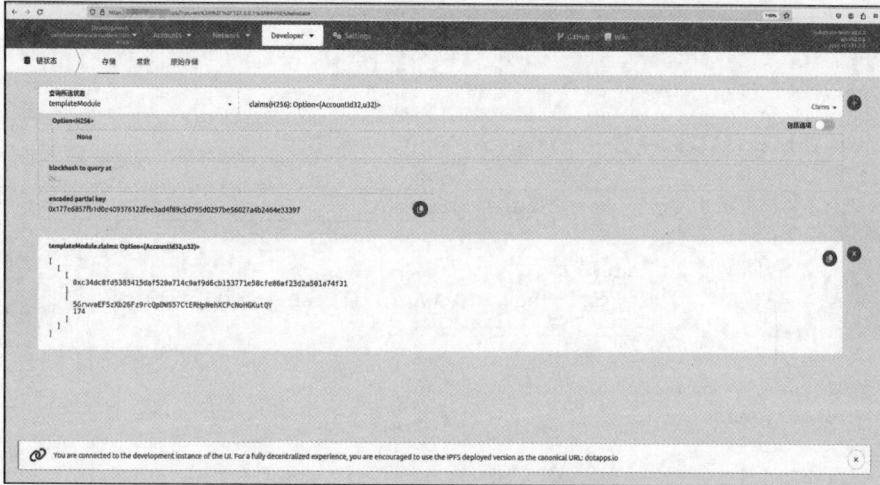

图 6-16　查看 PoE

6.4.4　创建自定义前端

在 6.4.3 小节中，使用 polkadot 网站与节点进行交互。但是不要忘了，关于节点模板，在第 4 章中曾安装了一个界面更加友好的前端模板。在本节中，将在前端模板的基础上，添加一个自定义的 React 组件，旨在利用新的 PoE Pallet 的功能。

1．使用前端模板

前端模板最好可与 yarn 2 一起使用。为确保拥有正确的版本，请执行如下命令进行更新。

```
# use yarn 2+
yarn set version berry
# update to latest yarn 2
yarn set version latest
```

2．添加自定义 React 组件

在前端模板项目中，编辑/src/文件夹中的 TemplateModule.js 文件：删除该文件的全部内容，并将其替换为以下内容。

```
// 导入依赖
import React, { useState, useEffect } from 'react';
import { Form, Input, Grid, Message } from 'semantic-ui-react';
// 预构建的用于连接到节点并进行事务处理的 Substrate 前端程序
import { useSubstrate } from './substrate-lib';
import { TxButton } from './substrate-lib/components';
// Polkadot-JS 数据散列实用工具
import { blake2AsHex } from '@polkadot/util-crypto';

// 导出的 PoE 组件
```

```
export function Main (props) {
  // 建立一个 API 来与 Substrate 节点通信
  const { api } = useSubstrate();
  // 从 AccountSelector 组件获取选中的用户
  const { accountPair } = props;
  // React Hooks（钩子）可用于跟踪所有状态变量
  // 更多可参考 reactjs 网站
  const [status, setStatus] = useState('');
  const [digest, setDigest] = useState('');
  const [owner, setOwner] = useState('');
  const [block, setBlock] = useState(0);
  let fileReader;
  // 获取文件并使用 blake2AsHex 函数创建一个摘要
  const bufferToDigest = () => {
    // 将文件内容转换为十六进制表示
    const content = Array.from(new Uint8Array(fileReader.result))
      .map((b) => b.toString(16).padStart(2, '0'))
      .join('');
    const hash = blake2AsHex(content, 256);
    setDigest(hash);
  };
  // 当一个新文件被选中时的回调函数
  const handleFileChosen = (file) => {
    fileReader = new FileReader();
    fileReader.onloadend = bufferToDigest;
    fileReader.readAsArrayBuffer(file);
  };
  // React Hooks 用于更新文件的所有者和区块号信息
  useEffect(() => {
    let unsubscribe;
    // Polkadot-JS 用于查询 Pallet 中的证明存储项的 API
    // 这是一个订阅，因此即使它发生了变化，也将始终获得最新的值
    api.query.templateModule
      .proofs(digest, (result) => {
        // 存储项返回一个元组，它被表示为数组
        setOwner(result[0].toString());
        setBlock(result[1].toNumber());
      })
      .then((unsub) => {
        unsubscribe = unsub;
      });
    return () => unsubscribe && unsubscribe();
    // 告诉 React Hooks 在文件摘要发生变化时（当选择新文件时）
    // 或者当存储订阅告知存储项的值已经变化时进行更新
  }, [digest, api.query.templateModule]);

  // 如果存储的区块号不为 0，可以说声明了文件摘要
  function isClaimed () {
    return block !== 0;
  }
  // 从组件返回的实际 UI 元素
  return (
    <Grid.Column>
      <h1>Proof Of Existence</h1>
```

```jsx
    {/*如果文件被声明或未被声明，则显示警告或成功消息*/}
    <Form success={!!digest && !isClaimed()} warning={isClaimed()}>
      <Form.Field>
        {/*带有回调 handleFileChosen 的文件选择器*/}
        <Input
          type='file'
          id='file'
          label='Your File'
          onChange={ e => handleFileChosen(e.target.files[0]) }
        />
        {/*如果文件可声明，则显示此消息*/}
        <Message success header='File Digest Unclaimed' content={digest} />
        {/*如果文件已被声明过，则显示此消息*/}
        <Message
          warning
          header='File Digest Claimed'
          list={[digest, `Owner: ${owner}`, `Block: ${block}`]}
        />
      </Form.Field>
      {/*与组件交互的按钮*/}
      <Form.Field>
        {/*用来创建声明的按钮。仅当文件被选中且还未被声明时才激活、更新“Status”*/}
        <TxButton
          accountPair={accountPair}
          label={'Create Claim'}
          setStatus={setStatus}
          type='SIGNED-TX'
          disabled={isClaimed() || !digest}
          attrs={{
            palletRpc: 'templateModule',
            callable: 'createClaim',
            inputParams: [digest],
            paramFields: [true]
          }}
        />
        {/*用来撤销声明的按钮。仅当文件被选中且已被声明时才激活、更新“Status”*/}
        <TxButton
          accountPair={accountPair}
          label='Revoke Claim'
          setStatus={setStatus}
          type='SIGNED-TX'
          disabled={!isClaimed() || owner !== accountPair.address}
          attrs={{
            palletRpc: 'templateModule',
            callable: 'revokeClaim',
            inputParams: [digest],
            paramFields: [true]
          }}
        />
      </Form.Field>
      {/*关于交易的状态信息*/}
      <div style={{ overflowWrap: 'break-word' }}>{status}</div>
    </Form>
  </Grid.Column>
  );
}
```

```
export default function TemplateModule (props) {
  const { api } = useSubstrate();
  return (api.query.templateModule && api.query.templateModule.proofs
    ? <Main {...props} /> : null);
}
```

3．启动前端

```
yarn start
```

4．交互

如图 6-17 所示，在界面中可以看到多了一个名为 "Proof Of Existence" 的栏目，选择计算机上的任何文件，将看到可以使用其文件摘要创建声明。例如，选择 PoE-2.png，为其创建了声明。

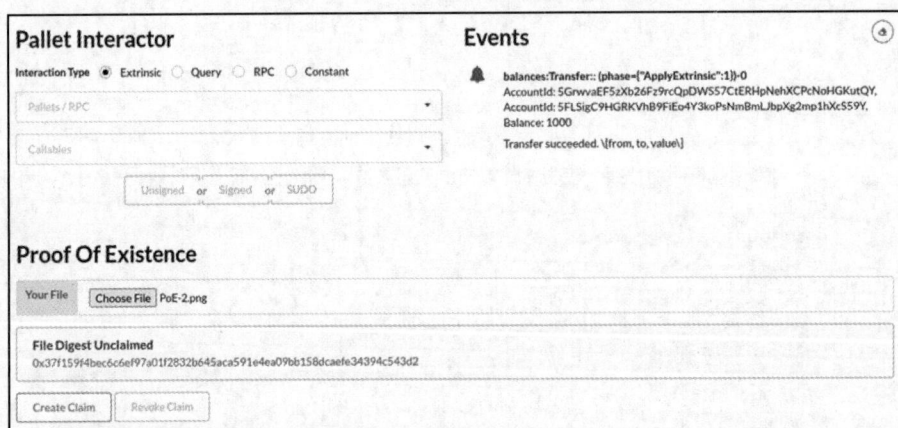

图 6-17　前端模板新增栏目

按图 6-18 的操作，如果单击 "Create Claim" 按钮，一笔交易将被发送到该自定义存在证明模块，该摘要和所选用户账户将被存储在链上。

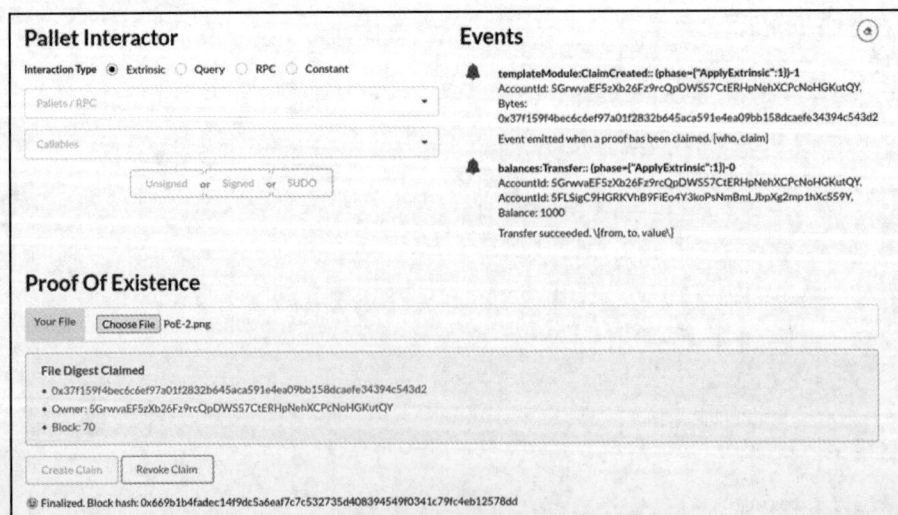

图 6-18　发送交易

如果一切顺利，应该会看到一个新 ClaimCreated 事件出现在 Events 组件中。前端会自动识别文件是否已被声明，甚至可以根据需要提供撤销声明的选项。请记住，只有所有者才能撤销声明。如果在顶部选择另一个用户账户，将看到撤销声明的选项已被禁用。

6.4.5　发布自定义的 Pallet

现已成功创建了一个 Pallet，如果需要将这个 Pallet 发布到仓库中，以供团队成员共享，来降低团队的工作量，可以参考本节内容。在本节中，将以 your-pallet-name 为例介绍如何发布自己的模块以供公众下载和使用。

1．发布到 GitHub 上并使用

要在 GitHub 上发布创建的模块，需要创建一个 GitHub 仓库并将模块代码推送到该仓库中。一旦发布，其他开发者可以使用以下代码段在他们的 Cargo.toml 中引用该 Pallet。引入方式为通过指定仓库的地址和版本（version）、分支（tag）引入 Pallet。

```
[dependencies]
your-pallet-name = { default_features = false,git = '        github.com/<your-
username>/<your-pallet>' ,version = '1.0.0' ,branch = 'master' }
// 可以选择确定的版本和分支
# rev = '<git-commit>'
# tag = '<some tag>'
```

2．发布到 creates.io 并使用

crates.io 允许无权限发布 Rust 模块。开发者可以按照关于如何在 crates.io 上发布的指南来学习该过程。一旦发布，其他开发者可以使用以下代码段在项目的 Cargo.toml 中引用目标的模块。

```
[dependencie]
your-pallet-name = {default_features = false ,version = 'some-compatible-version' }
```

上面的代码中没有指定目标包的存储库，则在默认情况下，它会在 crates.io 存储库中搜索包。如果需要将 Rust 模块发布到某个特定的存储库中，则需要修改自己的 Crate 仓库设置。

6.5　本章小结

本章中，详细地介绍了有关交易、存储和链下操作等的相关知识。

在 6.1 节中，详细介绍了区块链交易及其相关概念，明确了交易的三种主要类型——签名交易、无签名交易和内在交易的不同作用。同时，讨论了交易池的工作原理，包括其如何有效处理和管理交易。此外，该节还详细阐述了交易的生命周期，涵盖了从创建、签名到广播、验证、排序，直至最终被纳入块生成的全过程。

在 6.2 节中，对 Substrate 中存储的核心结构和使用方式进行了系统阐述。Substrate 的存储系统构建于基于 paritytech/trie 的 Base-16 Modified Merkle Patricia 树（trie）上，该树通过优化 Merkle 树和 Patricia 树的结构，实现对键值对的高效管理。为了深入理解存储的结构，6.2.2 小节详细讲解了如何计算存储值的键和存储 map 映射的键，其中涉及 SCALE 编码的知识。随后，在 6.2.3 小节中，详细介绍了 Substrate 优化数据传输的核心技术——SCALE

解编码器。

在 6.3 节中，深入探讨了 Substrate 中的链下操作如何突破传统区块链技术中数据处理的瓶颈。通过实际代码演示，展示了链下工作机如何被用来提交签名交易，包括 Pallet 的配置、签名的实现、交易的发送，以及实验结果的验证过程。

本章的最后部分通过构建一个去中心化的存在证明（PoE）应用，旨在总结 Substrate 区块链开发框架中的阶段性知识。

6.6 习题

1. 简述区块链中交易的定义。

2. 简述签名交易与无签名交易的区别，并举例说明各自的应用场景。

3. 什么是链下操作？它在区块链应用中具有哪些优势？

4. 简述 Substrate 框架中存储的结构及其使用方法，并解释存储值键的生成过程。

5. 请设计一个实验，完成使用链下工作机提交一个签名交易。完成实验后，描述具体步骤，包括代码实现和数据验证的过程。

6. 创建一个简单的 Pallet，该 Pallet 能够实现一个存储映射，并提供增加和查询数据的功能。请给出该 Pallet 基本的代码结构。

7. 创建一个简单的去中心化应用，并实现存在证明的功能。实现后，描述如何生成和存储文件的散列值，并提供验证的接口。

第7章 智能合约

设计应用程序时，最需要确定的是使用哪些方法。例如，需要确定项目最适合哪种形式交付，是智能合约（Smart Contract）、单个 Pallet、自定义运行时，抑或是平行链。如何使用 Frame 进行 Pallet 开发已经在第 4~6 章进行了讲解，本章介绍在 Substrate 区块链中进行智能合约开发。

7.1 智能合约简介

智能合约属于区块链技术的核心部分，几乎在任何区块链平台中都扮演着至关重要的角色。它不仅改变了传统合同执行的方式，还为区块链技术带来了新的应用和商业模型。本节将介绍如何在基于 Substrate 框架开发的区块链平台中开发智能合约。

7.1.1 智能合约的概念与优势

智能合约是区块链技术中独有的一种程序代码，其设计目的是自动执行、控制、记录合约中规定的交易或事件。智能合约的概念最初由计算机科学家尼克·萨博提出，并于 2009 年以比特币的形式首次出现。然而，最广为人知的智能合约实现则是在以太坊平台上，这种平台允许开发者编写和部署用于执行智能合约的代码，以代替传统的合同行为。

智能合约是一种运行在区块链上的自动化合约，包含合约条款、条件和触发机制，旨在通过程序自动执行合同条款，避免第三方介入。其核心目标是在区块链上实现复杂的业务逻辑和交易流程，以确保交易的公正性、透明性和不可篡改性。

智能合约之所以被区块链技术广泛应用，主要在于其有以下优势。

（1）去中心化：没有中央机构来控制或干预交易过程，降低了欺诈和滥用的风险。

（2）透明性：所有参与方都能看到交易的详细记录，确保了交易的公正性。

（3）不可篡改性：一旦交易被确认，就无法更改，保证了交易的安全性和可信度。

智能合约工作时遵循简单的"if/when...then..."语句，当满足并验证预先确定的条件时，区块链将执行相关操作。这些操作可能包括向相应的各方发放资金、登记载具、发送通知或开具凭单。最后，交易完成时将更新区块链。这意味着交易无法更改，只有获得许可的各方才能看到结果。

在智能合约中，可以设定多项条款以确保任务的顺利完成。为确立条款，参与者需确定交易及其数据在区块链上的表示方式，商定管理交易的"if/when...then..."规则，考虑所有可能的例外情况，并定义争议解决框架。

7.1.2 智能合约与运行时 Pallet

探讨 Substrate 框架构建去中心化应用程序的两种核心方法——智能合约与运行时 Pallet 时，不难发现它们各自在功能、安全性、性能及开发门槛上的显著差异。

1．智能合约

在 Substrate 框架中，智能合约通常使用 ink!编写，并编译成 Wasm 字节码，通过 pallet-contracts Pallet 将智能合约集成到 Wasm 运行时引擎中，在区块链节点上运行。智能合约主要用于实现复杂的业务逻辑和交易流程，以确保交易的公平、透明和不可篡改。智能合约在 Substrate 生态中扮演着关键角色：允许社区成员在既定运行时逻辑之上进行自由扩展与创新。这些合约构建于区块链之上，其设计旨在增强系统的灵活性与互动性，同时内置多重安全机制以应对潜在风险。

（1）安全增强

通过费用机制确保合约开发者为其使用的计算和存储资源付费，有效遏制滥用行为；沙盒环境限制了合约对核心区块链状态的直接修改，仅允许其修改自身状态，以及进行外部调用，从而保障系统稳定性；国家租金制度则通过收取存储费用来避免资源被无限占用的"免费午餐"现象。

（2）容错性

考虑到智能合约易出现逻辑错误，系统通常包含回滚机制，以便在事务失败时恢复旧状态，降低由错误导致的系统风险，容错性好。

（3）开发友好

智能合约降低了进入区块链开发的门槛，使得非专业开发者也能通过简单的逻辑编写参与到区块链应用的构建中来，同时作为运行时更改的实验场，为未来升级提供宝贵经验。它是一种开发友好型的程序代码。

2．运行时 Pallet

相比之下，Substrate 的运行时 Pallet 则为开发者提供了对区块链底层的全面控制权，但同时也带来了更高的开发挑战与责任。Pallet 使用 Rust 语言编写，遵循 Substrate 的模块化设计原则，是 Substrate 运行时的组成部分。每个 Pallet 都拥有独立的逻辑，开发者可以根据需求修改相应区块链状态转换函数的特征和功能。开发者可以根据需要创建自己的 Pallet，也可以重用 Substrate 附属的 Pallet 来构建区块链运行时。它们与区块链的底层基础设施紧密结合，共同构成了区块链的状态转换函数。

（1）深度访问

运行时 Pallet 允许开发者直接访问并操作区块链的每个存储项，这种深度控制权使得开发者能够构建高效、定制化的区块链解决方案。

（2）性能优化

由于去除了智能合约中常见的安全开销（如事务回滚、费用计算等），因此运行时 Pallet 能够实现更高的执行效率与性能，它适用于对性能有极高要求的场景。

（3）高准入门槛

这种深度控制权也意味着开发者需要具备更高的专业素养与责任感，以避免由错误逻辑或不良实现而导致链的损坏。

（4）自主安全设计

在运行时 Pallet 中，开发者需自行评估并应用费用机制，以确保系统不会因恶意行为而受损，这要求开发者具备深厚的区块链安全知识与实践经验。

综上所述，Substrate 智能合约与运行时 Pallet 各有千秋，前者以灵活性、安全性与开发友好性见长，后者则凭借深度访问与高性能优势在特定领域大放异彩。用户应根据项目需求、团队实力及长远规划做出明智的选择。

3．智能合约与运行时 Pallet 的比较

接下来的内容展示了二者各自的长处，以期帮助读者将来合理地选择其中一种方法。

（1）关于智能合约

讨论智能合约，需要重点考虑以下两个要素。

① 区块链规则的遵循。智能合约部署于特定区块链之上，通过该链的规则与限制约束合约的运行，确保了合约的透明性与不可篡改性，开发者必须适应并遵守底层链的各项规定，包括存储访问限制、交易类型约束等。此外，区块链通常对智能合约采取审慎态度，通过费用机制、计量系统等原生保护措施，以防范恶意或缺陷代码对系统造成潜在损害。

② 状态与隔离性。智能合约在沙盒环境中运行，其操作主要限于修改自身状态，而非直接干预底层区块链或其他合约的存储。这种设计有效隔离了合约间的相互影响，保障了系统的整体稳定性。然而，这也为智能合约的执行带来一定的额外开销，如采用回滚机制防止错误导致的状态更新，从而可能影响性能。

尽管存在上述限制，智能合约在特定场景下仍展现出巨大价值，举例如下。

a．快速开发与部署：智能合约开发门槛相对较低，允许项目在短时间内构建并上线，加速产品市场验证与迭代进程。

b．熟悉技术栈的便捷性：对于熟悉 Solidity 等智能合约开发语言的团队而言，可显著缩短项目学习曲线，加快上市时间。

c．原型设计与测试：智能合约可作为平行链上特性或功能的独立测试平台，以帮助开发者在不干扰底层网络的前提下进行快速原型设计与验证。

d．社区扩展与运行时功能：作为运行时开发者，可利用智能合约允许社区在受限范围内扩展运行时功能来促进社区参与与创新。

Polkadot 中继链本身不直接支持智能合约，但其连接的平行链可灵活实现各种状态转换，成为智能合约部署的理想平台。Substrate 作为 Polkadot 的框架，提供了强大的支持工具，如 Frame 库中的 pallet-contracts pallet，使基于 Substrate 的链能够执行 WebAssembly 编译的智能合约；Frontier 项目则进一步扩展了兼容性，使这些链能够运行 Solidity 编写的以太坊虚拟机（EVM）合约。

因此，在决定是否采用智能合约构建项目时，应综合考虑其内置的安全性、低门槛及隔离测试环境等优势，同时清醒认识到其受限于底层区块链规则、额外开销等挑战。对于 Polkadot 与 Substrate 生态系统而言，选择合适的平行链与工具链是实现智能合约高效部署与运行的关键。

（2）关于运行时 Pallet

使用 Frame 框架可以快速开发 Pallet 并集成到任何基于 Substrate 的区块链中。如果开

发者不想构建和管理一个专门为特定应用程序设计的完整区块链，此时可以将应用程序的核心逻辑实现为一个独立的 Pallet，并将其作为共享的代码库提供给社区。此时，这个 Pallet 可以被其他开发者所使用，甚至为 Polkadot 生态系统制定新的标准。为此，讨论运行时 Pallet 需要重点考虑以下三个要素。

① 编写高质量代码的重要性。与智能合约不同，Pallet 本身并不自带安全保护机制。因此，开发者在编写 Pallet 时承担着确保逻辑严谨、防止恶意利用和保障网络安全的重大责任。这意味着需要精心设计 Pallet 的方法、存储项、事件和错误处理机制，以确保它们既实用又安全。此外，开发者还需认识到，Pallet 不会引入额外的收费或计量系统，因此必须自行评估并管理资源使用。

② Pallet 作为运行时开发的"桥梁"。Pallet 不仅是区块链运行时的组成部分，更是连接开发者与运行时生态的桥梁。通过编写 Pallet，开发者能够深入探索 Substrate 的运行时机制，尝试并优化现有的 Pallet 实现，而无须直接投身于竞争激烈的应用开发领域。此外，Pallet 还为那些希望为区块链项目贡献力量的开发者提供了另一种途径，他们可以通过编写和优化 Pallet 来展示自己的技术实力和创新思维。

③ Pallet 测试与生态系统融合。虽然 Pallet 的开发往往以小规模项目为起点，但其对整个生态系统的价值却不容忽视。为了确保 Pallet 的质量和稳定性，开发者需要在运行时的上下文中对其进行全面测试，以确保其能够与不同的区块链环境兼容并稳定运行。同时，开发者还应保持对 Substrate 和 Frame 框架更新的关注，以便及时对 Pallet 进行必要的调整和优化，避免因技术迭代而引发的兼容性问题。

综上所述，智能合约用于在区块链上执行特定的业务逻辑和合约条款，Pallet 是 Substrate 框架中用于实现区块链核心功能的模块化组件。Substrate 通过 pallet-contracts pallet 支持智能合约的集成，使得智能合约可以作为运行时的一部分在 Substrate 链上运行。这意味着开发者可以将智能合约编写为 Wasm 字节码，并通过 pallet-contracts pallet 将其部署到 Substrate 链上。

Pallet 和智能合约在功能上存在一定的互补性。Pallet 提供了区块链运行时的基础功能和框架，而智能合约则可以在此基础上实现更复杂的业务逻辑和交易流程。通过组合使用 Pallet 和智能合约，开发者可以构建出功能丰富、灵活可扩展的区块链应用。

7.1.3　Wasm、以太坊虚拟机与执行器

在 7.1.2 小节中，读者已经了解为了使用智能合约，Substrate 框架提供了一系列工具和库来支持智能合约的开发和执行，使得基于 Substrate 的链能够在区块链上部署和运行多种类型的智能合约。

pallet-contracts 是一个允许在 Substrate 链上部署和执行智能合约的核心模块。它通过使用 Wasm 作为智能合约的执行环境，允许开发者使用 Rust 等语言编写智能合约，并在链上执行。

除了使用 pallet-contracts pallet 来支持基于 Wasm 的智能合约外，Substrate 还有一个名为 Frontier 的项目，专门为了增强 Substrate 链对以太坊虚拟机合约的兼容性。Frontier 项目扩展了 Substrate 链的功能，使得链能够直接运行以太坊的 Solidity 编写的智能合约。这通过集成以太坊虚拟机支持来实现，允许在 Substrate 链上部署和执行原生的以太坊合约。

由于 Wasm 格式的优点，所以第一种方式被应用得格外广泛。本小节先为读者介绍有

关 Wasm 格式的知识。

1．Wasm 格式

Wasm 是一种开放标准的低级字节码格式，旨在为 Web 和其他领域提供高性能的跨平台执行环境。它最初是为了在 Web 浏览器中执行高性能的客户端代码而设计的，但后来被广泛应用于其他领域，包括区块链技术领域。

Wasm 被设计为紧凑且高效的二进制执行格式，比起传统的解释器或虚拟机，它具有更好的执行性能和资源利用率，可以在不同操作系统和硬件架构上运行，并可以通过编译成 Wasm 字节码来实现跨平台的执行。Wasm 具有强大的安全特性，包括沙箱执行环境，可以有效防止恶意代码的影响，以保护系统和用户数据的安全。

同时，Wasm 支持多种编程语言，如 C/C++、Rust、Python 等，开发者可以使用熟悉的语言编写代码，并通过编译器将其转换为 Wasm 字节码。图 7-1 表明 Wasm 字节码可以由解释器执行，也可以编译成二进制机器码后执行。Wasm 是分布式系统开发的基础，智能合约将能够用可被编译成 Wasm 的任何语言进行开发。

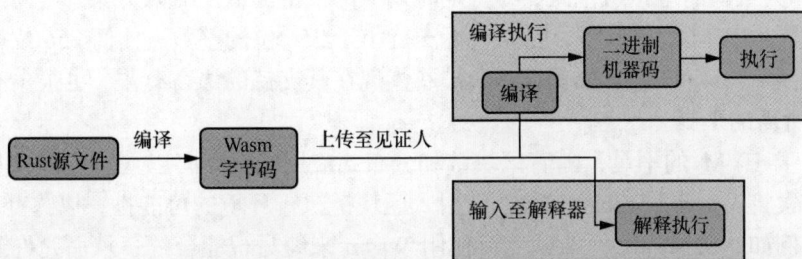

图 7-1　Wasm 格式文件的执行

Substrate 框架使用 Wasm 格式编译智能合约，部署到链上后，智能合约的 Wasm 字节码将被存储在链上，并分配唯一的合约地址。在执行过程中，智能合约的 Wasm 字节码会被加载到 Substrate 的 Wasm 运行时环境中，并按照预定义的规则执行。Substrate 使用 Wasm 运行时引擎来解释和执行 Wasm 字节码。而在其他区块链项目中，特别是在以太坊生态系统中，智能合约通常是运行在以太坊虚拟机上的。

2．以太坊虚拟机

以太坊虚拟机（EVM）是一种轻量级虚拟机，用于在以太坊网络上运行各种智能合约。如图 7-2 所示，运算是通过参数可用燃料（Gas，它是指在以太坊网络上执行特定操作所需的计算工作量）来限制的，从而限定了可执行的运算总量。这些合约以 Solidity 等高级编程语言编写，并且会被编译为特定的 EVM 字节码格式之后再在 EVM 上执行，并在以太坊区块链上部署和执行。EVM 将代码编译成低级字节码，然后存储在 EVM 内部的容器中，执行标准的堆栈操作，如 XOR、AND、ADD、SUB 等，以及区块链特定的堆栈操作，如 ADDRESS、BALANCE、BLOCKHASH 等。

EVM 的功能不同于 Windows 等传统操作系统，后者一次只能在一台机器上运行。EVM 是构建在本机操作系统上的高级抽象，用于模拟物理机。通过使用 EVM，相同的平台可以在许多不同的操作系统和硬件架构上运行。该特性使虚拟机适合以太坊等网络，可以通过分布在世界各地的不同机器上的不同客户端访问这些网络。EVM 可以模拟在物理CPU 上执行的功能，并负责以太坊网络上的大部分功能。

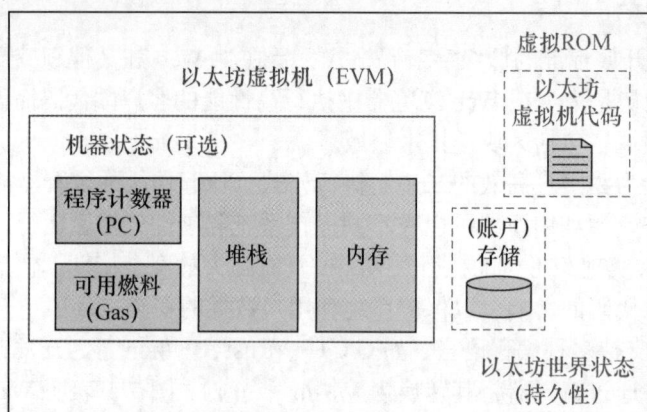

图 7-2　EVM 结构

EVM 作为最初的虚拟机范式，为特定时期下的公链提供了有效方案。其局限性在于低效率和低扩展：EVM 效率低下，因为它不支持小于 256 位的整数；任何 256 位操作都必须由 CPU 执行多个 64 位或 32 位操作。低扩展体现在其支持的语言有限，也很少有人能够扩展 EVM 和所需的工具。

正是由于 EVM 的不足，随着区块链和分布式应用的发展，以太坊社区和其他区块链项目开始探索将 Wasm（WebAssembly）引入区块链执行环境的可能性，以弥补 EVM 的一些局限性，例如，Substrate 框架就支持使用 Wasm 来编写智能合约，从而允许开发者使用多种编程语言来构建高效和安全的去中心化应用。

3．Wasm 运行时引擎

Wasm 运行时引擎（Wasmtime）不是传统意义上的虚拟机，而是一个专门用于执行Wasm 字节码的运行时环境。Wasmtime 是一个开源的 Wasm 运行时引擎，由 Mozilla 开发并维护。它被设计用于高效地加载、解释和执行 Wasm 字节码，并提供了与主机系统（如操作系统）交互的功能。Wasmtime 使用现代的即时、动态编译（Just-In-Time，JIT）技术，将 Wasm 字节码动态地编译成本地机器码，以提高执行效率。

在性能方面，Wasmtime 利用 JIT 编译技术将 Wasm 字节码转换为本地机器码，因此具有较高的执行效率和更快的加载速度，从而使得它在性能方面通常优于 EVM，并且能够充分利用底层硬件的优化能力。EVM 的执行效率受到一些限制，例如指令集的复杂性和对燃料的管理会影响合约执行的性能。

EVM 和 Wasmtime 在区块链智能合约的执行上有显著的差异，如图 7-3 所示。EVM 的设计目标是提供一个简单、高效且易于理解的智能合约执行环境。它采用了较为简单的指令集和执行模型，以确保智能合约的可靠性和安全性。作为以太坊的原生虚拟机，它支持以太坊特有的智能合约语言（如 Solidity）和执行环境。而 Wasmtime 的设计目标则是为多种低级源语言提供一个高效的编译目标，以实现跨平台、高性能的代码执行，使得开发者可以使用多种高级语言（如 C、C++、Rust）来编写智能合约，并通过编译成 Wasm 字节码在区块链上运行。

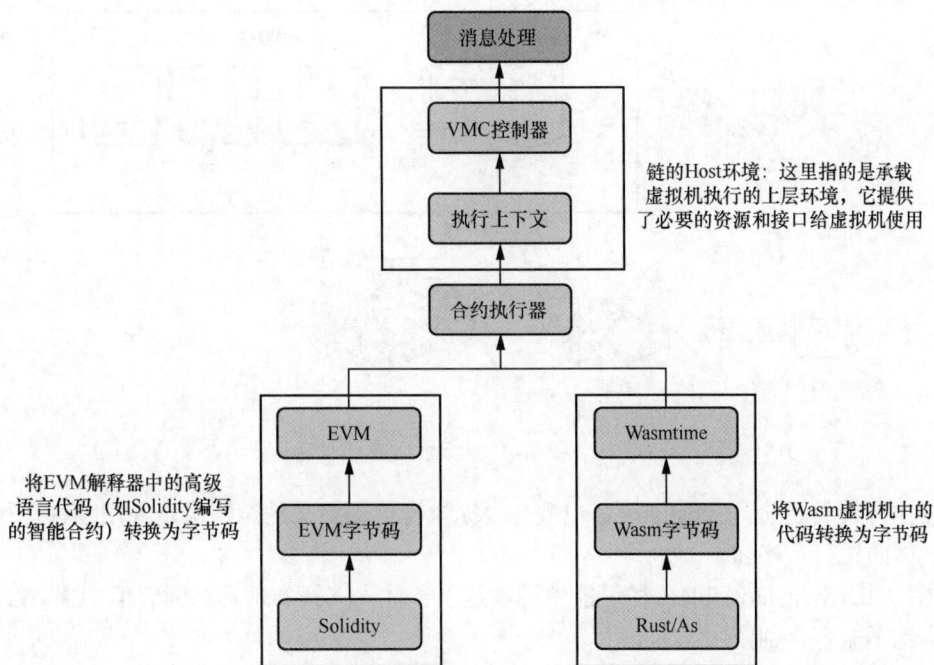

图 7-3　EVM 与 Wasmtime 的不同

在 Substrate 区块链框架中，不仅智能合约被编译为 Wasm 格式，实际上整个 Substrate 运行时也会被编译成两种形式：嵌入在节点运行时中的本地可执行文件、存储在区块链上特定存储键下的 Wasm 格式二进制文件。

本地可执行文件：本地可执行文件内嵌了本地运行时的逻辑，这种运行时的执行速度通常比 Wasm 格式快，因为它是直接在本地操作系统上运行的，适合于需要高性能执行的任务，例如在非区块构建过程中的状态查询或链下工作。本机运行时仅在被选择为执行策略并与请求的运行时版本兼容时才会被执行程序使用。对于块构造以外的所有其他执行过程，首选本地运行时，因为它的性能更高。在任何不应运行本机可执行文件的情况下，都会执行规范的 Wasm 格式运行时。

Wasm 二进制文件：Wasm 二进制文件则包含 Wasm 运行时逻辑，Wasm 运行时是存储在区块链上的规范版本，它作为链上状态的一部分，所有的节点必须达成共识，并使用相同的 Wasm 二进制文件来保证执行的一致性。Wasm 运行时的优势在于其安全性和平台无关性。尽管它的执行速度可能比本地运行时慢一些，但它提供了一个可验证和确定的执行环境。

Substrate 运行时的 Wasm 格式表示被认为是规范运行时。因为这个 Wasm 运行时被放置在区块链存储中，网络必须对此达成共识，所以可以验证它在所有同步节点上是否一致。

Wasm 执行环境可能比原生执行环境更具限制性。例如，Wasm 运行时始终在具有可配置内存限制的 32 位环境中执行（最大 4 GB）。由于这些原因，区块链更喜欢使用 Wasm 运行时进行区块构建，即使 Wasm 的执行速度明显慢于原生执行。

4．执行器

正是由于两种格式的运行时存在，此时需要执行器负责调度和执行具体的运行时，如图 7-4 所示。

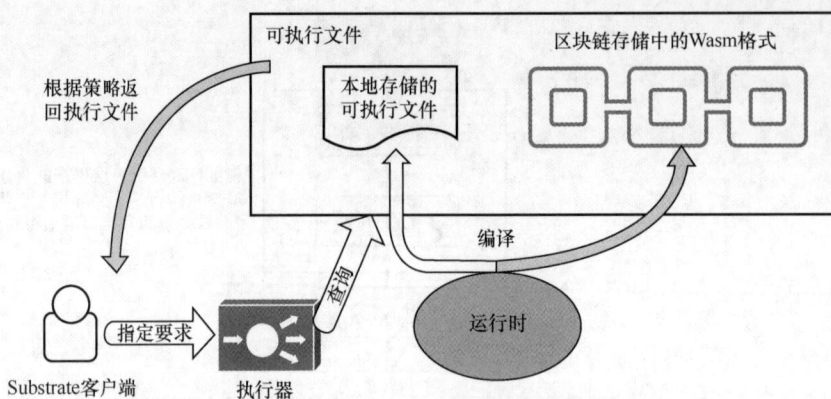

图 7-4　执行器作用

在执行调用之前，Substrate 客户端会根据执行器预定义的策略决定使用哪种运行时环境，具体的执行策略如下。

① NativeWhenPossible（尽可能使用本地）：优先选择本地运行时，但如果 Wasm 模块与本地不兼容，则使用 Wasm。

② AlwaysWasm：严格使用提供的 Wasm 模块。

③ Both：同时使用 Wasm 和本地运行时，如果发现任何不一致，则报告为错误。

④ NativeElseWasm（本地优先，否则使用 Wasm）：首先尝试本地执行，如果不可行则使用 Wasm。

所有策略都尊重运行时版本，这意味着如果本机和 Wasm 运行时版本不同（其中 Wasm 运行时比本机运行时更新更多），则选择运行 Wasm 运行时。区块链执行过程中不同部分的默认执行策略如下。

① Syncing（同步过程）和 Block Import（区块导入）阶段根据是否有验证器（即共识验证节点）的参与来选择不同的策略。Syncing 和 Block Import（无验证器）使用 NativeElseWasm 策略，即优先选择本地运行时环境，其次使用 Wasm。Block Import（有验证器）使用 AlwaysWasm 策略，即严格使用 Wasm 运行时环境。

② Block Construction（区块构建）始终使用 AlwaysWasm 策略，强制使用 Wasm 运行时环境。

③ Off-Chain Worker（链外工作者）和 Other（其他情况）阶段使用 NativeWhenPossible 策略，即优先选择本地运行时环境，但如果不兼容，则使用 Wasm。

开发者可以通过命令行参数 --execution-{block-construction, import-block, offchain-worker, other, syncing} <strategy>或--execution <strategy>来覆盖，以将指定的策略应用到五个方面。更多细节可以通过 substrate -help 命令查看。在命令行容器 cli 中指定策略时，将使用简写的策略名称：Native 对应 NativeWhenPossible 策略、Wasm 对应 AlwaysWasm 策略、Both 对应 Both 策略、NativeElseWasm 对应 NativeElseWasm 策略。

7.2　ink!入门

ink! 语言是一种嵌入式特定领域语言。该语言使用标准的 Rust 模式和专门的属性宏

#[ink(...)]编写基于 WebAssembly 的智能合约。这些属性宏描述了智能合约的不同部分所代表的含义，以便将它们转换 Wasm 字节码。

7.2.1　为什么选择 Rust/ink!开发智能合约

如图 7-5 所示，任何以 Wasm 格式编写的智能合约文件都可以被集成到基于 Substrate 框架构建的区块链中，常见的有 Parity's ink! for Rust、ask! for AssemblyScript、The Solang compiler for Solidity。用任何编程语言实现 pallet-Contracts 的 API 后，只需一个将其编译为 Wasm 的编译器即可。目前这个 API 包括 15 ~ 20 个函数，用于满足智能合约可能需要的各种功能，如存储访问、加密功能、块编号等环境信息、获取随机数或自我终止合约的功能等。并不是所有这些功能都必须在语言中实现——例如，ink! 的 "Hello, World!" 只需要六个 API 函数，这种设计比竞争生态系统中的一些架构更面向未来。语言和执行环境之间没有紧密的耦合。Wasm 是一种行业标准，现在许多编程语言都可以编译为 Wasm 格式。如果在十年后，研究人员提出了一种创新的语言来编写智能合约（或现有语言的子集），那么只要有一个 Wasm 编译器，就很容易使这种语言与 pallet-contracts 兼容。

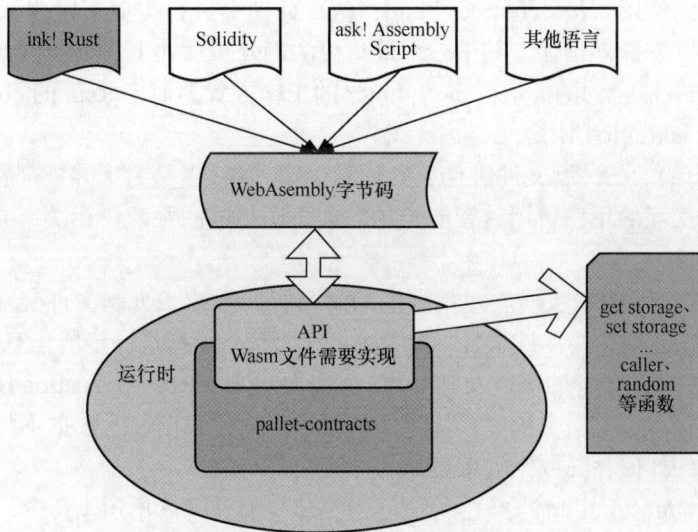

图 7-5　不同语言开发智能合约

以下是一个简单的 ink!合约。该合约在其存储中保存一个布尔值。合约创建后，将布尔值设置为 true。智能合约涉及两个函数：一个是用于读取当前布尔值的 get()；另一个是用于将布尔值切换为其相反值的 flip()。

```
#[ink(contract)]
mod my_contract {
    #[ink(storage)]
    struct MyContract {
        value: bool,
    }
    impl MyContract {
        #[ink(constructor)]
```

```
        pub fn new()→Self {
            MyContract{value: true }
        }
        #[ink(message)]
        pub fn get(&self)→bool {
            self.value
        }
        #[ink(message)]
        pub fn fip(&mut self) {
            self.value = !self.value;
        }
    }
}
```

其中，以#[…]包含的文字是代码中特定于 ink!的注解，其余部分则是正常的 Rust 语法。这些注解将程序的执行细节抽象化，使其能够在链上执行所需的操作。

要构建 ink!智能合约，可以使用构建 Rust 程序的常规工作流程，但是，需要添加一些参数来使其在链上运行。开发方创建了一个工具来为开发者选择理想的标志集——cargo-contract，这是一个命令行工具，类似于 cargo；此外，还将其视为 ink!构建智能合约的瑞士军刀，除了构建合约之外，它还可以完成更多其他任务。

构建智能合约使用 cargo contract build，执行此命令进行类似于常规 cargo build 的操作，但还会涉及一些额外步骤，其中三个最重要的额外步骤如下。

① 运行 ink!智能合约的 linter。这个 linter 的工作方式类似于 Rust 的 clippy，它检查智能合约是否符合 ink!的惯用用法。

② 对智能合约的二进制文件进行后处理和压缩。这样做是为了降低部署合约的用户成本，以及与合约交互的用户费用。智能合约的大小还与链的吞吐量相关，并且影响链的占用空间。

③ 生成智能合约的元数据。元数据指的是与智能合约二进制文件交互所需的所有信息。智能合约的二进制文件本身只是一个 Wasm 字节码，没有进一步的信息无法与其交互。例如，要了解智能合约公开的函数及其参数，就需要包含 ABI（Application Binary Interface，应用程序二进制接口，是两个程序模块之间的接口）的元数据。元数据不仅包含 ABI，还包含诸如智能合约如何存储数据等信息。

执行 cargo contract build 命令后会生成三个文件，如图 7-6 所示。其中，flipper.wasm 为智能合约的 WebAssembly 字节码；metadata.json 为一个 JSON 文件，仅包含智能合约的元数据，不含 WebAssembly 字节码；flipper.contract 为一个 JSON 文件，包含以十六进制编码的合约 WebAssembly 字节码以及合约的元数据。

除了 contracts pallet 外，Substrate 中另外两个流行的智能合约选项是 pallet-evm 和 Frontier，它们都是 Substrate 的以太坊兼容层。选择 ink!而不是选择 EVM 的几个优势总结如下。

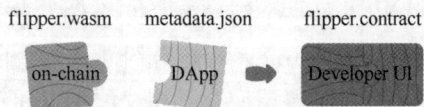

图 7-6 执行 cargo contract build 命令的结果

① ink!本质就是 Rust，因此就可以使用所有正常的 Rust 工具：clippy、crates.io、各种 IDE 等，并且与 Pallet 开发有一些类似之处，可以减少学习难度。

② Rust 是一种结合多年语言研究成果的语言，且安全、高效。研究人员从较旧的智能合约语言（如 Solidity）中汲取了重要的经验，并将其融入 ink!的语言设计中，选择了更合

理的默认行为，例如默认禁用可重入性或默认将函数设置为私有。

③ Rust 是一种非常出色的编程语言，已连续多年在 StackOverflow 上被评为最受喜爱的编程语言。

④ ink!是 Substrate 的本地语言，这意味开发者可以使用类似的基本构建块，例如相同的类型系统。

⑤ 从合约升级到平行链有清晰的迁移路径。由于 ink!和 Substrate 本质都是 Rust，因此开发者可以复用大部分的代码、测试等。

⑥ Wasm 尽管主要用于 Web，但是具有与区块链类似的要求——安全且高效。Wasm 是一个行业标准，但它不仅仅在区块链领域中被使用。它由谷歌、苹果、微软、Mozilla 和 Facebook 等主要公司持续更新、改进。未来，开发者将从标准及其实现的所有改进中受益。

⑦ Wasm 扩展了可供智能合约开发者使用的语言家族，包括 Rust、C/C++、C#、Typescript、Haxe、Kotlin 等，这意味着开发者可以使用任何熟悉的语言编写智能合约。同时，其还支持 ink!与传统 Solidity 代码库的互操作性，HyperLedger 项目 Solang 可以将 Solidity 编译为 contracts pallet 可用的代码。

以上这些优势使得 ink!和 contracts pallet 成为开发者的理想工具，特别是对于那些希望在安全、高效且未来可扩展的基础上构建区块链应用程序的开发者来说。

7.2.2 环境安装

开发者确保已安装成功了 Rust 和 Cargo，再按以下安装流程进行操作。

1．安装 nightly 工具链

在命令行提示符窗口中执行以下两条命令。

```
rustup component add rust-src --toolchain nightly
rustup target add wasm32-unknown-unknown --toolchain nightly
```

第一条命令使用 rustup 工具安装了 Rust 的源代码，这样在使用某些 Rust 工具时（如文档生成工具或编辑器插件），可以方便地查看 Rust 源码。第二条命令用于向 Rust 工具链添加一个新的目标，即编译目标。具体来说，这个目标是 wasm32-unknown-unknown；它代表了一个编译后的 Wasm 模块，可以在不依赖于特定操作系统和运行时环境的情况下运行。

--toolchain nightly：指定安装目标的工具链版本为 nightly。

2．安装依赖工具

在 Ubuntu 操作系统中，执行以下命令来下载 binaryen 依赖。

```
sudo apt install binaryen
```

3．安装 ink! CLI

为了方便设置 Substrate 智能合约，我们需要通过使用 cargo 工具安装 ink! CLI。

```
cargo install cargo-contract --force --locked
```

4．测试

执行以下指令，进行测试。

```
  cargo contract--help
```

如果看到与以下类似的输出内容，则说明环境安装已成功。

```
// 输出内容
cargo-contract 0.16.0-unknown-x86_64-linux-gnu
Utilities to develop Wasm smart contracts
USAGE:
    cargo contract <SUBCOMMAND>
OPTIONS:
    -h, --help
            Prints help information
    -V, --version
            Prints version information
SUBCOMMANDS:
    new      Setup and create a new smart contract project
    build    Compiles the contract, generates metadata, bundles both together in a
`<name>.contract` file
    check    Check that the code builds as Wasm; does not output any `<name>.contract`
artifact to the `target/`
             directory
    test     Test the smart contract off-chain
    help     Prints this message or the help of the given subcommand(s)
```

7.2.3　ink!使用

在安装成功了 ink!开发环境后,本小节将会通过一个简单的入门案例来了解在 Substrate 中使用 ink!开发智能合约的大致流程。

1．创建一个 ink!项目

使用 cargo contract 命令的子命令 new 来创建一个新的 ink!项目，项目名为 flipper。

```
cargo contract new flipper
```

2．查看 ink!项目的结构

通过前面的命令，ink! CLI 给开发者生成了一段最简单的智能合约代码。在本小节，暂不讨论具体的源码。在项目目录下使用 tree 命令查看 ink!项目的结构，该项目包括三个文件，其中 lib.rs 即是智能合约的源代码。

```
tree flipper/
flipper/
├──Cargo.lock
├──Cargo.toml
└──lib.rs
```

3．测试合约代码

在生成的代码中，可以看到有测试合约代码。开发者可以对其用链下测试环境进行测试，只需在 flipper 目录下执行如下命令。

```
cargo +nightly test
```

测试成功后，可以看到类似图 7-7 中的输出内容，即显示测试了 flipper 合约中的两个单元测试函数，并且全部通过。

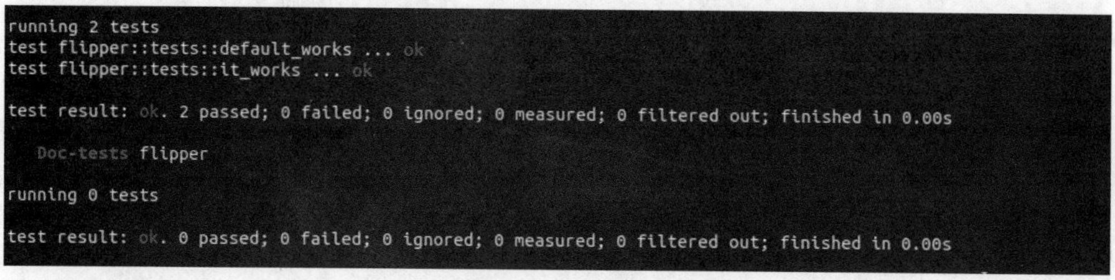

图 7-7 测试合约代码后的输出内容

4．编译合约代码

编译合约代码，执行命令如下。

```
cargo +nightly contract build
```

编译成功后，会出现图 7-8 所示的输出内容，包括生成三个文件，即 flipper.contract、flipper.wasm、flipper.json。

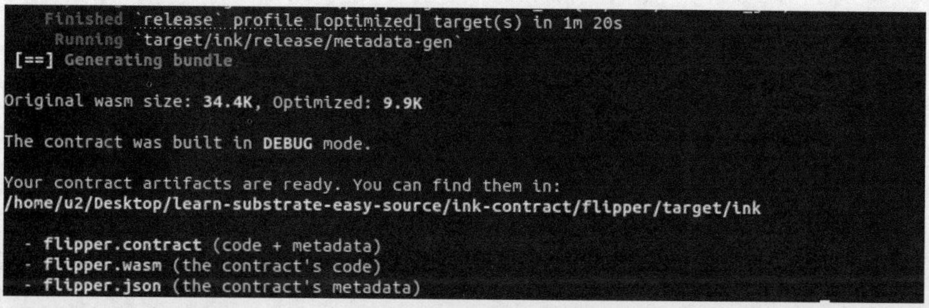

图 7-8 编译合约代码后的输出内容

5．准备节点模板

为了部署智能合约，需要添加 pallet-contracts，或者开发者可以直接使用 GitHub 官网已经添加过 pallet-contracts 的节点模板 substrate-contracts-node，只需执行以下命令下载并编译。

```
cargo install contracts-node --git        github.com/paritytech/substrate-
contracts-node.git
--tag v0.3.0 --force --locked
```

然后启动合约节点，执行以下命令。

```
substrate-contracts-node --dev --tmp
```

6．部署智能合约到区块链中

部署智能合约到区块链中有多种方式，开发者可以自由选择。在这里，只列出以下 3 种方式。

① 在浏览器中打开 Canvas UI 工具，它拥有一个专为部署智能合约设计的前端用户界面。接着，单击界面左下角的"Local Node"选项，以连接到本地启动的节点。

② 直接使用 Polkadot-JS App，具体方法跟在前面实验中与节点交互一样。

③ 直接使用终端命令或 ink!官网的部署界面。

下面演示使用 Polkadot-JS App 部署智能合约 flipper。

（1）在浏览器中打开 Polkadot 官网界面之后，首先通过"Developer"→"Contracts"导航到智能合约模块，并会出现图 7-9 所示的界面。可以看到，此时 contracts 栏为空，表示链中没有任何智能合约。

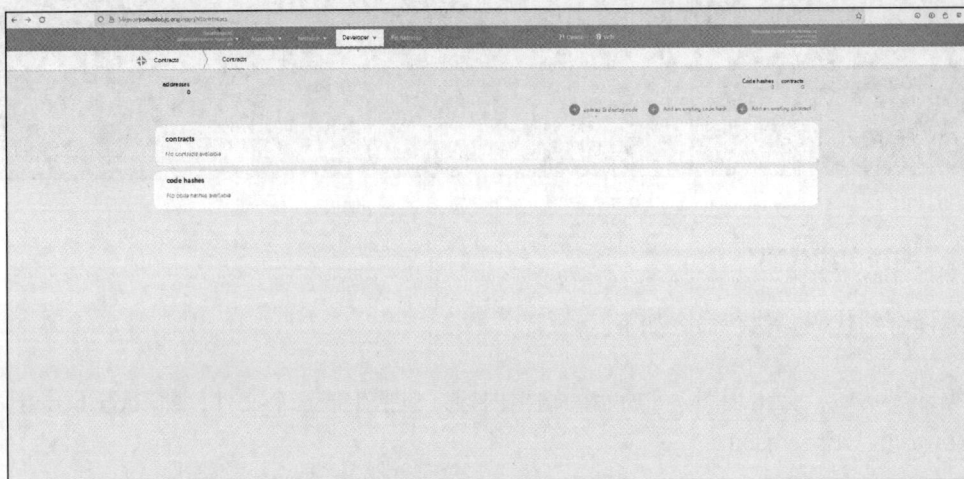

图 7-9　部署智能合约界面

（2）通过"upload & deploy code（上传部署代码）"按钮，部署 flipper 智能合约，按照图 7-10 的提示，选择账户 ALICE（即 Alice），并选择 JSON 文件，即在"4. 编译合约代码"之后生成的 flipper.json 文件。

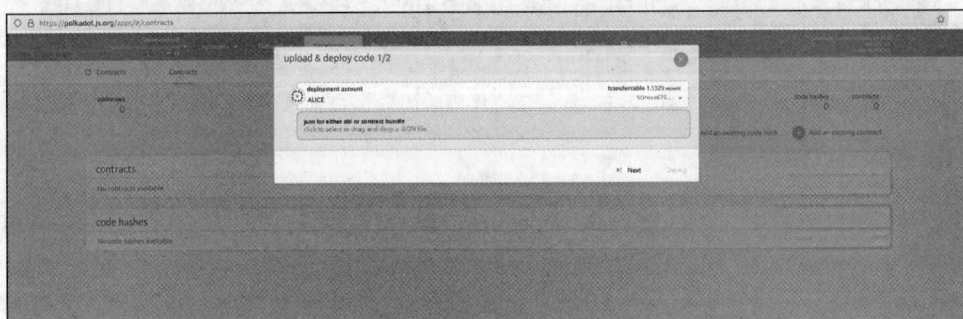

图 7-10　上传 JSON 文件

（3）完成上传 JSON 文件之后，如图 7-11 所示，会提示继续上传一个 Wasm 文件，即 flipper 智能合约编译生成的 flipper.wasm 文件，同时会提示智能合约的部分信息，包括两个构造函数、两个执行函数。此外，具体代码实现会在 7.2.4 小节详细说明。

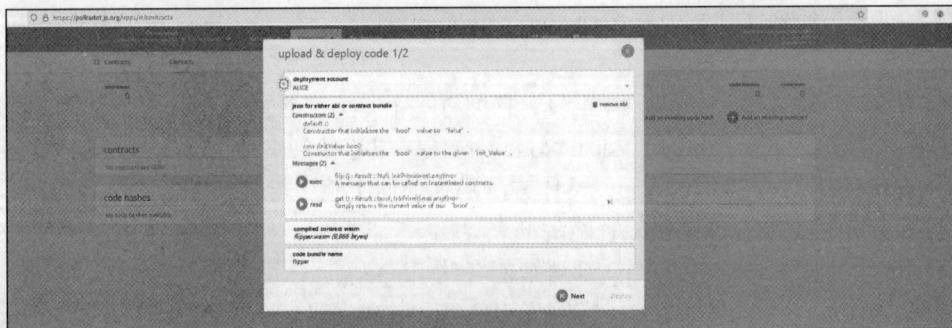

图 7-11　上传 Wasm 文件

（4）文件都被上传之后，单击"Next"按钮，进行下一步操作。如图 7-12 所示，此时提示通过构造函数给智能合约中的存储项赋值，赋值为 Yes；除此之外，max reftime allowed (m)限制智能合约执行的时间，以防止执行时间过长；max proofsize allowed 限制智能合约生成证明的最大容量，以控制存储和传输开销。完成赋值之后，单击"Deploy（部署）"按钮。

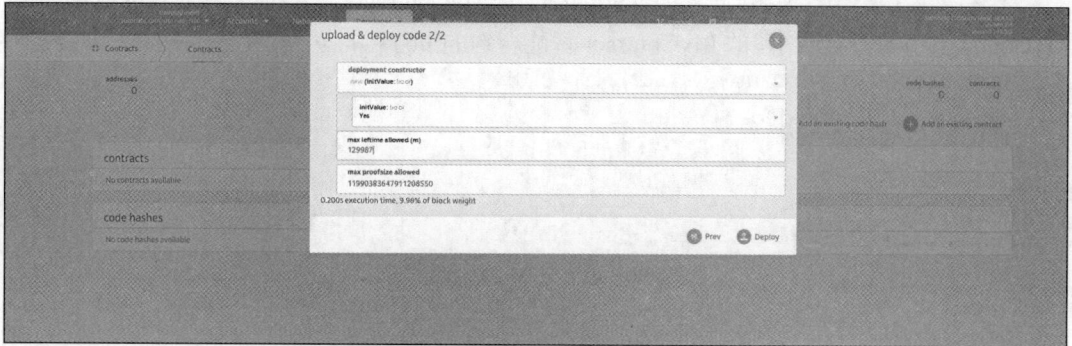

图 7-12　存储项赋值

（5）按照图 7-13 的提示，进行提交交易的操作。待右侧提示栏出现提交交易成功的提示信息，则表明智能合约被部署成功，并且可以在 contracts 和 code hashes 部分查看到刚才部署的 flipper 智能合约，以及智能合约的散列值。

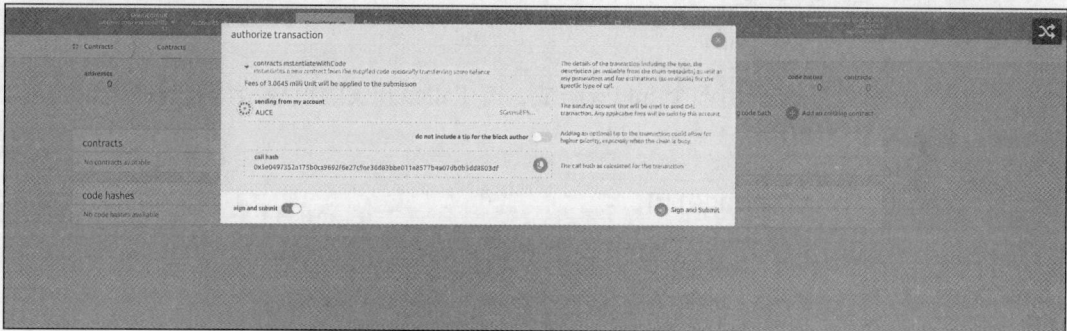

图 7-13　提交交易

7. 调用智能合约

如果开发者完成了上述步骤，则代表已经成功将一个智能合约 flipper 部署到区块链当中了。接下来执行智能合约。如图 7-14 所示，此时可以看到 flipper 智能合约中有 get 和 flip 两个函数。其中，get 函数用于获取存储的布尔值，flip 函数用于反转存储的布尔值。单击"execute（执行）"按钮，可以开始执行。

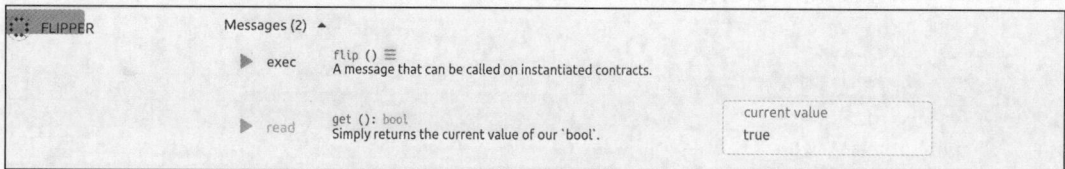

图 7-14　调用智能合约

至此，本小节实验成功结束。在此期间，引导开发者体验了 ink!智能合约并部署到区块链中的完整流程。

7.2.4　智能合约模板解析

本小节将会对 ink!智能合约开发模板的语法进行解析，旨在让开发者学会开发智能合约。

参考 7.2.3 小节，使用 cargo contract new MyContract 命令创建一个新的智能合约 MyContract，可以查看创建的 MyContract 智能合约的 lib.rs 源码。简化之后的结构如下。

```
#![cfg_attr(not(feature = "std"), no_std)]
use ink_lang as ink;
#[ink::contract]
mod MyContract {
    #[ink(storage)]
    impl MyContract {
        #[ink(constructor)]

        #[ink(message)]
    }
    #[cfg(test)]
    mod tests {
        #[ink::test]
    }
    #[cfg(all(test, feature = "e2e-tests"))]
    mod e2e_tests {
        #[ink_e2e::test]
    }
}
```

可以注意到，以上结构由多个 ink!宏组成，与 Pallet 开发的模板结构有异曲同工之处。接下来，解释各个宏的用法。

1．存储值 #[ink(storage)]

开发智能合约的首要步骤是定义一些存储变量。#[ink(storage)]宏就是在此处添加存储值，如下所示。

```
#[ink(storage)]
pub struct Flipper {
}
```

Substrate 智能合约可以存储可编码和可解码的类型，其中包含大多数 Rust 通用数据类型，如 bool、u{8,16,32,64,128}、i{8,16,32,64,128}、String、元组和数组等。

ink!为智能合约提供了特定于 Substrate 的类型，如 AccountId、Balance 和 Hash，它们是原始类型。ink!还通过存储模块提供存储类型，以便进行更复杂的存储交互，如下所示。

```
use ink_storage::collections::{Vec, HashMap, Stash, Bitvec};
```

例如，如下代码定义了两个存储变量 value 和 number，数据类型分别为 bool 和 u8。

```
use ink_lang as ink;
#[ink::contract]
mod MyContract {
    #[ink(storage)]
    pub struct MyContract {
        value: bool,
        number: u8,
```

```
    }
}
```

2. 构造函数#［ink（constructor）］

每个 ink!智能合约必须有在创建时运行一次的构造函数，并且可以有多个构造函数。构造函数#[ink(constructor)]如下。

```
use ink_lang as ink;
#[ink::contract]
mod MyContract {
    impl MyContract {
        #[ink(constructor)]
        pub fn new(init_value:bool, init_value: u32) -> Self {
            Self {
                value: init_value,
                number: init_value
            }
        }
        #[ink(constructor)]
        pub fn default() -> Self {
            Self::new {
                number: Default::default(),
                value: Default::default()
            }
        }
        /* 其他 */
    }
}
```

以上代码在#[ink(constructor)]宏声明下实现了两个构造函数 new 和 default。从实现逻辑中不难看出，一个是利用形参给存储变量 value 和 number 赋值，另一个则是赋默认值。

3. 智能合约消息#［ink（message）］

智能合约消息，可以理解为智能合约的可调用函数。在 7.2.1 小节中，flip()和 get()就可以被理解为两个智能合约消息。

```
impl MyContract {
    // 公共函数
    #[ink(message)]
    pub fn get_number(&self) -> u8{
        self.inner_get_number()
    }
    // 私有函数
    fn inner_get_number(&self) -> u8{
        self.number
    }
}
```

如以上代码所示，可以观察到，定义了一个公共函数 get_number 和一个私有函数 inner_get_number，其中公共函数调用了私有函数。需要注意的是，所有公共函数都必须使用#[ink(message)]属性。

4. 惰性存储值

有一种 Lazy（惰性）类型可以用于 ink!，在某些或大多数情况下不需要加载存储值。

许多简单的 ink!示例不需要使用值，那么该值就不会被加载，以此来减少开销。

```
#[ink(storage)]
pub struct MyValues {
    my_number: ink_storage::Lazy<u32>,
}
impl MyContract {
    #[ink(constructor)]
    pub fn new(init_value: u32) -> Self {
        Self {
            my_number: ink_storage::Lazy::<u32>::new(init_value),
        }
    }
    #[ink(message)]
    pub fn my_setter(&mut self, new_value: u32) {
        ink_storage::Lazy::<u32>::set(&mut self.my_number, new_value);
    }
    #[ink(message)]
    pub fn my_adder(&mut self, add_value: u32) {
        let my_number = &mut self.my_number;
        let cur = ink_storage::Lazy::<u32>::get(my_number);
        ink_storage::Lazy::<u32>::set(my_number, cur + add_value);
    }
}
```

在上面的代码中，有两个需要注意的地方：首先，当需要修改存储值的时候，使用 &mut 标记，实际上这是 Rust 常用语法；其次，使用 ink_storage::Lazy::包装变量实现惰性存储。

5. 智能合约调用者 owner

```
#![cfg_attr(not(feature = "std"), no_std)]
use ink_lang as ink;
#[ink::contract]
mod MyContract {
    #[ink(storage)]
    pub struct MyContract {
        // 存储智能合约的所有者
        owner: AccountId,
    }
    impl MyContract {
        #[ink(constructor)]
        pub fn new() -> Self {
            Self {
                owner: Self::env().caller();
            }
        }
        // 省略
    }
}
```

上述代码定义了一个特殊的存储变量 owner，用以存储智能合约所有者的账户 ID。AccountId 是 Substrate 中用于标识用户或智能合约的唯一标识符。同时，在构造函数中，通过 Self::env().caller()返回当前函数调用者的 AccountId，并将其作为智能合约的所有者初始化存储中的 owner。

6．单元测试# [cfg (test)]

#[cfg(test)]是一个条件编译指令，用于在测试模式下包含或排除代码。在 ink!智能合约的模板中，它被用来定义一个测试模块，这个模块仅当编译时启用了测试模式（通常是通过执行 cargo test 命令）才会被包含。

#[ink::test]这个宏用于定义 ink!智能合约的单元测试。它允许在智能合约代码中直接编写测试用例。这些测试用例会在执行 cargo test 时，用以验证智能合约的逻辑是否正确。

7．端到端测试 # [cfg (all (test，feature = "e2e-tests"))]

#[cfg(all(test, feature = "e2e-tests"))]是一个结合了 cfg 和 feature 特性的条件编译指令。指示编译器仅当同时满足两个条件时包含代码：一是处于测试模式；二是定义了 e2e-tests 这个编译特性。它通常用于包含端到端（E2E）测试的代码，这些测试可能需要额外的设置或依赖项。

#[ink_e2e::test]这个宏可用于定义 ink!智能合约的端到端测试。端到端测试通常涉及多个组件的交互，以验证系统作为一个整体的行为是否符合预期。

7.3　ink!实现 ERC20 标准代币

在了解了如何使用 ink!语法来编写 Substrate 中的简单智能合约之后，7.3.2 小节将会完成一个更加复杂的智能合约开发案例，以帮助开发者进一步加深理解相关内容。

7.3.1　ERC20 标准

ERC20（Ethereum Request for Comment 20）标准是 Ethereum 智能合约中一种常见的代币标准。该标准定义了在 Ethereum 区块链上创建和管理代币的接口与规范，包括获取余额、转账代币、授权转账。ERC20 标准使得不同的代币在 Ethereum 区块链上能够遵循相同的接口规范，这样这些代币可以与任何支持 ERC20 标准的钱包、交易所和其他智能合约进行兼容性交互。在很多区块链上发布货币都会参照这个标准。

该标准的主要接口如下。

```
// -------------------------------------------------------------------------
// ERC20 标准的接口
// -------------------------------------------------------------------------
contract ERC20Interface {
    // 存储变量的 Getters
    function totalSupply() public view returns (uint);
    function balanceOf(address tokenOwner) public view returns (uint balance);
    function allowance(address tokenOwner, address spender)
        public view returns (uint remaining);
    // 公共函数
    function transfer(address to, uint tokens) public returns (bool success);
    function approve(address spender, uint tokens) public returns (bool success);
    function transfer-from(address from, address to, uint tokens) public returns
(bool success);
    // 智能合约事件
```

```
        event Transfer(address indexed from, address indexed to, uint tokens);
        event Approval(address indexed tokenOwner, address indexed spender, uint tokens);
}
```

其中各个部分的简单解释如下。

① 存储变量的 Getters。这些是用于读取智能合约状态的方法，不会修改区块链状态。作为视图函数（view functions），它们的调用不会产生任何费用（即不消耗 Gas）。

a. totalSupply()：获取代币的总供应量。

b. balanceOf(address tokenOwner)：获取指定地址 tokenOwner 的代币余额。

c. allowance(address tokenOwner, address spender)：获取 tokenOwner 允许给 spender 转移的代币数量。

② 公共函数。这些函数用于修改智能合约状态，并且需要消耗 Gas。

a. transfer(address to, uint tokens)：将 tokens 个代币从智能合约调用者（即发送方）转移到 to 地址。

b. approve(address spender, uint tokens)：授权 spender 可以转移最多为 tokens 个代币。

c. transfer-from(address from, address to, uint tokens)：从 from 地址转移 tokens 个代币到 to 地址。前提是 from 已经授权 msg.spender 可以转移这么多代币。

③ 智能合约事件。这些事件在特定条件下被触发，允许外部应用程序监听和响应合约内部状态变化。

a. Transfer：当成功地从一个地址向另一个地址转移代币时被触发。

b. Approval：当一个地址授权另一个地址可以转移一定数量的代币时被触发。

添加 approve 和 transfer_from 函数的目的是在智能合约中实现一个安全且灵活的代币转移机制，特别是允许其他账户（如去中心化交易所、钱包应用或其他智能合约）在获得某用户明确授权的情况下，代表该用户转移代币。这种机制的主要目的和优势如下。

① 增加安全性和灵活性。用户可以在不直接转移代币所有权的情况下，授权其他账户（或合约）花费他们一定数量的代币。这意味着用户可以在授权期间保持对代币的控制，并在需要时随时撤销授权或转移代币。

② 支持复杂的交易逻辑。在去中心化交易所等场景中，交易可能涉及多个步骤和条件，不一定能立即执行。通过 approve 和 transfer_from，用户可以提前批准一定数量的代币用于潜在的交易，而无须立即将代币转移到交易所的托管账户中。

③ 优化资金利用效率。用户可以批准多个不同的智能合约或用户访问他们的资金，而无须在多个地方重复存放资金。这样，当用户发现更好的交易机会时，他们可以立即利用已经批准的代币，而无须进行额外的资金转移操作。

④ 减少交易成本和时间。与直接在多个智能合约之间转移资金相比，使用 approve 和 transfer_from 可以减少交易次数和相关的 gas 费用（以太坊等区块链网络上的交易费用），因为用户只需要进行一次批准操作，就可以在多笔交易中使用这些已批准的代币。

7.3.2　实验指南

本小节将按照 ERC20 的标准接口来实现一个 ERC20 智能合约。最基本的 ERC20 智能合约是固定供应代币合约。在智能合约部署期间，所有代币将自动提供给智能合约创建者。然后由智能合约创建者来决定在合适的情况下将这些代币分发给其他用户。

1．创建初始智能合约

使用 cargo contract new 命令创建一个初始智能合约，命名为 erc20，此时会生成基本智能合约模板。后续步骤在该模板基础上修改。

```
cargo contract new erc20
```

2．存储

根据上面 ERC20 标准的定义，需要先定义智能合约需要的存储变量，代码如下。

```
// 存储变量包括 total_supply 和 balances
#[ink(storage)]
pub struct Erc20 {
    total_supply: Balance,            // Balance 是 Substrate 提供的一个类型
    balances: ink_storage::collections::HashMap<AccountId, Balance>
}
impl Erc20 {
    // 构造函数
    #[ink(constructor)]
    pub fn new(init_supply: Balance) -> Self {
        let mut balances = ink_storage::collections::HashMap::new();
        balances.insert(Self::env().caller(), init_supply);
        Self {
            total_supply: init_supply,
            balances
        }
    }
    #[ink(message)]
    pub fn total_supply(&self) -> Balance {
        self.total_supply
    }
    #[ink(message)]
    pub fn balance_of(&self, owner: AccountId) -> Balance {
        self.balance_of_or_zero(&owner)
    }
    fn balance_of_or_zero(&self, owner: &AccountId) -> Balance {
        *self.balances.get(owner).unwrap_or(&0)
    }
}
```

在以上的代码中，为 ERC20 创建了两个存储变量。其中，total_supply 用于存储智能合约中代币的总供应量；balances 则使用 HashMap 类型来存储每个账户 ID（AccountId）对应的余额（Balance）。

同时，构造函数 new 使用 init_supply 来指定初始的供应量。此时，total_supply 变量值为 init_supply，balances 变量只存储了<调用智能合约的账户 ID，该账户的余额>，并且调用智能合约的账户余额就是智能合约总量即创建智能合约的账户会拥有初始供应量的所有代币。

为两个存储变量定义了如下查询函数。

total_supply：公共消息函数，用于返回智能合约当前的总供应量 total_supply。

balance_of：公共消息函数，接收一个 owner 参数（账户地址），返回该地址的余额。

balance_of_or_zero：内部函数，根据账户 ID 查询余额，如果账户不存在则返回 0。

在该函数代码部分使用了 balances 的 get 函数来获取指定账户的余额，并用 unwrap_or(&0) 处理可能的空值情况。

3. 实现转账功能

接下来，就需要实现转账功能，参考代码如下。

```
#[ink(message)]
// 接收两个参数：to（目标账户的 ID AccountId）和 value（要转移的代币数量 Balance）
// 并返回一个布尔值，表示转移是否成功
pub fn transfer(&mut self, to: AccountId, value: Balance) -> bool {
    self.transfer_from_to(self.env().caller(), to, value)
}
fn transfer_from_to(&mut self, from: AccountId, to: AccountId, value: Balance) ->
bool {
    // 从 balances 映射中获取源账户的当前余额
    let from_balance = self.balance_of_or_zero(&from);
    // 检查源账户的余额是否足够进行转移操作。如果不足，则直接返回 false
    if from_balance < value {
        return false
    }
    // 从源账户的余额中减去要转移的数量，并更新其在 balances 映射中的值
    // 这里需要注意的是，insert 函数实际上会替换映射中已存在的键对应的值，而不是简单地增加或减少
    self.balances.insert(from, from_balance - value);
    // 获取目标账户的当前余额。然而，这一步在当前的上下文中可能是多余的
    // 因为可以直接将 value 加到目标账户的余额上，而不需要先获取其当前余额
    let to_balance = self.balance_of_or_zero(&to);
    // 将目标账户的余额增加要转移的数量，并更新其在 balances 映射中的值
    self.balances.insert(to, to_balance + value);
    true
}
```

开发者可以在以上代码中利用两个方法共同来实现转账功能（共有与私有方法结合）。转账的逻辑可以参考代码中的注释部分。整体的功能就是从调用该函数的外部账户（即 self.env().caller()返回的账户）向指定的 to 账户转账。

4. 创建事件

接下来，我们需要定义事件并在特定条件下触发事件。

```
// 定义一个事件，用于记录转账操作
#[ink(event)]
pub struct Transfer {
    #[ink(topic)]
    from: Option<AccountId>,
    #[ink(topic)]
    to: Option<AccountId>,
    #[ink(topic)]
    value: Balance,
}
// 触发事件的代码
Self::env().emit_event(Transfer{
    from: Some(from),
```

```
        to: Some(to),
        value,
    });
```

在上述代码中，定义了一个 Transfer 结构体用于表示事件，代表代币从一个账户转移到另一个账户的行为。这个结构体包含 from、to 和 value，分别表示转账的源账户、目标账户和转账的金额，并且它们都被标记为可选的（Option<AccountId>），这是为了避免空值的错误。

5. 支持和批准及从第三方转账

假设开发者已经依照前面的步骤完成了操作，那么实现的代币智能合约已经能够支持用户间的资金转移，并且在转移发生时通过事件（Event）通知外界。接下来，要做的就是引入 approve 和 transfer_from 函数。添加完成之后，代码如下。

```
#![cfg_attr(not(feature = "std"), no_std)]
use ink_lang as ink;
#[ink::contract]
mod erc20 {
    #[ink(storage)]
    pub struct Erc20 {
        total_supply: Balance,
        balances: ink_storage::collections::HashMap<AccountId, Balance>,
        // 新增一个变量，用于存储账户之间允许转账额度的映射
        allowances: ink_storage::collections::HashMap<(AccountId, AccountId), Balance>,
    }
    // 新增一个事件 Approval，以记录授权操作
    #[ink(event)]
    pub struct Approval {
        #[ink(topic)]
        owner: AccountId,
        #[ink(topic)]
        spender: AccountId,
        #[ink(topic)]
        value: Balance,
    }
    impl Erc20 {
        #[ink(constructor)]
        pub fn new(init_supply: Balance) -> Self {
            let caller = Self::env().caller();
            let mut balances = ink_storage::collections::HashMap::new();
            balances.insert(caller, init_supply);
            Self::env().emit_event(Transfer {
                from: None,
                to: Some(caller),
                value: init_supply,
            });
            Self {
                total_supply: init_supply,
                balances,
                // 初始值为空
                allowances: ink_storage::collections::HashMap::new(),
            }
        }
```

```
// approve 函数用于授权 spender 可以从调用者账户转移指定额度的代币
#[ink(message)]
pub fn approve(&mut self, spender: AccountId, value: Balance) -> bool {
    //获取当前调用智能合约的账户 ID，即授权操作的发起者
    let owner = self.env().caller();
    // 将 (owner, spender) 对应的授权额度更新为 value，也就是授权操作
    self.allowances.insert((owner, spender), value);
    // 触发事件，通知区块链上的监听者有关这次授权的事件详情
    self.env().emit_event(Approval {
        owner,
        spender,
        value,
    });
    true
}
// 获取 allowance 变量的值
#[ink(message)]
pub fn allowance(&self, owner: AccountId, spender: AccountId) -> Balance {
    self.allowance_of_or_zero(&owner, &spender)
}
// 新增 transfer_from 函数，从 from 账户向 to 账户转移代币，需要 spender 的授权
#[ink(message)]
pub fn transfer_from(&mut self, from: AccountId, to: AccountId, value: Balance)
  -> bool {
    // 获取当前调用者的账户 ID
    let caller = self.env().caller();
    // 获取 from 账户授予 caller 的授权额度
    let allowance = self.allowance_of_or_zero(&from, &caller);
    // 如果 allowance 小于 value，则转账失败，返回 false
    if allowance < value {
        return false;
    }
    // 进行实际的代币转移操作
    let transfer_result = self.transfer_from_to(from, to, value);
    if !transfer_result {
        return false;
    }
    // 更新 self.allowances 映射，减少 from 账户授予 caller 的授权额度
    self.allowances.insert((from, caller), allowance - value);
    true
}
#[ink(message)]
pub fn transfer(&mut self, to: AccountId, value: Balance) -> bool {
    self.transfer_from_to(self.env().caller(), to, value)
}
fn allowance_of_or_zero(&self, owner: &AccountId, spender: &AccountId)
    -> Balance {
        *self.allowances.get(&(*owner, *spender)).unwrap_or(&0)
    }
  }
}
```

上述代码中添加了 Approval 事件、approve 和 transfer_from 函数等，下面讨论一些值得注意的细节。

使用 ink_storage::collections::HashMap<(AccountId, AccountId), Balance>类型定义了一个新的变量 allowances，构造函数中其初始值为空，用于存储账户之间允许转账额度的映射。新增一个事件 Approval，记录授权操作（即使是授权用户之间的转账，也可以使用 Transfer 事件）。

approve 函数实现了 ERC20 标准中的授权机制。授权机制允许一个账户（owner）授权另一个账户（spender）可以在其名义下转移一定数量的代币。

transfer_from 函数用于从一个账户 from 向另一个账户 to 转移指定额度的代币，这种转移需要执行者（caller，通常是 spender）拥有足够的授权额度。

有关这两个函数的具体解释，可以参考上述代码中的注释。

6．添加测试模块

现已经完成了一个 ERC20 智能合约的全部功能，接下来添加测试模块。

```
#[cfg(test)]
    mod tests {
        use super::*;
        use ink_lang as ink;
        #[ink::test]
        fn new_works() {
            let contract = Erc20::new(888);
            assert_eq!(contract.total_supply(), 888);
        }
        #[ink::test]
        fn balance_works() {
            let contract = Erc20::new(100);
            assert_eq!(contract.total_supply(), 100);
            assert_eq!(contract.balance_of(AccountId::from([0x1; 32])), 100);
            assert_eq!(contract.balance_of(AccountId::from([0x0; 32])), 0);
        }
        #[ink::test]
        fn transfer_works() {
            let mut contract = Erc20::new(100);
            assert_eq!(contract.balance_of(AccountId::from([0x1; 32])), 100);
            assert!(contract.transfer(AccountId::from([0x0; 32]), 10));
            assert_eq!(contract.balance_of(AccountId::from([0x0; 32])), 10);
            assert!(!contract.transfer(AccountId::from([0x0; 32]), 100));
        }
        #[ink::test]
        fn transfer_from_works() {
            let mut contract = Erc20::new(100);
            assert_eq!(contract.balance_of(AccountId::from([0x1; 32])), 100);
            contract.approve(AccountId::from([0x1; 32]), 20);
            contract.transfer_from(AccountId::from([0x1; 32]),
                                AccountId::from([0x0; 32]), 10);
            assert_eq!(contract.balance_of(AccountId::from([0x0; 32])), 10);
        }
        #[ink::test]
        fn allowances_works() {
            let mut contract = Erc20::new(100);
            assert_eq!(contract.balance_of(AccountId::from([0x1; 32])), 100);
            contract.approve(AccountId::from([0x1; 32]), 200);
            assert_eq!(
```

```
            contract.allowance(AccountId::from([0x1; 32]),
            AccountId::from([0x1; 32])),
            200
        );
        assert!(contract.transfer_from(
            AccountId::from([0x1; 32]),
            AccountId::from([0x0; 32]),
            50
        ));
        assert_eq!(contract.balance_of(AccountId::from([0x0; 32])), 50);
        assert_eq!(
            contract.allowance(AccountId::from([0x1; 32]),
            AccountId::from([0x1; 32])),
            150
        );
        assert!(!contract.transfer_from(
            AccountId::from([0x1; 32]),
            AccountId::from([0x0; 32]),
            100
        ));
        assert_eq!(contract.balance_of(AccountId::from([0x0; 32])), 50);
        assert_eq!(
            contract.allowance(AccountId::from([0x1; 32]),
            AccountId::from([0x1; 32])),
            150
        );
    }
}
```

以上五个单元测试模块涵盖了 ERC20 智能合约的主要功能，包括创建合约、查询余额、转账、授权与转账结合使用等。需要注意的是，在单元测试中，初始化智能合约时并没有明确地设置哪个账户持有代币，但是智能合约的所有初始代币都被认为是分配给了智能合约的部署者地址，即 0x1。单元测试的具体逻辑如下，读者可以参考。

① new_works：测试智能合约的构造函数是否正确初始化了总供应量。创建一个新的 Erc20 智能合约实例，初始供应量为 888。断言合约的总供应量为 888。

② balance_works：测试余额查询功能是否正确。创建一个新的 Erc20 智能合约实例，初始供应量为 100。断言合约的总供应量为 100。断言账户 0x1 的余额为 100（假设初始代币都分配给该账户），断言账户 0x0 的余额为 0。

③ transfer_works：测试转账功能是否正常。创建一个新的 Erc20 智能合约实例，初始供应量为 100。断言账户 0x1 的余额为 100，执行从账户 0x1 向账户 0x0 转账 10 个代币，并断言转账成功，断言账户 0x0 的余额为 10。试从账户 0x1 向账户 0x0 转账 100 个代币，断言转账失败（因为余额不足）。

④ transfer_from_works：测试代币授权和代理转账功能是否正常。创建一个新的 Erc20 智能合约实例，初始供应量为 100。断言账户 0x1 的余额为 100，断言账户 0x1 授权账户 0x1 可以花费其 20 个代币。从账户 0x1 向账户 0x0 代理转账 10 个代币，断言账户 0x0 的余额为 10。

⑤ allowances_works：测试代币授权和代理转账功能是否在多次操作中正确更新。创建一个新的 Erc20 智能合约实例，初始供应量为 100。断言账户 0x1 的余额为 100，断言账户 0x1 授权账户 0x1 可以花费其 200 个代币，断言账户 0x1 对账户 0x1 的授权额度为 200。

从账户 0x1 向账户 0x0 代理转账 50 个代币，并断言转账成功，断言账户 0x0 的余额为 50。断言账户 0x1 对账户 0x1 的授权额度更新为 150，尝试从账户 0x1 向账户 0x0 代理转账 100 个代币，断言转账失败（因为授权额度不足），断言账户 0x0 的余额仍为 50，断言账户 0x1 对账户 0x1 的授权额度仍为 150。

以上这些测试确保了智能合约在不同情况下的行为符合预期，保证了智能合约在实际应用中的安全性和正确性。

7. 测试合约

测试合约，执行命令如下。

```
cargo +nightly test
```

如图 7-15 所示，五个单元测试全部通过，说明 ERC20 智能合约测试已成功。

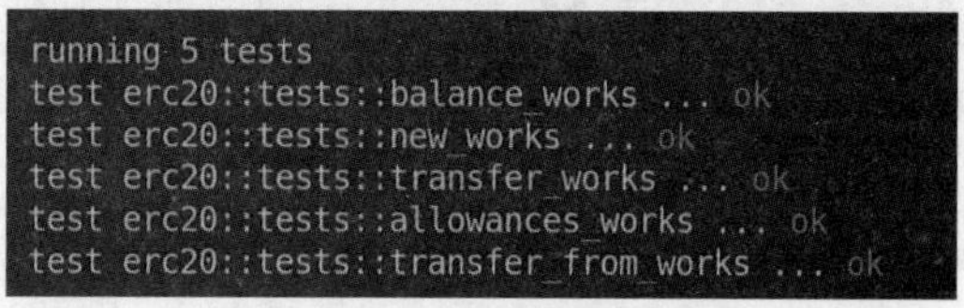

图 7-15　测试合约

8. 编译合约

在智能合约目录下，执行以下命令编译合约，生成三个文件。

```
cargo +nightly contract build
```

9. 将智能合约部署到区块链节点

将智能合约部署到区块链节点的过程可参考 7.2.4 小节。ERC20 智能合约被部署成功后，接下来可以开始使用这个智能合约的各个函数了，如图 7-16 所示。

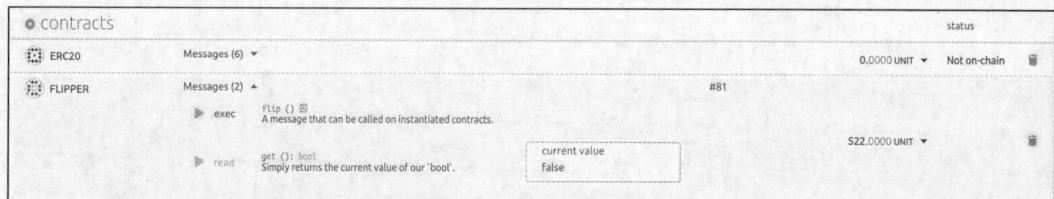

图 7-16　智能合约被部署成功

7.4　本章小结

在本章中，带领读者深入探讨了智能合约的概念及应用等内容。智能合约是区块链技术的重要组成部分，能够自动执行、控制或记录合约中的交易或事件，为去中心化应用提供了强大的支持。

在 7.1 节中，介绍了智能合约的基本概念及其在区块链技术中的核心地位，并讨论了其去中心化、透明性和不可篡改性的优势。与此同时，对 Substrate 中的智能合约与运行时

Pallet 的比较进行了详细分析。除此之外，还对 Substrate 框架中的 Wasm 格式进行了详细分析，以期帮助读者更加深入地理解智能合约和运行时的底层机制。

在 7.2 节中，详细介绍了如何在 Substrate 框架中开发智能合约。首先介绍了如何使用 Rust 语言和 ink!框架编写智能合约，接下来详细分析了 ink!智能合约的模板框架。

在 7.3 节中，引导读者实现了一个实际的智能合约案例——ERC20 标准代币合约。通过这个案例，读者可以学到以下知识点：智能合约构造函数、初始化代币的总供应量，并将其分配给智能合约部署者；查询功能，实现获取账户余额和代币总供应量的功能；转账功能，实现账户之间的代币转移；授权与代理转账，实现账户授权第三方代币转账的功能。另外，还带领读者编写了详细的单元测试代码来验证智能合约的各项功能，以确保其逻辑的正确性和安全性。

通过本章的学习，希望读者能够在实践中不断探索和应用所学知识，开发出功能强大且安全、可靠的智能合约。未来，智能合约将在更多领域展现其独特的价值，推动区块链技术的发展和应用。通过不断学习和创新，读者将能够为区块链技术的进步和普及贡献自己的力量。

7.5 习题

1. 什么是智能合约？它在区块链技术中扮演着怎样的角色？
2. 解释 Wasm 格式为何会被引入区块链执行环境中。
3. 在 Substrate 框架中，智能合约和运行时 Pallet 的主要区别是什么？
4. ink!语言是基于哪种编程语言开发的？它的什么特点使其适用于编写智能合约？
5. 在 Substrate 中实现一个简单的 ERC20 标准智能合约需要哪些关键步骤？
6. ERC20 标准定义了哪些接口方法？这些方法分别实现了什么功能？
7. 在使用 ink!开发智能合约时，应该如何定义存储值及构造函数？
8. 在部署智能合约之前，开发者通常会进行哪些测试以确保合约的安全性和正确性？

第8章 Substrate 开发实例——Substrate Kitties

本章将使用 Substrate 来开发一个加密猫 Substrate Kitties。加密猫又叫迷恋猫，它是一款区块链游戏。加密猫不是数字货币，但它是一种区块链的应用，支持在链上生成属于个人的独一无二的"猫咪"，且不易被他人复制、盗取或毁坏。本章将针对加密猫的生成、定价、购买和转让等功能进行开发，并开展相应的功能测试。在开发过程中，需明确存储对象的定义、编写公共函数、更新运行时环境以及创建事件等事项。项目开发完成后，将能够在前端页面中调用编写的函数，并查看区块链运行后的状态。

8.1 开发概述

8.1.1 加密猫简介

一般来说，一只加密猫拥有以下一些基本属性：ID、DNA、价格。其中 ID 无须多说，它是一个加密猫唯一的标识。DNA 是每个加密猫区别于其他加密猫的元素之一，我们可以将其理解为人的 DNA。人的 DNA 决定了某个人的长相、发色、身高等，并且对后代的长相、发色、身高等也有着很大的影响，这里的 DNA 也是如此。价格也无须多解释，作为一种 NFT（非同质化代币），每个加密猫都有其自己的价值，进而价值会以价格的形式来衡量。可以看到，与传统的 NFT 收藏品不同的是，两个加密猫可以进行"繁殖"，并生成一个全新的加密猫，且它拥有独一无二的"基因"。

8.1.2 获取开发模板

在开发之前，假设已经完成了前面所有的包括 Cargo、Rust、Substrate 等的环境安装，接下来将一步步地来实现一个加密猫。

首先使用以下的命令安装 kickstart。kickstart 是一个模板工具，开发者通过该工具可以将模板生成为需要的项目框架。

```
cargo install kickstart
```

获取开发模板，执行以下命令。

```
kickstart          github.com/sacha-l/kickstart-substrate
```

按 Enter 键，当出现如下提示时，输入相应内容（项目根目录的名称现应该是 kitties），然后就能生成项目框架文件。

```
Tmp dir: "/tmp"
What are you calling your node? [default: template]:      //此处请输入 kitties
What are you calling your pallet? [default: template]:    //此处请输入 kitties
```

编译和启动项目，执行以下命令。

```
// 编译可能需要较长时间，请等待编译完成
cargo build --release
// 启动项目
./target/release/node-kitties --dev
```

执行完命令之后可以看到已开始生成区块了，如图 8-1 所示。

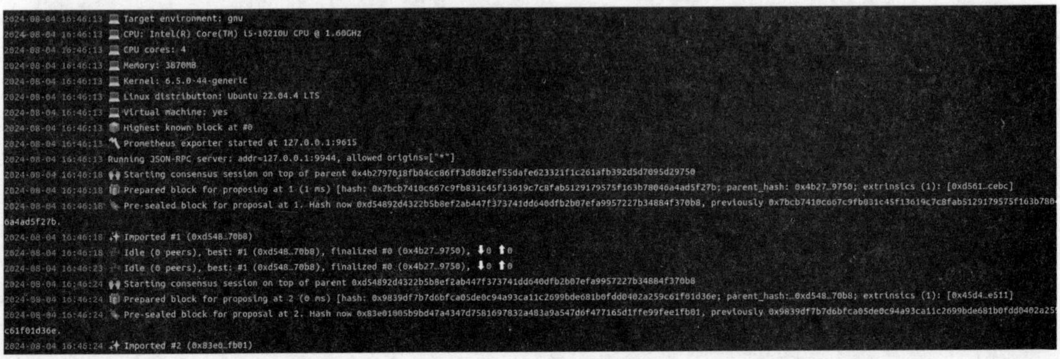

图 8-1　开始生成区块

8.2　基础功能开发

8.2.1　创建 Pallet 框架

本小节将实现 pallet_kitties 的整体框架。在 pallets/kitties/src 目录下，删除 benchmarking.rs、mock.rs、tests.rs 三个文件。将 lib.rs 文件中的内容清空，创建项目框架，加入如下代码。其中的 TODO Part 为后续将要完成的代码。

```
#![cfg_attr(not(feature = "std"), no_std)]

pub use pallet::*;

#[frame_support::pallet]
pub mod pallet {
    // TODO Part: 导入需要的包
    use frame_support::{
        dispatch::{DispatchResult},
        pallet_prelude::*,
        sp_runtime::traits::{Hash},
        traits::{Currency, Randomness, ExistenceRequirement},
    };
    use frame_system::pallet_prelude::*;
    use sp_io::hashing::blake2_128;

    // TODO Part: 定义用于存储 Kitty 信息的结构体
```

```rust
// TODO Part: 定义 Kitty 结构体中处理性别的枚举类型

#[pallet::pallet]
#[pallet::generate_store(pub(super) trait Store)]
pub struct Pallet<T>(_);

// 配置 Pallet 所依赖的参数和类型
#[pallet::config]
pub trait Config: frame_system::Config {
    // 因为此 Pallet 会触发事件，所以它取决于事件的运行时定义
    type RuntimeEvent: From<Event<Self>> + IsType<<Self as frame_system::
Config>::RuntimeEvent>;

    // Kitties Pallet 的货币处理程序
    type Currency: Currency<Self::AccountId>;

    // TODO Part: 为运行时指定自定义类型
}

// #[pallet::storage]
// TODO Part: 定义需要存储的信息

#[pallet::error]
pub enum Error<T> {
    // TODO Part: Errors 定义
}

#[pallet::event]
#[pallet::generate_deposit(pub(super) fn deposit_event)]
pub enum Event<T: Config> {
    // TODO Part: 事件定义，包括 Created、PriceSet、Transferred、Bought
}

// 公共函数
#[pallet::call]
impl<T: Config> Pallet<T> {
    // TODO Part: create_kitty
    // TODO Part: set_price
    // TODO Part: transfer
    // TODO Part: buy_kitty
    // TODO Part: breed_kitty
}

// 私有函数
impl<T: Config> Pallet<T> {
    // TODO Part: 公共函数的辅助函数
    // gen_gender()
    // gen_dna()
    // mint()
    // is_kitty_owner()
    // transfer_kitty_to()
    // breed_dna()
```

```
        }
    }
```

8.2.2 定义相关的数据结构

定义一个名为 Kitty 的结构体来存储加密猫的详细信息，包括 DNA、价格、性别、所有者，其中加密猫的性别是枚举类型。为 Kitty 结构体实现 MaxEncodedLen trait，这个 trait 用于在序列化或存储时估计数据的最大长度。这里简单地返回了一个固定值 256，用于确保有足够的空间来存储序列化后的 Kitty 数据。代码如下。

```
// pallet/kitties/src/lib.rs
...
type AccountOf<T> = <T as frame_system::Config>::AccountId;
type BalanceOf<T> = <<T as Config>::Currency as Currency<<T
                    as frame_system::Config>::AccountId>>::Balance;

    // 用于存储 Kitty 信息的结构体
    #[derive(Clone, Encode, Decode, PartialEq, RuntimeDebug, TypeInfo)]
    #[scale_info(skip_type_params(T))]
    pub struct Kitty<T: Config> {
        pub dna: [u8; 16],                 // 公共属性 dna, 16 个 u8 类型数据组成的数组
        pub price: Option<BalanceOf<T>>,   // Kitty 的价格
        pub gender: Gender,                // Kitty 的性别
        pub owner: AccountOf<T>,           // 公共属性 owner, 它是 kitty 的所有者
    }
    impl<T: Config> MaxEncodedLen for Kitty<T> {
        fn max_encoded_len() -> usize {
            256
        }
    }
    // 枚举类型 Gender, 用于表示性别
    #[derive(Clone, Encode, Decode, PartialEq, RuntimeDebug, TypeInfo)]
    #[scale_info(skip_type_params(T))]
    #[cfg_attr(feature = "std", derive(Serialize, Deserialize))]
    pub enum Gender {
        Male,
        Female,
```

在结构体定义时，使用到了 TypeInfo。导入 TypeInfo 需要在 pallet/kitties/src/lib.rs 文件中添加下面的代码。

```
// pallet/kitties/src/lib.rs
...
use scale_info::TypeInfo;
```

Gender 是一个枚举类型，用于表示 Kitty 的性别。因为使用了反序列化的库，所以需要在 pallets/kitties/Cargo.toml 中添加如下依赖。

```
// pallets/kitties/Cargo.toml
...
serde = { default-features = false, version = "1.0.119"}
```

使用 Deserialize、Serialize 需要在 Pallet 中导入，代码如下。

```
#[cfg(feature = "std")]
use serde::{Deserialize, Serialize};
```

实现两个函数：一个用于随机生成 DNA 字符串；另一个用于随机生成性别。这样，每次创建 Kitty 实例时都可以确保其拥有独一无二的 DNA 和随机的性别。实现随机生成 DNA，首先定义 KittyRandomness，将使用 frame_support 的 Randomness trait 来实现。为实现 Randomness trait，需要在 Pallet 的 Config 中为运行时指定自定义类型，代码如下。

```
// pallets/kitties/src/lib.rs
#[pallet::config]
pub trait Config: frame_system::Config {
    ...
    //添加这一行
    type KittyRandomness: Randomness<Self::Hash, Self::BlockNumber>;
}
```

同时修改 runtime/src/lib.rs 中 impl pallet_kitties::Config for Runtime {}部分的代码，代码如下。

```
// runtime/src/lib.rs
...
impl pallet_kitties::Config for Runtime {
    ...
    // 添加这一行
    type KittyRandomness = RandomnessCollectiveFlip;
}
```

在 impl<T: Config> Pallet<T> {}（见 8.2.1 小节）中编写随机 DNA 的私有函数。gen_dna 函数通过结合随机性和区块号生成 16 字节的唯一 DNA，以确保每个 Kitty 具有独特标识。接下来，利用 T::KittyRandomness::random 获取随机性，并通过区块号增加变化，最后通过散列算法生成 DNA。gen_dna 函数的具体代码如下。

```
// pallets/kitties/src/lib.rs
fn gen_dna() -> [u8; 16] {
    let payload = (
        T::KittyRandomness::random(&b"dna"[..]).0,
        <frame_system::Pallet<T>>::block_number(),
    );
    payload.using_encoded(blake2_128)
}
```

在 pallets/kitties/Cargo.toml 中添加依赖项 sp-io，代码如下。

```
// pallets/kitties/Cargo.toml
...
sp-io = { version = "6.0.0", default-features = false,
        git = "        github.com/paritytech/substrate.git", branch = "polkadot-
v0.9.30" }
```

实现随机生成性别的私有函数 gen_gender，代码如下。

```
// pallets/kitties/src/lib.rs
fn gen_gender() -> Gender {
    let random = T::KittyRandomness::random(&b"gender"[..]).0;
    match random.as_ref()[0] % 2 {
        0 => Gender::Male,
        _ => Gender::Female,
    }
}
```

可以看到，以上代码在 pallet/kitties/src/lib.rs 中完成了 Kitty 结构体的定义，并实现了 Kitty DNA 和性别的随机生成函数。在此过程中，定义了自定义类型，并导入了一些必要的库和依赖项。

8.2.3　定义存储

#[pallet::storage]用于声明一个 Pallet 的存储项，使得智能合约能够持久化和管理各种数据。通过定义不同类型的存储项，如 map、double_map 和 vector，开发者可以灵活地存储和检索数据，并在区块链中实现复杂的逻辑和功能。#[pallet::getter(fn kitty_cnt)]用于自动生成一个名为 kitty_cnt 的函数，以获取 KittyCnt 存储项的值。这个函数是公开的，并且返回存储项中存储的 u64 类型的值，该值表示存在的 Kitty 数量。#[pallet::getter(fn kitties_owned)]和#[pallet::getter(fn kitties)]的作用与#[pallet::getter(fn kitty_cnt)]的作用类似。

KittiesOwned 这个存储项使用 StorageMap 来存储一个映射，其中键是账户 ID（T::AccountId），值是一个 BoundedVec，即一个大小受限的向量，包含该账户所拥有的 Kitty 的散列值（T::Hash）。T::MaxKittyOwned 是一个类型参数，表示每个账户可以拥有的最大 Kitty 数量。Twox64Concat 是一个散列函数，用于生成键的散列值。这是 Substrate 中常用的散列函数之一。

Kitties 这个存储项同样使用 StorageMap 来存储一个映射，但这次键是 Kitty 的散列值（T::Hash）作为 Kitty 的 ID，值是 Kitty<T>结构体实例，表示一个具体的 Kitty。Kitty 的 ID 和 Kitty 结构体实例是一一对应的，实现用 Kitty 的 ID 来快速检索其详细信息。

```rust
// pallet/kitties/src/lib.rs
...
// TODO Part: 保存所有已存在 Kitties 的数量的存储项
#[pallet::storage]
#[pallet::getter(fn kitty_cnt)]
// 记录已有 Kitties 的数量
pub(super) type KittyCnt<T: Config> = StorageValue<_, u64, ValueQuery>;


// TODO Part: 记录哪个账号拥有哪些 Kitty
#[pallet::storage]
#[pallet::getter(fn kitties_owned)]
pub(super) type KittiesOwned<T: Config> = StorageMap<
    _,
    Twox64Concat,
    T::AccountId,
    BoundedVec<T::Hash, T::MaxKittyOwned>,
    ValueQuery,
>;


#[pallet::storage]
#[pallet::getter(fn kitties)]
pub(super) type Kitties<T: Config> = StorageMap<_, Twox64Concat, T::Hash, Kitty<T>>;
```

上面使用到一个新类型 MaxKittyOwned，开发者需要在 Config 中添加 MaxKittyOwned，因此在 pub trait Config: frame_system::Config {}中添加如下代码。

```rust
// pallets/kitties/src/lib.rs
...
#[pallet::config]
pub trait Config: frame_system::Config {
    ...
    // 添加如下代码
    #[pallet::constant]
```

```
    type MaxKittyOwned: Get<u32>;
}
```

接下来，在 runtime 中使用定义的类型，修改代码如下。

```
// runtime/src/lib.rs
...
parameter_types! {                   // 添加这个宏
  // 一个人最多可以拥有 9999 个加密猫
  pub const MaxKittyOwned: u32 = 9999;
}
...
impl pallet_kitties::Config for Runtime {
  type RuntimeEvent = RuntimeEvent;
  type Currency = Balances;
  type KittyRandomness = RandomnessCollectiveFlip;
type MaxKittyOwned = MaxKittyOwned; // 添加这一行
}
```

8.2.4　生成函数

前面定义了相关的数据结构和存储，下面使用这些结构等来实现生成加密猫的函数。

① create_kitty 函数生成一个加密猫的函数。

② mint 函数更新 Pallet 的存储和 error 检查的私有函数，它会被 create_kitty()调用。

③ 使用 Frame 的#[pallet::event]属性定义事件。

create_kitty 函数首先验证交易的签名者 "let sender = ensure_signed(origin)?; "，然后调用 mint 函数生成一个新的 Kitty，记录日志信息，并触发 Created 事件，代码如下。

```
#[pallet::weight(100)]
pub fn create_kitty(origin: OriginFor<T>) -> DispatchResult {
  let sender = ensure_signed(origin)?;
  let kitty_id = Self::mint(&sender, None, None)?;
  log::info!("A kitty is born with ID: {:?}.", kitty_id);

  Self::deposit_event(Event::Created(sender, kitty_id));
  Ok(())
}
```

因为此处使用了 log，所以要添加 log 相关的依赖，代码如下。

```
//pallets/kitties/Cargo.toml
...
[dependencies]
log = { default-features = false, version = "0.4.14" }
```

create_kitty 函数中调用了私有函数 mint。mint 函数的作用是创建一个新的 Kitty，并将其存储在区块链上。它处理 Kitty 的初始化、唯一标识符的生成、Kitty 计数值的更新以及所有者 Kitty 列表的更新。如果过程中发生任何错误（如 Kitty 计数值溢出或所有者拥有的 Kitty 数量超过限制），则函数将返回相应的错误。mint 函数的参数解释如下。

① owner: &T::AccountId：此参数为账户 ID，其类型为 T::AccountId 的不可变引用（&）。

② dna: Option<[u8; 16]>：这是一个可选参数，表示 Kitty 的 DNA 序列。如果调用者没有提供 DNA，则该函数将调用 gen_dna 函数来生成一个默认的 DNA 序列。

③ gender: Option<Gender>：这同样是一个可选参数，表示 Kitty 的性别。如果调用者没有提供性别信息，则该函数将调用 Self::gen_gender 函数来生成性别。

mint 函数首先生成 Kitty 的唯一 ID，检查并更新 Kitty 计数值以防止溢出。随后，KittyID 被添加到所有者的列表中，以确保不超过最大拥有量。接着，Kitty 及其 ID 会被存储在区块链上，并更新全局 Kitty 计数值。最终，该函数返回新 Kitty 的 ID，若出现错误则返回相应的错误码。mint 函数的具体代码如下。

```
//pallets/kitties/src/lib.rs
...
  pub fn mint(
  owner: &T::AccountId,
  dna: Option<[u8; 16]>,
  gender: Option<Gender>,
) -> Result<T::Hash, Error<T>> {
  let kitty = Kitty::<T> {
    dna: dna.unwrap_or_else(Self::gen_dna),
    price: None,
    gender: gender.unwrap_or_else(Self::gen_gender),
    owner: owner.clone(),
  };

  let kitty_id = T::Hashing::hash_of(&kitty);

  // 检查 Kitty 数量是否会因为新增而溢出
  let new_cnt = Self::kitty_cnt().checked_add(1).ok_or(<Error<T>>::KittyCntOverflow)?;

  <KittiesOwned<T>>::try_mutate(&owner, |kitty_vec| {
    kitty_vec.try_push(kitty_id)
  }).map_err(|_| <Error<T>>::ExceedMaxKittyOwned)?;

  <Kitties<T>>::insert(kitty_id, kitty);
  <KittyCnt<T>>::put(new_cnt);
  Ok(kitty_id)
}
```

定义 Pallet 事件，代码如下。

```
// pallets/kitties/src/lib.rs
...
#[pallet::event]
#[pallet::generate_deposit(pub(super) fn deposit_event)]
pub enum Event<T: Config>{
  // 添加下面这行代码
  Created(T::AccountId, T::Hash),
}
```

8.2.5 处理错误

使用#[pallet::error]宏定义错误，在 Pallet 中添加如下代码。

```
// pallets/kitties/src/lib.rs
...
#[pallet::error]
pub enum Error<T> {
    // 处理递增 Kitty 计数值时的算术溢出
    KittyCntOverflow,
    // 一个账户不能拥有多于 MaxKittyOwned 的加密猫
    ExceedMaxKittyOwned,
```

```
    // 买方不能是所有者
    BuyerIsKittyOwner,
    // 不能将 Kitty 转让给它的所有者
    TransferToSelf,
    // 检查 Kitty 是否存在
    KittyNotExist,
    // 处理检查转让、购买或为 Kitty 设置价格的账户是它的所有者
    NotKittyOwner,
    // 确保小猫未被出售
    KittyNotForSale,
    // 确保买入价大于要价
    KittyBidPriceTooLow,
    // 确保一个账户有足够的资金来购买一个 Kitty
    NotEnoughBalance,
}
```

8.2.6　测试功能

接下来测试所编写的功能。使用以下命令编译并启动链。

```
cargo build --release
./target/release/node-kitties --dev
```

用浏览器打开 Polkadot 网站，切换到本地链。如图 8-2 所示，单击"开发者"→"交易"；如图 8-3 所示，在下面的"提交下面的外部信息"中选择"templateModule"，可以调用函数 createKitty，单击"提交交易"按钮，在弹出的界面中单击"签名并提交"。

图 8-2　选择交易

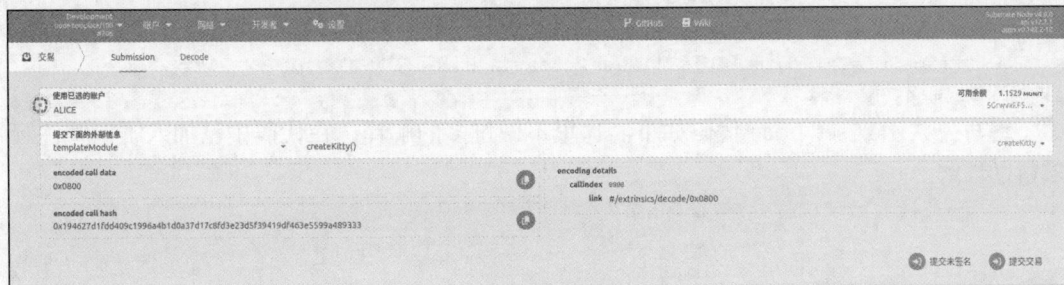

图 8-3　调用函数

待函数调用完成后，单击"开发者"→"链状态"以查看链状态。在"查询所选状态"下选择"templateModule"，后面的选项选择"Kitty_cnt"，单击"+"按钮，可以看到 Kitty 的数量为 1；选择"Kitties_owned"，下面的账户选择刚才生成 Kitty 的账户，单击"+"按钮，输出列表中为 Kitty 的散列值。选择"Kitties"，下面输入 Kitty 的散列值，可以查

看到 Kitty 的详细信息，如图 8-4 所示。

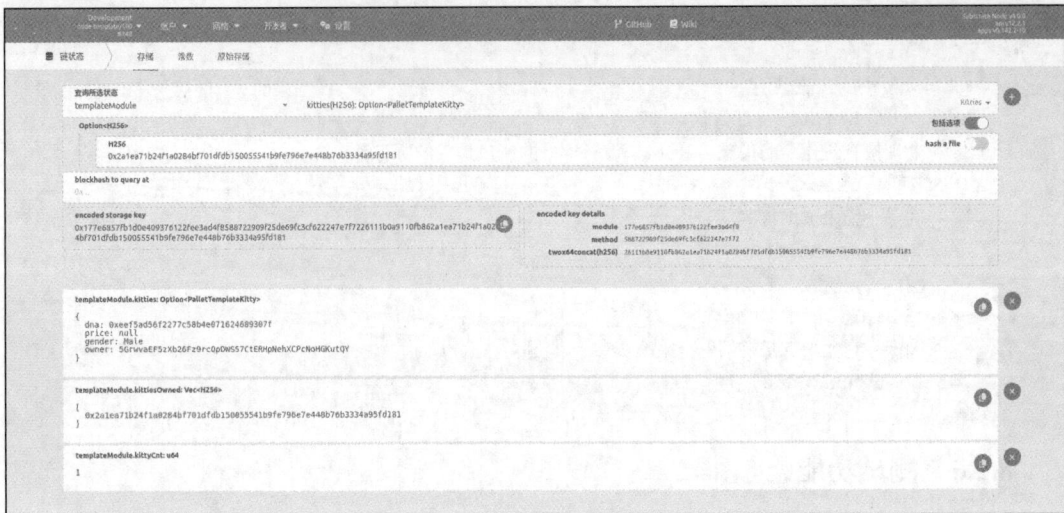

图 8-4　查看链状态

8.3　与链上玩家交互

在经过了前面几节的学习之后，本节再来编写一些与其他用户交互的函数应该简单得多了。在本节当中，将编写几段代码，包括设置 Kitty 的价格、转让 Kitty 给他人、购买他人的 Kitty 以及最后的"繁殖"Kitty。

8.3.1　设置价格

首先在 pub enum Event<T: Config> {}中定义设置 Kitty 的价格的事件，代码如下。

```
#[pallet::event]
#[pallet::generate_deposit(pub (super) fn deposit_event)]
pub enum Event<T: Config> {
    Created(T::AccountId, T::Hash),
    // 添加下面一行
    PriceSet(T::AccountId, T::Hash, Option<BalanceOf<T>>),
}
```

编写公共函数 set_price 代码如下。这里不做过多的解释，在代码中已加入了一些注释来帮助理解。

```
// pallets/kitties/src/lib.rs
...
#[pallet::weight(100)]
pub fn set_price(
    origin: OriginFor<T>,
    kitty_id: T::Hash,
    new_price: Option<BalanceOf<T>>
) -> DispatchResult {
    let sender = ensure_signed(origin)?;

    // 确保Kitty存在且调用函数的是Kitty的所有者
```

```
    ensure!(Self::is_kitty_owner(&kitty_id, &sender)?, <Error<T>>::NotKittyOwner);

    let mut kitty = Self::kitties(&kitty_id).ok_or(<Error<T>>::KittyNotExist)?;
    // 设置 Kitty 的价格
    kitty.price = new_price.clone();
    <Kitties<T>>::insert(&kitty_id, kitty);

    // deposit_event 对应的 PriceSet 事件.
    Self::deposit_event(Event::PriceSet(sender, kitty_id, new_price));
    Ok(())
}
```

可以看到，在上述代码中调用了一个新的私有函数 is_kitty_owner 用来确定函数调用者是否为 Kitty 的所有者。该私有函数需要在 impl<T: Config> Pallet<T> {}中被编写，代码如下。

```
// 私有函数
pub fn is_kitty_owner(kitty_id: &T::Hash, acct: &T::AccountId) -> Result<bool,
Error<T>> {
match Self::kitties(kitty_id) {
    Some(kitty) => Ok(kitty.owner == *acct),
    None => Err(<Error<T>>::KittyNotExist)
}
```

8.3.2 转让

与 8.3.1 小节所定义设置 Kitty 的价格的方法类似，需要定义一个事件。定义事件的代码如下。

```
// pallets/kitties/src/lib.rs
...
#[pallet::event]
#[pallet::generate_deposit(pub (super) fn deposit_event)]
pub enum Event<T: Config> {
    Created(T::AccountId, T::Hash),
    PriceSet(T::AccountId, T::Hash, Option<BalanceOf<T>>),
    // 添加下面一行
    Transferred(T::AccountId, T::AccountId, T::Hash),
}
```

同样地，在 pallets/kitties/src/lib.rs 中定义 transfer，代码如下。

```
// pallets/kitties/src/lib.rs
...
#[pallet::weight(100)]
pub fn transfer(
    origin: OriginFor<T>,
    to: T::AccountId,
    kitty_id: T::Hash
) -> DispatchResult {
    let from = ensure_signed(origin)?;
    ensure!(Self::is_kitty_owner(&kitty_id, &from)?, <Error<T>>::NotKittyOwner);

    // 确认 Kitty 没有转让回它的所有者
    ensure!(from != to, <Error<T>>::TransferToSelf);

    // 核实接收者是否有能力再接收一个 Kitty，接收者的 Kitty 不会超出限制
```

```
        let to_owned = <KittiesOwned<T>>::get(&to);
        ensure!((to_owned.len() as u32) < T::MaxKittyOwned::get(),
                                    <Error<T>>::ExceedMaxKittyOwned);

        Self::transfer_kitty_to(&kitty_id, &to)?;
        Self::deposit_event(Event::Transferred(from, to, kitty_id));
        Ok(())
    }
```

在上述代码中调用了一个新的私有函数 transfer_kitty_to，用来将一个 Kitty 的所有权从当前所有者转移到新的所有者并更新相关存储。添加私有函数 transfer_kitty_to，代码如下。

```
    pub fn transfer_kitty_to(kitty_id: &T::Hash, to: &T::AccountId) -> Result<(),
Error<T>> {
        let mut kitty = Self::kitties(&kitty_id).ok_or(<Error<T>>::KittyNotExist)?;
        let prev_owner = kitty.owner.clone();

        // 从 Kitty 的当前所有者的 KittiesOwned 中删除 kitty_id
        <KittiesOwned<T>>::try_mutate(&prev_owner, |owned| {
            if let Some(ind) = owned.iter().position(|&id| id == *kitty_id) {
                owned.swap_remove(ind);
                return Ok(());
            }
            Err(())
        })
        .map_err(|_| <Error<T>>::KittyNotExist)?;

        // 更新 Kitty 的所有者
        kitty.owner = to.clone();
        // 重置 Kitty 要价，这样在调用 set_price 函数之前 Kitty 不会被出售
        kitty.price = None;
        // 更新存储
        <Kitties<T>>::insert(kitty_id, kitty);
        <KittiesOwned<T>>::try_mutate(to, |vec| vec.try_push(*kitty_id))
            .map_err(|_| <Error<T>>::ExceedMaxKittyOwned)?;
        Ok(())
    }
```

8.3.3　出售与购买

Kitty 交易，即用户间可以出售与购买 Kitty。同样地，首先定义好一个事件，代码如下。

```
#[pallet::event]
#[pallet::generate_deposit(pub(super) fn deposit_event)]
pub enum Event<T: Config> {
    Created(T::AccountId, T::Hash),
    PriceSet(T::AccountId, T::Hash, Option<BalanceOf<T>>),
    Transferred(T::AccountId, T::AccountId, T::Hash),
    // 添加下面一行
    Bought(T::AccountId, T::AccountId, T::Hash, BalanceOf<T>),
}
```

购买 Kitty 分为以下两步。

① 检查 Kitty 是否可以被购买。购买 Kitty 时需要从两个方面确认：第一，这个 Kitty 的状态是等待购买（待售）；第二，当前这个 Kitty 是否在用户的预算之内，并且用户有足够的余额。

② 支付。支付时直接使用 Currency::transfer 进行，支付完后转移 Kitty 的所有权到买方，最后触发事件。

整个 buy_kitty 函数的完整代码如下。

```
#[transactional]
#[pallet::weight(100)]
pub fn buy_kitty(
    origin: OriginFor<T>,
    kitty_id: T::Hash,
    bid_price: BalanceOf<T>,
) -> DispatchResult {
    let buyer = ensure_signed(origin)?;

    // 检查 Kitty 是否存在，买方是否不是当前 Kitty 的所有者
    let kitty = Self::kitties(&kitty_id).ok_or(<Error<T>>::KittyNotExist)?;
    ensure!(kitty.owner != buyer, <Error<T>>::BuyerIsKittyOwner);

    // 检查 Kitty 是否待售，且要价小于或等于出价 (ask_price <= bid_price)
    if let Some(ask_price) = kitty.price {
        ensure!(ask_price <= bid_price, <Error<T>>::KittyBidPriceTooLow);
    } else {
        Err(<Error<T>>::KittyNotForSale)?;
    }

    // 检查买方是否有足够的自由支配的余额
    ensure!(T::Currency::free_balance(&buyer) >= bid_price, <Error<T>>::
NotEnoughBalance);

    // 验证买方是否有能力再接收一个 Kitty
    let to_owned = <KittiesOwned<T>>::get(&buyer);
    ensure!(
        (to_owned.len() as u32) < T::MaxKittyOwned::get(),
        <Error<T>>::ExceedMaxKittyOwned
    );

    let seller = kitty.owner.clone();

    // 把钱从买方转移到卖方
    T::Currency::transfer(&buyer, &seller, bid_price, ExistenceRequirement::
KeepAlive)?;

    // 把 Kitty 从卖方转移到买方
    Self::transfer_kitty_to(&kitty_id, &buyer)?;

    Self::deposit_event(Event::Bought(buyer, seller, kitty_id, bid_price));
    Ok(())
}
```

同时，还需要在顶部引入 "transactional" ，代码如下。

```
use frame_support::{
    ...
    transactional,  // 添加此行
};
```

8.3.4　繁殖

最后一个功能，也是加密猫与其他 NFT 的一个不同之处，就是两个 Kitty 可以共同"繁殖"出新的 Kitty。同样地，先定义"繁殖"函数 breed_kitty。

```
// pallets/kitties/src/lib.rs
...
#[pallet::weight(100)]
pub fn breed_kitty(
    origin: OriginFor<T>,
    parent1: T::Hash,
    parent2: T::Hash
) -> DispatchResult {
    let sender = ensure_signed(origin)?;
    // 验证函数调用者拥有两个 Kitty（并且两个 Kitty 都存在）
    ensure!(Self::is_kitty_owner(&parent1, &sender)?, <Error<T>>::NotKittyOwner);
    ensure!(Self::is_kitty_owner(&parent2, &sender)?, <Error<T>>::NotKittyOwner);

    let new_dna = Self::breed_dna(&parent1, &parent2)?;
    Self::mint(&sender, Some(new_dna), None)?;
    Ok(())
}
```

这里同样需要添加一个私有函数 breed_dna，并根据两个加密猫的 DNA 信息来生成一个新的加密猫的 DNA，代码如下。

```
pub fn breed_dna(parent1: &T::Hash, parent2: &T::Hash) -> Result<[u8; 16], Error<T>> {
    let dna1 = Self::kitties(parent1).ok_or(<Error<T>>::KittyNotExist)?.dna;
    let dna2 = Self::kitties(parent2).ok_or(<Error<T>>::KittyNotExist)?.dna;

    // 结合父代 DNA 生成新的 DNA
    let mut new_dna = Self::gen_dna();
    for i in 0..new_dna.len() {
        new_dna[i] = (new_dna[i] & dna1[i]) | (!new_dna[i] & dna2[i]);
    }
    Ok(new_dna)
}
```

8.3.5　测试功能

在本小节来测试前文中所编写的代码。

Step1：使用以下命令编译并启动链，然后打开 Polkadot 网站并进入交易界面。

```
cargo build --release
./target/release/node-kitties --dev
```

Step2：在交易界面中使用 ALICE 的账户新建两个 Kitty，调用两次 createKitty 函数来完成。

Step3：在链状态界面中查询到当前链上有两个 Kitty，记下这两个 Kitty 的 ID。

Step4：返回交易界面，使用 ALICE 账户，接着依次选择 templateModule、breedKitty，下面的 parent 依次填入刚刚被记下的两个 Kitty 的 ID，单击"提交交易"按钮，如图 8-5 所示。

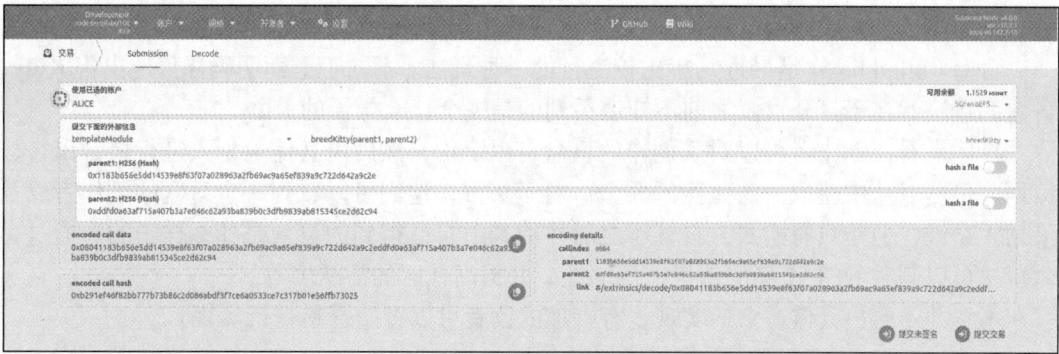

图 8-5　繁殖 Kitty

Step5：回到链状态界面，如图 8-6 所示，templateModule.kittiesOwned: Vec<H256>查找到 ALICE 拥有的 Kitty 列表有 3 个值，这表明刚刚的 breedKitty 功能是成功的。

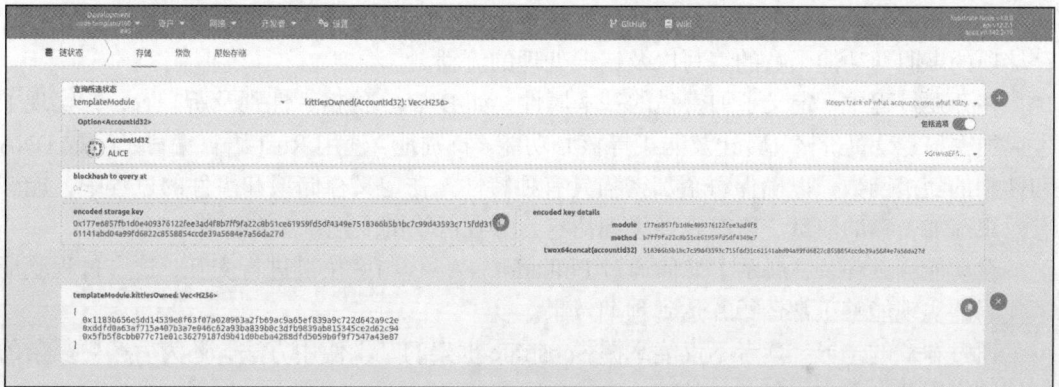

图 8-6　繁殖结果

初始 Kitty 的价格尚未设置，尚可进行转让，但不可出售。接下来，请从 ALICE 的三个 Kitty 中选择一个，并为其设置售卖价格。随后，使用 BOB 账户进行购买，需注意 bitPrice 的值必须高于所设置的 Kitty 价格。完成购买后，链状态界面的购买结果如图 8-7 所示。显而易见，BOB 当前拥有一个之前由 ALICE 持有的 Kitty。

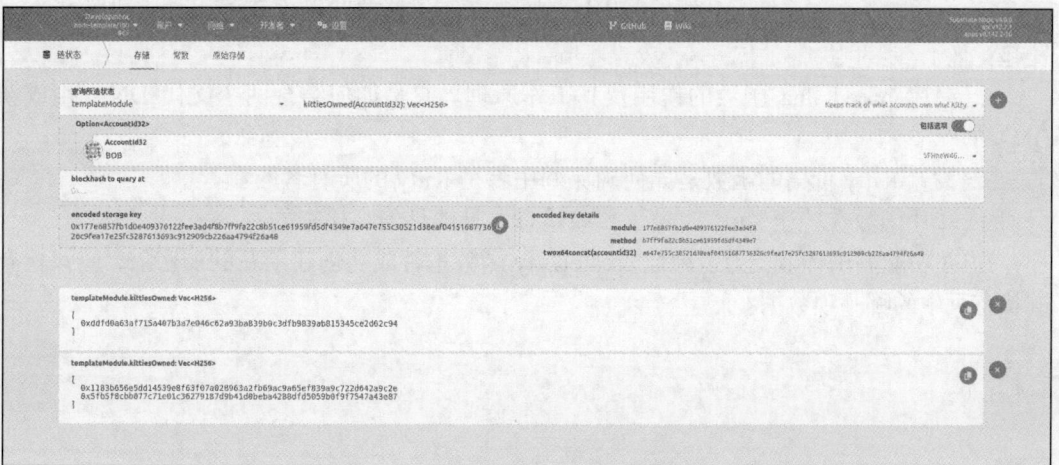

图 8-7　购买结果

下面向读者拓展介绍盲盒。

盲盒（blind box）是最近几年比较流行的一种玩法。不同于上面明码标价地出售 Kitty，盲盒的玩法就在于打开盲盒之前不知道买到的是一个什么样子的 Kitty。

具体来看，创作者可以对其创作的盲盒自由定价，然后由其他策划人进行聚合出售，策划人也可以从中获取一定比例的佣金。对于买方，他们可以看到一个盲盒的创作者以及策划人是谁，但是只有购买并打开了之后才能知道自己得到的盲盒是什么样子的。通过盲盒玩法可以刺激 NFT 市场的销售、流动性，并提高社区的活跃度等。

本章并不给出具体盲盒的实现，有兴趣的读者可以查阅资料自行实现。

8.4 本章小结

本章通过 Substrate 框架开发了名为"Kitties"的加密猫区块链，并详细阐述了项目从初始化到功能实现的整个过程，包括项目模板生成、Pallet 框架的创建、数据结构的定义、存储项的声明、功能函数的编写以及错误处理的流程。

在开发过程中，定义了加密猫的基本属性，如 DNA、价格、性别及所有者，并实现了生成加密猫、设置价格、转让及购买等核心功能。特别地，使用 Rust 语言编写了生成 DNA 和性别的随机函数，以确保每个加密猫具有独特性。在定义存储项和事件的过程中，能够有效跟踪加密猫的数量、所有者及详细信息，并在区块链上记录重要操作。

在功能测试环节，展示了如何通过 Polkadot.js Apps 与区块链进行交互，这一过程验证了代码的实现能够正常运行并达到预期效果。

通过本章的学习，读者不仅能掌握 Substrate 框架的基本使用方法，还为后续更复杂的区块链应用开发奠定了坚实的基础。

8.5 习题

1. 如何定义一个加密猫的数据结构？
2. 存储项 KittiesOwned 的作用是什么？
3. 在实现 breed_kitty 函数的过程中，如何确保"繁殖"操作只能由加密猫的所有者发起？
4. 简述 breed_dna 函数的作用及其工作原理。它是如何结合两个父代 DNA 生成新 DNA 的？
5. 设置 Kitty 价格的函数是如何确保调用者是 Kitty 的所有者的？
6. 转让函数在转让 Kitty 时做了哪些检查？具体是怎么检查的？
7. 在功能测试环节，为了验证 createKitty 函数是否成功创建了新的加密猫，应该检查链状态页中的哪一项数据？